绿色生态理念下的建筑规划与设计研究

李 莉◎主 编

吉林科学技术出版社

图书在版编目（CIP）数据

绿色生态理念下的建筑规划与设计研究 / 李莉主编 .
-- 长春 ：吉林科学技术出版社，2023.6
ISBN 978-7-5744-0662-9

Ⅰ.①绿… Ⅱ. ①李… Ⅲ. ①建筑设计 Ⅳ. ①TU2

中国版本图书馆CIP数据核字((2023)第136551号

绿色生态理念下的建筑规划与设计研究

主　　编　李　莉
出 版 人　宛　霞
责任编辑　袁　芳
封面设计　长春美印图文设计有限公司
制　　版　长春美印图文设计有限公司
幅面尺寸　185mm×260mm
开　　本　16
字　　数　228 千字
印　　张　14.75
印　　数　1–1500 册
版　　次　2023年6月第1版
印　　次　2024年2月第1次印刷

出　　版　吉林科学技术出版社
发　　行　吉林科学技术出版社
地　　址　长春市福祉大路5788号
邮　　编　130118
发行部电话/传真　0431-81629529 81629530 81629531
　　　　　　　　　　81629532 81629533 81629534
储运部电话　0431-86059116
编辑部电话　0431-81629518
印　　刷　三河市嵩川印刷有限公司

书　　号　ISBN 978-7-5744-0662-9
定　　价　93.00元

前　言

　　如今生态环境越来越成为人们关注的焦点，在新的社会形态下，生态城市建设已经不在是一个陌生的话题，它是人们思想观念进步的结晶。作为生态城市建设最重要的一环，绿色建筑将是我们构建生态城市的主要手段。绿色建筑有利于改善城市面貌，有利于改善人居环境，有利于改善城市的生态环境，有利于促进历史文化名城的保护工作，具有广泛的影响和重要的社会效益与环境效益，是一个新事物、是21世纪城市建筑模式。我国政府对发展绿色建筑给予了高度的重视，近年来陆续提出了若干发展绿色建筑的重大决策且制订了相关实施方案。因此，树立全面、协调、可持续的科学发展观，在建筑领域里将传统高消耗型发展模式转为高效生态型发展模式，即走建筑绿色化之路，是我国乃至世界建筑的必然发展趋势。正是由于目前社会对于绿色生态建筑这一理念的关注度逐步提升，一定程度上建筑行业的推进发展也受到了影响。为了满足社会对于绿色生态建筑的市场需求，建筑行业的发展也由传统建筑向新型绿色生态建筑进行过渡。建筑行业要以可持续发展战略为指导，逐渐趋向绿色化、生态化、节能化发展，为推进绿色生态建筑发展，需结合城市规划展开应用推广。基于此，要对于绿色生态建筑的理解，分析绿色生态建筑的使用方向与使用管理要点，进一步提出推广绿色生态建筑的有效策略，旨在完善绿色生态建筑建设理念，实现绿色生态建设全过程管理。

　　《绿色生态理念下的建筑规划与设计研究》属于建筑规划设计方面的著作，由绿色建筑的概念、绿色建筑的评价标准及体系、绿色建筑的规划设计、绿色建筑的设计方法、绿色建筑规划的技术设计等几部分组成，全书以建筑的规划与设计为研究对象，分析绿色生态理念下建筑在规划设计当中的设计原则、设计要求、相关技术以及各种建筑环境下不同的设计理念与设计思路，对以后的建筑发展作出了展望。对建筑设计、建筑规划等方面的研究者与工作人员具有学习和参考价值。

　　绿色生态建筑设计还有很多方面尚待研究和完善，因此，本书的内容仍有不全面、不具体、不恰当的地方。同时，由于作者学识水平、专业知识和时间的限制，书中疏漏之处在所难免，敬请读者批评指正。

目　录

第一章　绿色生态建筑的基本概述

第一节　绿色生态建筑的概念

"绿色"是一种象征和比喻，而且"绿色建筑"一词生动直观，已经约定俗成，不仅被建筑界广泛采用，也容易被非建筑专业的大众所接受。在绿色建筑的发展过程中，各个国家及其各个研究领域对绿色建筑的称谓很多，如"少费用多用建筑""生态建筑""可持续建筑"等。下面就这些概念做一些分析和阐述。

一、少费多用建筑

"少费多用"是指在建筑的施工过程中借助有效的手段，尽可能少用材料，用较低的资源消耗来取得尽可能大的发展效益。"少费多用"思想，意在通过应用协同学、系统论等科学方法和先进技术，强调整体性原则，目标是使每单元的物能投入经整合后得到最高效的利用，使人们在改善自己生存环境的过程中所需的资源、能源最小化，从而缓和人类生存改善与环境、资源之间的矛盾。这一思想被广泛地应用到设计学、机械学等诸多领域，而在建筑领域，可解读为对最轻质高强的建筑结构体系的研究和集约空间的灵活利用等。"少费多用"思想有助于实现用最小的物能消耗实现人类生存条件最大化改善的美好设想，它具有不可否认的前瞻性和生态意义，对缓解当前的能源危机和实现可持续发展意义深远。在人类发展与资源危机的矛盾日渐突出的今天，"少费多用"这一原则是一条很重要的经济性设计原则。"少费多用"思想与全球可持续发展目标是高度统一的，设计手法中蕴含的原理是具有启迪性的：第一，借助结构力学、仿生学、空气动力学等学科的方法理性地寻找最优的生态建筑设计方案，达到物料的最少消耗；第二，将被动式生态策略与适宜的技术结合应用到建筑设计中，实现能耗上"少费多用"；第三，全面思考人们的舒适性需求，注意生态化的细节，实现建筑的高舒适性与全面的生态性；第四，设计须适应未来的变化，预留空间的灵活性，提高建筑的使用率，延长建筑的功能寿命；第五，设计须考虑建筑的再利用性和可拆解组装性，并且选用可回收性建材以降低拆后污染，最终实现"少费多用"。

二、生态建筑

生态建筑是基于生态学原理，规划、建设与管理的群体和单体建筑及其周边的环境体系。其设计、建造、维护与管理必须以强化内外生态服务功能为宗旨，达到经济、自然和人文三大生态目标，实现生态环境的净化、绿化、美化、活化、文化"五化"需求。

生态建筑将建筑看成一个生态系统，通过组织（设计）建筑内外空间中的各种物态因素，使物质、能源在建筑生态系统内部有秩序地循环转换，获得一种高效、低耗、无废、无污、生态平衡的建筑环境，实现人、建筑（环境）、自然之间的和谐统一。

生态学在很广的尺度上讨论问题，从个体的分子到整个全球生态系统。其中对于四个明显可辨别、不同尺度的部分有特殊的兴趣，而且每个尺度上感兴趣的对象是有变化的。

（1）个体，在此水平上，个体对环境的反应是关键项目。

（2）种群，在单种种群水平上，种群多度和种群波动的决定因素是主要的。

（3）群落，是给定领域内不同种群的混合体，兴趣在于决定其组成和结构的过程。

（4）生态系统，包括生态群落和与之关联的描述物理环境的各种因子联合的复合体，在此水平上有兴趣的项目包括能流、食物网和营养物循环。即使是专门考虑了地球环境和全球生态系统的设计原则，也并非是人类对地球及地球生物，包括人类自身及其后代的一种贡献。这不是一种值得炫耀的功绩，而是人类对自身错误的一种认识和纠正，是人类对其自身长期破坏地球生态环境的一种补救，而且往往是不全面的，有时甚至还掺杂着某些功利性的行为或想法。这些设计和原则是不能代替常规有用的设计原则和方法的，称为"生态补偿设计"，因此有意识地考虑使建筑对自然环境的破坏和影响尽可能减少的建筑物可以称为"生态补偿建筑"。而一些传统、具有某些生态特征的建筑等，是人类适应当时的条件和生产力水平，改变自身的生存状况和生存条件的产物，可以称为"生态适应建筑"。此类建筑的高科技技术和材料研究与应用，虽然从当前来看其费用和成本较高，但从人类利用自然能源的长远目的和利益的角度来讲，其实践和试验的意义是明显的，并且目前看成是试验性和高成本的材料和技术，在不久的将来就有可能会成为常规的材料和设计手段。

三、可持续建筑

可持续发展是在有效利用资源和遵守生态原则的基础上，创造一个健康的建成环境并对其保持负责的维护。可持续建筑是指在可持续发展观的指导下建造的建筑，内容包括建筑材料、建筑物、城市区域规模大小等，以及与它们有关的功能性、经济性、社会文化和生态因素。可持续建筑的理念就是追求降低环境负荷，与环境相融合，并且有利于居住者的健康。其目的在于减少能耗、节约用水、减少污染、保护环境、保持健康、提高生产力等，并且有益于子孙后代。可持续建筑的概念意味着从建筑材料的生产、规划、设计、施工到建成后使用与管理的每个环节，都将发生一场以保护环境、节约资源、促进生态平衡为内容的深刻变革。关于可持续建筑，世界经济合作与发展组织给出了四个原则：一是资源的应用效率原则；二是能源的使用效率原则；三是污染的防止原则（室内空气质量，二氧化碳的排放量）；四是环境的和谐原则。因此，通过以上概念分析可以发现，可持续建筑是按节能设计标准进行设计和建造，使其在使用过程中降低能耗的建筑，是实现绿色建筑的必然途径和关键因素，而绿色建筑将建筑及其周围的环境看成一个有机的系统，在更高的层次上，实现了建筑业的可持续发展。

四、绿色生态健康住宅

如今，在绿色经济的大背景下，很多地产商面临经营模式的转变，健康住宅逐渐成为地产行业的新趋势。所谓健康住宅，是对在满足住宅建设基本要素的基础上，提升健康要素，以可持续发展的理念，保障居住者生理、心理和社会等多层次的健康需求，进一步完善和提高住宅质量与生活质量，营造出舒适、安全、卫生、健康的一种居住环境的统称。

绿色住宅、生态住宅、健康住宅这些概念之间有相似之处但又有一些不同，下面进行具体阐述。

（一）绿色住宅

绿色住宅是运用生态学、建筑学的基本原理以及现代的高新科技手段和方法，结合当地的自然环境，充分利用自然环境资源，并且基本上不触动生态环境平衡而建造的一种住宅，在日本被称为"环境共生建筑"。

（二）生态住宅

生态住宅是通过综合运用当代建筑学、生态学及其他科学技术的成果，以可持续发展的思想为指导，意在寻求自然、建筑和人三者之间的和谐统一，即在"以人为本"的基础上，利用自然条件和人工手段来创造一个舒适、健康的生活环境，同时又要控制自然资源的使用，实现向自然索取与回报之间平衡的一种新型住宅建筑模式。这种住宅最显著的特性就是亲自然性，即在住宅建筑的规划设计、施工建造、使用运行、维护管理、拆除改建等一切建筑活动中都自始至终地将对自然环境的负面影响控制在最小范围内，实现住宅区与环境的和谐共存。"生态住宅"内涵各式各样，但基本上围绕三个主题：一是减少对地球资源与环境的负荷和影响；二是创造"健康＋舒适"的居住环境；三是与自然环境融合。

（三）健康住宅

健康不仅是躯体没有疾病，还要具备心理健康、社会适应良好和有道德。据此定义，健康住宅可指使居住者在身体上、精神上、社会上完全处于良好状态的住宅。

健康住宅有别于绿色生态住宅和可持续发展住宅的概念。绿色生态住宅强调的是资源和能源的利用，注重人与自然的和谐共生，关注环境保护和材料资源的回收和复用，减少废弃物，贯彻环境保护原则；可持续发展住宅贯彻"节能、节水、节地、治理污染"的方针，强调可持续发展原则，是宏观、长期的国策。

健康住宅围绕人居环境"健康"二字展开，是具体化和实用化的体现。健康住宅的核心是人、环境和建筑。健康住宅的目标是全面提高人居环境品质，满足居住环境的健康性、自然性、环保性、亲和性，保障人民健康，实现人文、社会和环境效益的统一。

健康住宅在满足住宅建设基本要素的基础上，对居住环境和居住者身心提出了更为全面和多层次的要求，并且必须凸显出可持续发展的理念，进而将居住质量提升到一个新高度。

对健康住宅的评估主要包含以下四个因素：一是人居环境的健康性，主要是指室内、室外影响健康、安全和舒适的因素；二是自然环境的亲和性，让人们接近并亲和自然是健康住宅的重要任务；三是住宅区的环境保护，是指住宅区内视觉环境的保护、污水和中水处理、垃圾收集与处理和环境卫生等方面；四是健康环境的保障，主要是针对居住者本身健康保障，包括医疗保健体系、家政服务系统、公共健身设施、社区儿童和老人活动场所等硬件建设。随着社会发展和技术进步，健康住宅的内涵也逐步由低层次需求向高层次需求发展，从过去倡导改善住宅的声、光、热、水、室内空气质量和环境质量，到完善住宅区的医疗、健康和社区邻里交往等，使居住环境从"无损健康"向"有益健康"的方向发展。

就其建造的基本要素而言，主要应体现以下六个方面：①规划设计合理，建筑物与周围环境相协调，房间光照充足，通风良好；②房屋围护结构（包括外墙和屋面）要有较好的保温、隔热功能，门窗气密性能及隔声效果符合规范要求；③供暖、制冷及炊烧等要尽量利用清洁能源、自然能源及可再生能源，全年日照在 2 500 h 以上的地区普遍安装太阳能设备；④饮用水符合国家标准，给排水系统普遍安装节水器具，10万平方米以上新建小区，应当设置中水系统，排水实现深度净化，达到二级环保规定指标；⑤室内装修简洁适用，化学污染和辐射要低于环保规定指标；⑥营造健康舒适的居住空间。

综上所述，绿色住宅的概念比较广泛，包括住宅环境上的绿色和整个住宅建筑生命周期内的"绿化"，它是指在涵盖建材生产、建筑物规划设计、施工、使用、管理及拆除等系列过程中，消耗最少地球资源、使用最少能源及制造最少废弃物的建筑物，同时有效利用现有资源、进一步改善环境，极大地减少对环境的影响。它所考虑的不仅涉及住宅单体的生态平衡、节能与环保，而且将整个居住区作为一个整体来考虑。与生态住宅相比，绿色住宅使人、建筑、环境三者之间的相互关系更为具体化、细致化和标准化。

生态住宅是从生态学角度考虑的，侧重于尽可能利用建筑物所在场所的环境特色与相关的自然因素，包括地形、气候、阳光、空气、河湖等，使之符合人类居住标准，并且降低各种不利于人类身心的环境因素作用，同时，尽可能不破坏当地环境因素循环，确保生态体系健全运行。

而健康住宅则着重围绕人居环境"健康"二字展开，强调住宅建筑对于人们身体健康状况的影响以及居住在内的安全措施。相对于绿色住宅和生态住宅重视对自然环境的影响而言，健康住宅注重的是住宅与人类本身的关系，侧重于住宅建设对居住者身体健康的影响、居住者居住的安全及便利程度等，对于住宅建设对周边环境造成的影响、自然资源等是否有效利用等方面则不是很关心。对于人类居住环境而言，它是直接影响人类可持续生存的必备条件。

在21世纪，走"可持续发展"之路，维护生态平衡，营造绿色生态住宅将是人类的必然选择。在住宅建设和使用过程中，有效利用自然资源和高效节能材料，使建筑物的资源消耗和对环境的污染降到最低限度，使人类的居住环境能体现出空间环境、生态环境、文化环境、景观环境、社交环境、健身环境等多重环境的整合效应，从而让人居环境品质更加舒适、优美、洁净。

五、新陈代谢建筑

新陈代谢运动所倡导的要点有以下几个方面。

（1）对机器时代的挑战，重视被称作成长、变化的生命、生态系统的原理。

（2）复苏现代建筑中被丢失或忽略的要素。

（3）不仅强调整体性，而且强调部分、子系统和亚文化的存在与自主。（4）新陈代谢建筑的暂时性。

（5）文化的地域性和识别性未必是可见的。

（6）将建筑和城市视为在时间和空间上的开放系统。

（7）强调历时性，过去、现在和将来的共生，同时重视共时性，即不同文化的共生。

（8）神圣领域、中间领域、模糊性和不定性都是生命的特点。

（9）隐形的信息技术、生命科学技术、生命科学和生物工程学提供了建筑的表现形式。

（10）重视关系胜过重视现实。

其主张主要表现为异质文化的共生、人与技术的共生、内部与外部的共生、部分与整体的共生、地域性与普遍性的共生、历史与未来的共生、理性与感性的共生、宗教与科学的共生、人与建筑的共生、人与自然的共生等，甚至还包括经济与文化的共生、年轻人与老年人的共生、正常人与残疾人的共生等。而崇尚生命、赞美生机则构成了共生的生命哲学的审美基础。

六、绿色建筑

广义的绿色建筑发展到今天，已经不单单是"建筑"概念本身的含义所能表述的了，而是发展成为一个集合自然生态环境、人类建筑活动和社会经济系统等多方面因素相互作用、相互影响、相互制约而形成的一个庞大的综合体系。其不仅涵盖对土地、空气、水等自然资源和气候、地貌、水体、植被等地域环境的关注，而且还包括对社会经济、历史文化、生活方式等社会经济系统的重视，在此基础上，来研究基于营建程序与法则（决策、设计、施工、使用以及技术、材料、设备、美学等）和人工环境（建筑物、基础设施、景观等）基础上的人类建筑活动。从系统论的角度上看，绿色建筑是一个开放、全面、复杂和多层次的建筑系统。以下主要讨论狭义的绿色建筑，及将生态学的观点融入建筑活动中，要求在发展与环境相互协调的基础上，以生态系统的良性循环为基本原则，使建筑的环境影响保持在自然环境允许的负荷范围内，并且综合考虑决策、设计、评价、施工、使用、管理的全过程，在一定的区域范围内结合环境、资源、经济和社会发展状况、进行建造的可持续建筑。

低能耗、零能耗建筑属于可持续建筑发展的第一个阶段，能效建筑、环境友好建筑属于第二个阶段，而绿色建筑、生态建筑可认为是可持续建筑发展的第三个阶段。生态建筑侧重于生态平衡和生态系统的研究，主要考虑建筑中的生态因素，而绿色建筑与居住者的健康和居住环境紧密相连，主要考虑建筑所产生的环境因素，而且综合了能源问题和与健康舒适相关的一些生态问题。绿色建筑也可以理解为是一种以生态学的方式和资源有效利用的方式进行设计、建造、维修、操作或再使用的构筑物，而且有狭义和广义之分。就广义而言，绿色建筑是人类与自然环境协同发展、和谐共进并能使人类可持续发展的文化，而智能建筑、节能建筑则可视为应用绿色建筑的一项综合工程。

随着人们对环境问题认识的深化、科学发展观的确立以及绿色建筑自身内涵的扩展，绿色建筑吸收、融汇了其他学科和思潮的合理内核，使得今日的绿色建筑概念具有很强的包容性和开放性。在这众多称谓中，通常也把"生态建筑"或"可持续建筑"统称为绿色建筑。

绿色建筑的概念，是指在建筑的全寿命周期内，首先要注意，是全寿命周期，就是从建筑设计、建设、使用，到最后拆除的整个过程中，最大限度地节约资源，包括节能、节地、节水、节材等，保护环境和减少污染，为人们提供健康、适用和高效的使用空间。这些在我们国家的标准里都有比较明确的说法。值得注意的是，并不是说我们一味地只去节约资源，我们还要为人们提供健康、适用、高效的使用空间，与自然和谐共生的建筑。

早期的绿色建筑仅仅是以降低能耗为出发点的节能建筑，重点关注通过增强建筑物在节能方面的性能以降低建筑物的能耗，随着人们对绿色建筑的认识逐步深入，对绿色建筑的理解也更加深入，因此，绿色建筑所关注的问题已不再局限于能源的范畴，而是包括节能、节水、节地、节材、减少温室气体的排放和对环境的负面影响、促进生物多样性，以及增加环境舒适度等多方面。这就是我们常说的绿色建筑。

而建筑作品能否成为绿色设计，一般要通过整合性的生态评估方法，从材料、结构、功能、建筑存续的时间、对周围环境的影响等各个方面来通盘考虑。主要包括以下五个方面：节约能源和资源；减少浪费和污染；高灵活性以适应长远的有效运用；运作和保养简便，以减少运行费用；确保生活环境健康和保障工作生产力。

一方面，由于地域、观念、经济、技术和文化等方面的差异，目前国内外尚没有对绿色建筑的准确定义达成普遍共识；另一方面，由于绿色建筑所践行的是生态文明和科学发展观，其内涵和外延是极其丰富的，而且是随着人类文明进程不断发展、没有穷尽的，因而追寻一个所谓世界公认的绿色建筑概念是没有什么实际意义的。事实上，人们可以从不同的维度和不同的角度来理解绿色建筑的本质特征。但无论是哪个定义或称谓，其最终的目标都落在了低碳生态上。"低碳"是指建筑的生产过程、营建过程、运行过程、更新过程等全生命周期内减少石化能源的使用，提高能效，降低温室气体的排放量；"生态"是指在营建和运行过程中，要采用对环境友好的技术和材料，减少对环境的污染，节约自然资源，为人类提供一个健康、舒适和安全的生存空间。其全寿命周期的碳减排目标，应该设定为低碳一超低碳上。

七、结合气候建筑

生物学家指出，除了人类之外，没有其他生物能在几乎所有的地球气候下生活，这就向建筑师提出了如何设计适于各种气候带的建筑要求。

近年来，关于建筑设计和气候的关系研究也已取得了很多成果。越来越多的国内业界人士对结合地域特点、利用自然气候资源的设计方法非常关注。针对气候条件，通过建筑设计，采用被动式措施和技术：围护结构保温和利用太阳辐射、围护结构防热和遮阳、自然通风和天然采光等，既保证居住的环境健康和舒适，又节约建筑能耗（主动式的供暖、空调、通风和照明系统的能耗），这是建筑师的工作范畴，也是当今世界建筑发展的潮流。在建筑气候学中，最令人感兴趣同时也是最复杂的因素即气候的分类与范围问题。事实上，建筑师所关心的气候范围往往更小，例如同一幢建筑物的不同朝向上气候的差异，底层与楼层气候的变化，相邻建筑物墙面热反射情况，墙和树对风型的影响等。我们可以将建筑师所关心的气候范围称为建筑微气候。

八、生物建筑

生物建筑从整体的角度看待人与建筑的关系，进而研究建筑学的问题，将建筑视为活的有机体，建筑的外围护结构就像人类的皮肤一样，提供各种生存所需的功能：保护生命、隔绝外界环境、呼吸、排泄、挥发、调节以及交流。倡导生物建筑的目的在于强调设计应该以适宜人类的物质生活和精神需要为目的，同时建筑的构造、色彩、气味以及辅助功能必须同居住者和环境相和谐。

生物建筑运动的特点和作用表现为以下几点：①重新审视和评价了许多传统、自然的建筑材料和营造方法，自然而不是借助机械设备的采暖和通风技术得到了广泛的应用；②建筑的总体布局和室内设计多体现了人类与自然的关系，通过平衡、和谐的设计，倡导和宣扬一种温和的简单主义，人类健康和生态效益是交织在一起的关注点；③生物建筑使用科学的方法来确定材料的使用，认为建筑的环境影响及健康主要取决于人类的生活态度和方式，而不是单纯从技术上考虑。

九、自维持住宅

自维持住宅的设计思想是：第一，认识到地球资源是有限度的，要寻求一种满足人类生活基本需求的标准和方式；第二，认识到技术本身存在一种矫枉过正的倾向，人类追求的新技术开发和利用导致地球资源大量耗费，而所获得结果的精密程度已经超出了人们所能感知的范围，因此应该以足够满足人体舒适为目标，而不是追求更多的舒适要求。

自维持住宅的设计目标为：第一，利用自然生态系统中直接源自太阳的可再生初级能源和一些二次能源以及住宅本身产生的废弃物的再利用，来维护建筑的运作阶段所需要的能量和物质材料；第二，利用适当的技术，包括主动式和被动式太阳能系统的利用、废物处理、能量储藏技术等，将住宅构成一种类似封闭的自然生态系统，维持自身的能量和物质材料的循环，但由于其采用技术的非高层次性，难以达到自维持住宅所需求的完全维持的设计目标。

十、零能耗建筑

建筑能耗一般是指建筑在正常使用条件下的采暖、通风、空调和照明所消耗的总能量，不包括生产和经营性的能量消耗。在研究与实践生态社区、低能耗建筑方面的过程中，逐渐发展出了一种零能耗建筑的全新建筑节能理念。该设计理念即不用任何常规煤、电、油、燃气等商品能源的建筑，希望建造只利用如太阳能、风能、地热能、生物质能，以及室内人体、家电、炊事产生的热量，排出的热空气和废热水回收的热量等可再生资源就满足居民生活所需的全部能源的建筑社区。这种"零能耗"社区不向大气释放二氧化碳，因此，也可以称为"零碳排放"社区。

零能耗建筑即建筑一体化的可再生能源系统产生的能量与建筑运行所消耗的能量相抵为零，通常可以以一年为结算周期。但由于可再生能源的发电状态通常是间歇性的，建筑运行所需的能量既可来源于建筑上安装的可再生能源系统，也可来源于并网的电力系统。当可再生能源产生的能量高于建筑运行所需能量时，多余的能量输送回电网，此时的建筑用电量为负。如果一年的正负电量抵消，该建筑就是零能耗建筑，所以零能耗建筑也可称为净零能耗建筑。零能耗还有几个派生概念，如果以降低温室气体排放为设计标准，可称为零碳排放建筑；如果以能耗费用为设计标准，可称为零能耗费用建筑。零能耗建筑应该强调能源产生地的能量平衡为零，也就是将生产能源时额外消耗的能源与能源输送过程中的损耗也计算在内。如果建筑自身的可再生能源可以抵消所有这些能源之和，可称为零产地能耗建筑。如果建筑自身的可再生能源系统所产生的能源高于所消耗的能源，可称为建筑发电站。

十一、风土建筑和生土建筑

风土一词可以理解为两层意思。"风"指的是时代性及风俗、风气、风尚等；"土"指的是气候及水土条件、出生地等。二者综合起来是指一个地方特有的诸如土地、山川、气候等自然条件和风俗、习惯、信仰等社会意识之总称，是一定区域内的人们赖以生存的自然环境和社会环境的综合。风土在固守自己传统的同时，只有吸收容纳外来文化才能使自己得以生存和发展，才能使自己得以固守和繁衍。

所谓"乡土"强调的是一种乡村意识，从家庭到宗族、从宗族到生养的土地，是一种乡土之情和乡村制度的几种体现。乡土建筑的研究是以一个血缘聚落为研究对象，考察民间建筑的系统性以及它和生活的对应关系，从而揭示某种建筑的形制和形式的地理分布范围，侧重的是民间建筑的社会层面。而风土建筑主要指的是一个地域文化圈内以农耕经济为基础、地域文化为土壤、以天然作为自己的全部内容、与当地风土环境相适应的各类建筑。风土建筑以历史地理、农业区划和语言片系为依据进行划分，其建筑形态的选择与定型并非出于偶然。

例如北方的窑洞、南方的竹制吊脚楼，还有新疆的秸秆房（墙壁由当地的石膏和透气性好的秸秆组合而成的房子），美观、实用、能耗极低，对环境几乎不造成污染，这些都是典型的风土建筑。

土家建筑的吊脚楼有挑廊式和干栏式。其通常背倚山坡，面临溪流或坪坝以形成群落，往后层层高起，现出纵深。土家吊脚楼大多置于悬崖峭壁之上，因基地窄小，往往向外悬挑来扩大空间，下面用木柱支撑，不住人，同时为了行走方便，在悬挑处设栏杆檐廊（土家称为丝檐）。大部分吊脚横屋与平房正屋相互连接形成"吊脚楼"建筑。湘西土家吊脚楼随着时代的发展变化，建筑形制也逐步得到改进，出现了不同形式美感的艺术风格。挑廊式吊脚楼因在二层向外挑出一廊而得名，是土家吊脚楼的最早形式和主要建造方式。干栏式吊脚楼，即底层架空、上层居住的一种建筑形式，这种建筑形式一般多在溪水河流两岸。土家吊脚楼完全顺应地形地物，绝少开山辟地，损坏原始地形地貌。这就使得建筑外部造型融入自然环境之中。建筑的体量与尺度依附在自然山水之中，反映出了对大自然的遵从和协调。其就地取材，量材而用；质感既丰富多变，又协调统一。讲究通透空灵，在彰显结构竖向材料的同时也注重横向材料的体量变化，体现了湘西风土建筑的特点。

狭义地从日常生活"土"字意义上讲，生土建筑就是指用原状土或天然土经过简单加工修造起来的建筑物和构筑物，实质上是用土来造型；若从广义讲，就是以地壳表层的天然物质作为建筑材料，经过采掘、成型、砌筑等几个与烧制无关的基本工序而修造的建筑物和构筑物。按广义理解，这样就要把岩石和土都包括在生料之内。把岩石和土合在一起并统一到"土"的概念之下。从大土作的概念出发，那么广义的生土建筑及其营造过程就是"大土作的基本概念"了。除此之外的对生土建筑的定义多数是狭义上生土建筑的概念，是指利用生土或未经烧制的土坯为材料建造的建筑。

生土建筑是我国传统建筑中的一个重要组成部分。生土建筑按结构特点大致可分为以下几种形式：第一，生土墙承重房屋，包括土坯墙承重房屋、夯土墙承重房屋、夯土土坯墙混合承重房屋和土窑洞；第二，砖土混合承重房屋，包括下砖上土坯、砖柱土山墙和木构架承重房屋等。生土建筑的类型模式一般有三种看法：第一，集中以建筑类型区分的——穴居或窑洞、夯土版筑建筑和土坯建筑；第二，集中在对建筑结构进行区分；第三，集中在以生土建筑的施工工艺及特点区分。

生土建筑有如下优点：第一，结构安全，结构布局合理、有加固措施的生土房屋可以满足8度地震设防要求；第二，经济能耗低，生土建筑不仅造价低廉，而且在使用过程中维护费用低，在全寿命周期内能耗低；第三，优越的热学、声学性能，生土材料可调节温湿度，冬暖夏凉，湿度宜人，隔声效果好；第四，施工便利，生土材料分布广，技术简单灵活，施工周期短；第五，环境友好，无污染，可完全回收再利用。

生土建筑的不足如下：第一，强度低，自重大，材料与构件强度低，整体性能差，导致建筑空间拓展受限（包括建筑高度、开间进深、洞口尺寸等）；第二，耐久性差，生土建筑尤其怕水，不耐风雨侵蚀。

地域特征明显的黄土文化中的"窑洞建筑"，到明清时期，已成为黄土高原和黄土盆地农村民居中的风土文化建筑的主要形式，是中国传统民居中一支独特的生土建筑体系。晋西和陕北人们之所以选择窑洞作为居室，是由当地的自然资源条件以及窑洞的优点所决定的。即便是用砖石砌筑的窑洞也是用生土填充屋顶，所以有人称之为"覆土建筑，生土建筑"。生土建筑就地取材，造价低廉，技术简单。生土热导率小，热惰性好，保温与隔热性能优越，房屋拆除后的建筑垃圾可作为肥料回归土地，这种生态优势是其他任何材料无法取代的。在甘肃陇东地区出现的独特的传统民居建筑——窑房，是一种典型的绿色原生态的建筑类型。窑房从环保、材料、结构、施工、外观、实用等各个方面均优于目前普遍兴起的砖瓦房。是利用地方材料建造房屋的典型代表，较原有的黄土窑洞通风、采光、抗震、稳定性均有所改进，对于黄河流域的寒冬，也能起到良好的御寒作用，冬暖夏凉，这与当地的气候相适应，特别适宜贫困地区农民建房。窑房的技术更新，重点放在研制高强度土坯加工器具与抗震构造措施上，使传统土坯窑房获得新生。生土民居的回归有赖于多种绿色技术的支撑，如新型高强度土坯技术，抗震构造柱的使用技术，土钢、土混结构体系，生土墙体防水涂料技术，被动式太阳能建筑技术，雨水收集设施，节水设备与节水农业技术，利用太阳能采暖、热水技术，秸秆煤气的综合利用技术，垃圾处理新技术等。

十二、智能建筑

智能建筑可以定义为：以建筑物为平台，兼备信息设施系统、信息化应用系统、建筑设备管理系统、公共安全系统等，集结构、系统、服务、管理及其优化组合为一体，向人们提供安全、高效、便捷、节能、环保、健康的建筑环境。智能建筑是社会信息化与经济国际化的必然产物；是集现代科学技术之大成的产物，也是综合经济实力的象征。智能建筑其技术基础主要由现代建筑技术、现代计算机技术、现代通信技术和现代控制技术所组成。

智能建筑追求的目标如下。

（1）为人们的生活和工作提供一个方便、舒适、安全、卫生的环境，从而有益于人们的身心健康，提高人们的工作效率和生活情趣。

（2）满足不同用户对不同建筑环境的要求。智能建筑具有高度的开放性和灵活性，能迅速、方便地改变其使用功能，必要时也能重新布置建筑物的平面、立面、剖面，充分显示其可塑性和机动性强的特点。

（3）能满足今后的发展变革对建筑环境的要求。人类社会总的发展趋势是越往后发展变革越快，现代科学技术日新月异，而智能建筑必须能够适应科技进步和社会发展的需要，以及由于科技进步而引起的社会变革的要求，为未来的发展提供改造的可能性。

绿色建筑与智能建筑是两个高度相关的概念。绿色建筑与智能建筑的最终目的是一致的，都是创造一个健康、适用、高效、环保、节能的空间。绿色建筑强调的是建筑物的每一个环节的整体节约资源和与自然和谐共生，智能建筑强调的是利用信息化的技术手段来实现节能、环保与健康。绿色建筑是一个更为基础、更为纯粹的概念，而智能建筑是绿色建筑在信息技术方面的具体应用，智能建筑是服务于绿色建筑的。建筑智能化是实现绿色建筑的技术手段，而建造绿色建筑才是智能援助的目标，智能建筑是功能性的，建筑智能化技术是保证建筑节能得以实现的关键。要完成绿色建筑的总目标，必须要辅之以智能建筑相关的功能，特别是有关的计算机技术、自动控制、建筑设备等楼宇控制技术。

第二节　绿色生态建筑的设计要素

信息时代的到来，知识经济和循环经济的发展，人们对现代化的向往与追求，赋予绿色节能建筑无穷魅力，发掘绿色建筑设计的巨大潜力是时代对建筑师的要求。绿色建筑设计是生态建筑设计，它是绿色节能建筑的基础和关键。在可持续发展和开放建筑的原则下，绿色建筑设计指导思想应遵循现代开放、端庄朴实、简洁流畅、动态亲民的建筑形象，从选址到格局，从朝向到风向，从平面到竖向，从间距到界面，从单体到群体，都应当充分体现出绿色的理念。

在倡导和谐社会的今天，怎样抓住绿色建筑设计要素，有效运用各种设计要素，使人类的居住环境体现出空间环境、生态环境、文化环境、景观环境、社交环境、健身环境等多重环境的整合效应，使人居环境品质更加舒适、优美、洁净，建造出更多节能并且能够改善人居环境的绿色建筑就显得尤为重要。

一、室内外环境及健康舒适性

（一）室内外环境

绿色建筑是日渐兴起的一种自然、和谐、健康的建筑理念。意在寻求自然、建筑和人三者之间的和谐统一，即在"以人为本"的基础上，利用自然条件和人工手段来创造一个舒适、健康的生活环境，同时又要控制对于自然资源的使用，实现自然索取与回报之间的平衡。因此，现在所说的绿色建筑，不仅要能提供安全舒适的室内环境，同时应具有与自然环境相和谐的良好的建筑外部环境。

室内外环境设计是建筑设计的深化，是绿色建筑设计中的重要组成部分。随着社会进步和人民生活水平的提高，建筑室内外环境设计在人们的生活中越来越重要。在人类文明发展至今天的现代社会中，人类已不再只简单地满足于物质功能的需要，而是更多地追求是精神上的满足，所以在室内外环境设计中，我们必须一切围绕着人们更高的需求来进行设计，这就包括物质需求和精神需求。具体的室内外环境设计要素主要包括：对建造所用材料的控制、对室内有害物质的控制、对室内热环境的控制、对建筑室内隔声的设计、对室内采光与照明设计、对室外绿地设计要求等。

（二）健康舒适性设计

随着居住品质的不断提高，人们更加注重住宅的舒适性和健康性。因此，如何从规划设计入手来提高住宅的居住品质，达到人们期望的舒适性和健康性要求，应主要从以下几个方面着重设计。

1.建筑规划设计注重利用大环境资源

在绿色建筑的规划设计中，合理利用大环境资源和充分节约能源，是可持续发展战略的重要组成部分，是当代中国建筑和世界建筑的发展方向。真正的绿色建筑要实现资源的循环。要改变单向的资源利用方式，尽量加以回收利用；要实现资源的优化合理配置，应该依靠梯度消费，减少空置资源，抑制过度消费，做到物显所值、物尽其用。

2.具有完善的生活配套设施体系

回顾住宅建筑的发展历史，如今住宅建筑已经发生根本性的变化。第一代、第二代住宅只是简单地解决基本的居住问题，更多的是追求生存空间的数量；第三代、第四代住宅已逐渐过渡到追求生活空间的质量和住宅产品的品质；发展到第五代住宅已开始着眼于环境，追求生存空间的生态、文化环境。

当今时代，绿色住宅建筑生态环境的问题已得到高度的重视，人们更加渴望回归自然与自然和谐相处，生态文化型住宅正是在满足人们物质生活的基础上，更加关注人们的精神需要和生活方便，要求住宅具有完善的生活配套设施体系。

3.绿色建筑应具有多样化住宅户型

随着国民经济的不断发展，住宅建设速度不断加快，人们的生活水平也在不断提高，不仅体现在住宅面积和数量的增长上，而且体现在住宅的性能和居住环境质量上，实现了从满足"住得下"的温饱阶段向"住得舒适"的阶段的飞跃，市场消费对住宅的品质甚至是细节提出了更高的要求。

住宅设计必须变革、创新，必须满足各种各样的消费人群，用最符合人性的空间来塑造住宅建筑，使人在居住过程中能得到良好的身心感受，真正做到"以人为本""以人为核心"，这就需要设计人员对住宅户型进行深入的调查和研究。家用电器的普遍化、智能化、大众化，家务社会化，人口老龄化以及"双休日"制度的实行等，使得整个社会居民的闲暇时间显著增加。

由于工作制度的改变，居民有更多的时间待在家中，在家进行休闲娱乐活动的需求增多，因此对居住环境提出了更高的要求。如果提供的住宅户型能满足居民基本的生活需求的同时，更能满足他们休闲娱乐活动的需求以及其自我实现的需求，对居住在集合性住宅中的居民来说是非常重要的。信息技术的飞速发展与网络的兴起，改变了人们的生活观念，人们的生活方式日趋多样化，对于户型的要求也变得越来越多样化，因而对于户型多样化设计的研究也就越发地显得急迫。

根据我国城乡居民的基本情况，住宅应针对不同经济收入、结构类型、生活模式、不同职业、文化层次、社会地位的家庭提供相应的住宅套型。同时，从尊重人性出发，对某些家庭（如老龄人和残疾人）还需提供特殊的套型，设计时应考虑无障碍设施等。当老龄人集居时，还应提供医务、文化活动、就餐以及急救等服务性设施。

4.建筑功能的多样化和适应性

所谓建筑功能，是指建筑在物质方面和精神方面的具体使用要求，也是人们设计和建造建筑达到的目的。不同的功能要求产生了不同的建筑类型，如工厂为了生产，住宅为了居住、生活和休息，学校为了学习，影剧院为了文化娱乐，商店为了商品交易，等等。随着社会的不断发展和物质文化生活水平的提高，建筑功能将日益复杂化、多样化。

创建社会主义和谐社会，一个重要基础就是人民能够安居乐业。党和政府把住宅建设看成是社会主义制度优越性的具体体现，指出提高人民生活水平首要任务是提高人们的居住水平。

5.建筑室内空间的可改性

住宅方式、公共建筑规模、家庭人员和结构是不断变化的，生活水平和科学技术也在不断提高，因此，绿色住宅具有可改性是客观的需要，也是符合可持续发展的原则。可改性首先需要有大空间的结构体系来保证，例如大柱网的框架结构和板柱结构、大开间的剪力墙结构；其次应有可拆装的分隔体和可灵活布置的设备与管线。

结构体系常受施工技术与装备的制约，需因地制宜来选择，一般可选用结构不太复杂，而又可适当分隔的结构体系。轻质分隔墙虽已有较多产品，但要达到住户自己动手，既易拆卸又能安装的要求，还需进一步研究其组合的节点构造。住宅的可改性最难的是管线的再调整，采用架空地板或吊顶都需较大的经济投入。厨房卫生间是设备众多和管线集中的地方，可采用管井和设备管道墙等，使之能达到灵活性和可改性的需要。对于公共空间可以采取灵活的隔断，使大空间具有较大的可塑性。

二、安全可靠性及耐久适用性

（一）安全可靠性

绿色建筑工程作为一种特殊的产品，除了具有一般产品共有的质量特性，如性能、寿命、可靠性、安全性、经济性等满足社会需要的使用价值及属性外，还具有特定的内涵，如与环境的协调性、节地、节水、节材等。安全性是指建筑工程建成后在使用过程中保证结构安全、保证人身和环境免受危害的程度。可靠性是指建筑工程在规定的时间和规定的条件下完成规定功能的能力。安全性和可靠性是绿色建筑工程最基本的特征，其实质是以人为本，对人的安全和健康负责。

1.确保选址安全的设计措施

绿色建筑建设地点的确定，是决定绿色建筑外部大环境是否安全的重要前提。建筑工程设计的首要条件是对绿色建筑的选址和危险源的避让提出要求。

众所周知，洪灾、泥石流等自然灾害，对建筑场地会造成毁灭性破坏。据有关资料显示，主要存在于土壤和石材中的氡是无色无味的致癌物质，会对人体产生极大伤害。电磁辐射对人体有两种影响：一是电磁波的热效应，当人体吸收到一定量的时候就会出现高温生理反应，最后导致神经衰弱、白细胞减少等病变；二是电磁波的非热效应，当电磁波长时间作用于人体时，就会出现如心率、血压等生理改变和失眠、健忘等生理反应，对孕妇及胎儿的影响较大，后果严重者可以导致胎儿畸形或者流产。电磁辐射无色无味无形，可以穿透包括人体在内的多种物质，人体如果长期暴露在超过安全的辐射剂量下，细胞就会被大面积杀伤或杀死，并产生多种疾病。能制造电磁辐射污染的污染源很多，如电视广播发射塔、雷达站、通信发射台、变电站、高压电线等。此外，如油库、煤气站、有毒物质车间等均有发生火灾、爆炸和毒气泄漏的可能。

为此，建筑在选址的过程中首先必须考虑到基地上的情况，最好仔细查看历史上相当长一段时间有无地质灾害的发生；其次，经过实地勘测地质条件，准确评价适合的建筑高度。总而言之，绿色建筑选址必须符合国家相关的安全规定。

2.确保建筑安全的设计措施

从事建筑结构设计的基本目的是在一定的经济条件下，赋予结构以适当的安全度，使结构在预定的使用期限内，能满足所预期的各种功能要求。一般来说，建筑结构必须满足的功能要求如下：能承受在正常施工和使用时可能出现的各种作用，且在偶发事件中，仍能保持必需的整体稳定性，即建筑结构需具有的安全性；在正常使用时具有良好的工作性能，即建筑结构需具有的适用性；在正常维护下具有足够的耐久性。因此可知安全性、适用性和耐久性是评价一个建筑结构可靠（或安全）与否的标志，总称为结构的可靠性。

建筑结构安全直接影响建筑物的安全，结构不安全会导致墙体开裂、构件破坏、建筑物倾斜等，严重时甚至发生倒塌事故。因此，在进行建筑工程设计时，必须采用确保建筑安全的设计措施。

3.考虑建筑结构的耐久性

完善建筑结构的耐久性与安全性，是建筑结构工程设计顺利健康发展的基本要求，充分体现在建筑结构的使用寿命和使用安全及建筑的整体经济性等方面。在我国建筑结构设计中，结构耐久性不足已成为最现实的一个安全问题。现在主要存在这样的倾向：设计中考虑强度较多，而考虑耐久性较少；重视强度极限状态，而不重视使用极限状态；重视新建筑的建造，而不重视旧建筑的维护。所谓真正的建筑结构"安全"，应包括保证人员财产不受损失和保证结构功能的正常运行，以及保证结构有修复的可能，即所谓的"强度""功能"和"可修复"三原则。

我国建筑工程结构的设计与施工规范，重点放在各种荷载作用下的结构强度要求，而对环境因素作用（如气候、冻融等大气侵蚀以及工程周围水、土中有害化学介质侵蚀等）下的耐久性要求则相对考虑较少。混凝土结构因钢筋锈蚀或混凝土腐蚀导致的结构安全事故，其严重程度已远大于因结构构件承载力安全水准设置偏低所带来的危害。因此，建筑结构的耐久性问题必须引起足够的重视。

4.增加建筑施工安全生产执行力

所谓安全生产执行力，指的是贯彻战略意图，完成预定安全目标的操作能力，这是把企业安全规划转化成为实践成果的关键。安全生产执行力包含完成安全任务的意愿，完成安全任务的能力，完成安全任务的程度。强化安全生产执行力，主要应注意以下几个方面：完善施工安全生产管理制度；加强建筑工程的安全生产沟通；反馈是建筑工程安全生产的保障；将建筑工程安全生产形成激励机制。

5.建筑运营过程的可靠性保障措施

建筑工程在运营的过程中，不可避免地会出现建筑物本体损害、线路老化及有害气体排放等，如何保证建筑工程在运营过程的安全与绿色化，是绿色建筑工程的重要内容之一。建筑工程运营过程的可靠性保障措施，具体包括以下几个方面：

（1）物业管理公司应制定节能、节水、节地、节材与绿化管理制度，并严格按照管理制度实施。

（2）在建筑工程的运营过程中，会产生大量的废水和废气，对室内外环境产生一定的影响。为此，需要通过选用先进、适用的设备和材料或其他方式，通过合理的技术措施和排放管理手段，杜绝建筑工程运营中废水和废气的不达标排放。

（3）由于建筑工程中设备、管道的使用寿命普遍短于建筑结构的寿命，因此各种设备、管道的布置应方便将来的维修、改造和更换。在一般情况下，可通过将管井设置在公共部位等措施，减少对用户的干扰。属公共使用功能的设备、管道应设置在公共部位，以便于日常的维修与更换。

（4）为确保建筑工程安全、高效运营，应设置合理、完善的建筑信息网络系统，能顺利支持通信和计算机网的应用，并且运行安全可靠。

（二）耐久适用性

耐久适用性是对绿色建筑工程最基本的要求之一。耐久性是材料抵抗自身和自然环境双重因素长期破坏作用的能力，绿色建筑工程的耐久性是指在正常运行维护和不需要进行大修的条件下，绿色建筑物的使用寿命满足一定的设计使用年限要求，并且不发生严重的风化、老化、衰减、失真、腐蚀和锈蚀等。适用性是指结构在正常使用条件下能满足预定使用功能要求的能力，绿色建筑工程的适用性是指在正常运行维护和不需要进行大修的条件下，绿色建筑物的功能和工作性能满足建造时的设计年限的使用要求等。

1.建筑材料的可循环使用设计

现代建筑是能源及材料消耗的重要组成部分，随着地球环境的日益恶化和资源日益减少，保持建筑材料的可持续发展，提高建筑资源的综合利用率已成为社会普遍关注的课题。这些年来我国城市建设繁荣的背后，暗藏着巨大的浪费，同时存在着材料资源短缺、循环利用率低的问题，因此，加强建筑材料的循环利用已成为当务之急。

2.充分利用尚可使用的旧建筑

尚可使用的旧建筑系指建筑质量能保证使用安全的旧建筑，或通过少量改造加固后能保证使用安全的旧建筑。对旧建筑的利用，可根据规划要求保留或改变其原有使用性质，并纳入规划建设项目。工程实践证明，充分利用尚可使用的旧建筑，不仅是节约建筑用地的重要措施之一，而且也是防止大拆乱建的控制条件。

在中国特定的城市化历史背景下，构筑产业类历史建筑及地段保护性改造再利用的理论架构，经由实践层面的物质性实证研究，提出具有技术针对性的改造设计方法，无疑具有重要的理论意义且极富现实价值的应用前景。

3.绿色建筑工程的适应性设计

我国的城市住宅正经历着从增加建造数量到提高居住质量的战略转移，提高住宅的设计水平和适应性是实现这个转变的关键。住宅适应性设计是指在保持住宅基本结构不变的前提下，通过提高住宅的功能适应能力，来满足居住者不同的和变化的居住需要。

适应性运用于绿色建筑设计，是以一种顺应自然、与自然合作的友善态度和面向未来的超越精神，合理地协调建筑与人、建筑与社会、建筑与生物、建筑与自然环境的关系。在时代不停发展过程中，建筑要适应人们陆续提出的使用需求，这在设计之初、使用过程以及经营管理中是必须注意的。保证建筑的耐久性和适应性，要做到两个方面：一是保证建筑的使用功能并不与建筑形式挂死，不会因为丧失建筑原功能而使建筑被废弃；二是不断运用新技术、新能源改造建筑，使之能不断地满足人们生活的新需求。

三、节约环保型及自然和谐性

（一）节约环保型

近年来的实践证明，节约环保是绿色建筑工程的基本特征之一。这是一个全方位、全过程的节约环保的概念，主要包括用地、用能、用水、用材等的节约与环境保护，这也是人、建筑与环境生态共存和节约环保型社会建设的基本要求。

1.建筑用地节约设计

土地是关系国计民生的重要战略资源，耕地是广大农民赖以生存的基础。我国土地资源总量丰富但人均缺少，随着经济的发展和人口的增加，土地资源的形势将越来越严峻。城市住宅建设不可避免地占用大量土地，而土地问题也往往成为城市发展的制约因素，如何在城市建设设计中贯彻节约用地理念，采取什么样的措施来实现节约用地，是摆在每个城市建设设计者面前的关键性问题，而这一问题在设计中经常被忽略或受重视程度不够。

要坚持城市建设的可持续发展，就必须加强对城市建设项目用地的科学管理。在项目的前期工作中采取各种有效措施对城市建设用地进行合理控制，不但有利于城市建设的全面发展，加快城市化建设步伐，更具有实现全社会全面、协调、可持续发展的深远意义。

2.建筑节能方面设计

建筑节能是指在建筑材料生产、房屋建筑和建筑物施工及使用过程中，满足同等需要或达到相同目的的条件下，尽可能降低能耗。发展节能建筑是近些年来关注的重点。建筑节能实质上是利用自然规律和周围自然环境条件，改善区域环境微气候，从而实现节约建筑能耗。建筑节能设计主要包括两个方面内容：一是节约，即提高供暖（空调）系统的效率和减少建筑本身所散失的能源；二是开发，即开发利用新的能源。

建筑节能具体指在建筑物的规划、设计、新建（改建、扩建）、改造和使用过程中，执行节能标准，采用节能型的技术、工艺、设备、材料和产品，提高保温隔热性能和采暖供热、空调制冷制热系统效率，加强建筑物用能系统的运行管理，利用可再生能源，在保证室内热环境质量的前提下，增大室内外能量交换热阻，以减少供热系统、空调制冷制热、照明、热水供应因大量热消耗而产生的能耗。

建筑节能是关系到我国建设低碳经济、完成节能减排目标、保持经济可持续发展的重要环节之一。要想做好建筑节能工作、完成各项指标，我们需要认真规划强力推进，踏踏实实地从细节抓起。全面的建筑节能是一项系统工程，必须由国家立法、政府主导，对建筑节能作出全面的、明确的政策规定，并由政府相关部门按照国家的节能政策，制定全面的建筑节能标准；要真正做到全面的建筑节能，还需要设计、施工、各级监督管理部门、开发商、运行管理部门、用户等各个环节，严格按照国家节能政策和节能标准的规定，全面贯彻执行各项节能措施，从而使每一位公民真正树立起全面的建筑节能观，将建筑节能真正落到实处。

3.建筑用水节约设计

我国是一个严重缺水的国家，解决水资源短缺的主要办法有节水、蓄水和调水三种，而节水是三者中最可行和最经济的。节水主要有总量控制和再生利用两种手段。中水利用则是再生利用的主要形式，是缓解城市水资源紧缺的有效途径，是开源节流的重要措施，是解决水资源短缺的最有效途径，是缺水城市势在必行的重大决策。中水也称为再生水，是指污水经适当处理后，达到一定的水质指标，满足某种使用要求，可以进行有益使用的水。和海水淡化、跨流域调水相比，中水具有明显的优势。从经济的角度看，中水的成本最低；从环保的角度看，污水再生利用有助于改善生态环境，实现水生态的良性循环。

现代城市雨水资源化是一种新型的多目标综合性技术，是在城市排水规划过程中通过规划和设计，采取相应的工程措施，将汛期雨水蓄积起来并作为一种可用资源的过程。它不仅可以增加城市水源，在一定程度上缓解水资源的供需矛盾，还有助于实现节水、水资源涵养与保护、控制城市水土流失。雨水利用是城市水资源利用中重要的节水措施，具有保护城市生态环境和增进社会经济效益等多方面的意义。

4.建筑材料节约设计

近年来，随着资源的日益减少和环境的不断恶化，材料和能源消耗量巨大的现代建筑面临的一个首要问题，是如何实现建筑材料的可持续发展，社会关注的一大课题是提高资源和能源的综合利用率。随着我国城市化进程的不断加快，我国的环境和资源正承受着越来越大的压力。根据有关资料，每年我国生产的多种建筑材料要消耗大量能源和资源，与此同时还要排放大量二氧化硫和二氧化碳等有害气体和各类粉尘。

（二）自然和谐性

绿色建筑在全球的发展方兴未艾，其节能减排、可持续发展与自然和谐共生的卓越特性，使各国政府不遗余力地推动和推广绿色建筑的发展，也为世界贡献了一座座经典的建筑作品，其中很多都已成为著名的旅游景点，用实例向世人展示了绿色建筑的魅力。

绿色建筑是指在建筑的全寿命周期内，最大限度地节约资源（节能、节地、节水、节材）、保护环境和减少污染，为人们提供健康、适用和高效的使用空间，提供与自然和谐共生的建筑。

所谓"绿色建筑"的"绿色"，并不是指一般意义的立体绿化、屋顶花园，而是代表一种先进的概念或现代的象征。绿色建筑是指建筑对环境无害，能充分利用环境自然资源，并且在不破坏环境基本生态平衡条件下建造的一种建筑，又可称为可持续发展建筑、生态建筑、回归大自然建筑、节能环保建筑等。

人与自然的关系主要表现在两个方面：一是人类对自然的影响与作用，包括从自然界索取资源与空间，享受生态系统提供的服务功能，向环境排放废弃物；二是自然对人类的影响与反作用，包括资源环境对人类生存发展的制约，自然灾害、环境污染与生态退化对人类的负面影响。由于社会的发展，使得人与自然从统一走向对立，由此造成了生态危机。因此，要想实现人与自然的和谐发展，必须正视自然的价值，理解自然，改变我们的发展观，逐步完善有利于人与自然和谐的生态制度，构建美好的生态文化，从而构建人与自然的和谐环境。人类活动的各个领域和人类生活的各个方面都与生态环境发生着某种联系，因此，我们要从多角度来促进人与自然的和谐发展。

随着社会不断进步与发展，人们对生活工作空间的要求也越来越高。在当今建筑技术条件下，营造一个满足使用需要的、完全由人工控制的舒适的建筑空间已并非难事。但是，建筑物使用过程中大量的能源消耗和由此产生的对生态环境的不良影响，以及众多建筑空间所表现的自我封闭、与自然环境缺乏沟通的缺陷，都成为建筑设计中亟待解决的问题。人类为了自身的可持续发展，就必须使其各种活动，包括建筑活动及其产生结果和产物与自然和谐共生。

建筑作为人类不可缺少的活动，旨在满足人的物质和精神需求，寓含着人类活动的各种意义。由此可见，建筑与自然的关系实质上也是人与自然关系的体现。自然和谐性是建筑的一个重要的属性，它表示人、建筑、自然三者之间的共生、持续、平衡的关系。正因为自然和谐性，建筑以及人的活动才能与自然息息相关，才能以联系的姿态融入自然。这种属性是可持续精神的直接体现，对当代建筑的发展具有积极的意义。

四、低耗高效性及文明性

（一）低耗高效性

为了实现现代建筑重新回归自然、亲和自然，实现人与自然和谐共生的意愿，专家和学者们提出了"绿色建筑"的概念，并且以低耗高效为主导的绿色建筑在实现上述目标的过程中，受到越来越多人的关注，随着低耗高效建筑节能技术的完善，以及绿色建筑评价体系的推广，低耗高效的绿色建筑时代已经悄然来临。

合理地利用能源、提高能源利用率、节约建筑能源是我国的基本国策，绿色建筑节能是指提高建筑使用过程中的能源效率。在绿色建筑低耗高效性设计方面，可以采取如下技术措施。

1.确定绿色建筑工程的合理建筑朝向

建筑朝向的选择涉及当地气候条件、地理环境、建筑用地情况等，必须全面考虑。选择建筑朝向的总原则：在节约用地的前提下，要满足冬季能争取较多的日照，夏季避免过多的日照，并有利于自然通风的要求。从长期实践经验来看，南向是全国各地区都较为适宜的建筑朝向。但在建筑设计时，建筑朝向受各方面条件的制约，不可能都采用南向。这就应结合各种设计条件，因地制宜地确定合理建筑朝向的范围，以满足生产和生活的要求。

住宅建筑的体形、朝向、楼距、窗墙面积比、窗户的遮阳措施等，不仅影响住宅的外在质量，同时也影响住宅的通风、采光和节能等方面的内在质量。建筑师应充分利用场地的有利条件，尽量避免不利因素，在确定合理建筑朝向方面进行精心设计。

在确定建筑朝向时，应当考虑以下几个因素：要有利于日照、天然采光、自然通风；要结合场地实际条件；要符合城市规划设计的要求；要有利于建筑节能；要避免环境噪音、视线干扰；要与周围环境相协调，有利于取得较好的景观朝向。

2.设计有利于节能的建筑平面和体型

建筑设计的节能意义包括建筑方案设计过程中遵循建筑节能思想，使建筑方案确立节能的意识和概念，其中建筑体形和平面形状特征设计的节能效应是重要的控制对象，是建筑节能的有效途径。现代生活和生产对能量的巨大需求与能源相对短缺之间日益尖锐的矛盾促进了世界范围内节能运动的不断展开。

对于绿色建筑来说，节约能源，提高能源利用系数已经成为各行各业追求的一个重要目标，建筑行业也不例外。节能建筑方案设计有特定的原理和概念，其中建筑平面特征的控制是建筑节能研究的一个重要方面。

建筑体形是建筑作为实物存在必不可少的直接形象和形状，所包容的空间是功能的载体，除满足一定文化背景的美学要求外，其丰富的内涵令建筑师神往。然而，建筑平面体形选择所产生的节能效应，及由此产生的指导原则和要求却常被人们忽视。

我们应该研究不同体形对建筑节能的影响，确定一定的建筑体形节能控制的法则和规律。

3.重视建筑用能系统和设备优化选择

为使绿色建筑达到低耗高效的要求，必须对所有用能系统和设备进行节能设计和选择，这是绿色建筑实现节能的关键和基础。例如，对于集中采暖或空调系统的住宅，冷、热水（风）是靠水泵和风机输送到用户，如果水泵和风机选型不当，不仅不能满足供暖的功能要求，而且其能耗在整个采暖空调系统中占有相当的比例。

4.重视建筑日照调节和建筑照明节能

现行的照明设计主要考虑被照面上照度、眩光、均匀度、阴影、稳定性和闪烁等照明技术问题，而健康照明设计不仅要考虑这些问题，而且还要处理好紫外辐射光谱组成、光色、色温等对人的生理和心理的作用。为了实现健康照明，除了研究健康照明设计方法和尽可能做到技术与艺术的统一外，还要研究健康照明概念、原理，并且要充分利用现代科学技术的新成果，不断研究出高品质新光源，同时要开发出采光和照明新材料、新系统，充分利用天然光，节约能源，保护环境，使人们身心健康。

5.按照国家规定充分利用可再生资源

根据目前我国再生能源在建筑中的实际应用情况，比较成熟的是太阳能热利用。太阳能热利用就是用太阳能集热器将太阳辐射能收集起来，通过与物质的相互作用转换成热能加以利用。太阳能热水器与人民的日常生活密切相关，其产品具有环保、节能、安全、经济等特点，太阳能热水器的迅速发展将成为我国太阳能热利用的"主力军"。

（二）文明性

人类文明的第一次浪潮，是以农业文明为核心的黄色文明；人类文明的第二次浪潮，是以工业文明为核心的黑色文明；人类文明的第三次浪潮，是以信息文明为核心的蓝色文明；人类文明的第四次浪潮，是以社会绿色文明为核心的文明。绿色文明就是能够持续满足人们幸福感的文明。任何文明都是为了满足人们的幸福感，而绿色文明的最大特征就是能够持续满足人们的幸福感，持续提升人们的幸福指数。

绿色文明是一种新型的社会文明，是人类可持续发展必然选择的文明形态，也是一种人文精神，体现着时代精神与文化。绿色文明既反对人类中心主义，又反对自然中心主义，而是以人类社会与自然界相互作用，保持动态平衡为中心，强调人与自然的整体、和谐地双赢式发展。它是继黄色文明、黑色文明和蓝色文明之后，人类对未来社会的新追求。

21世纪是呼唤绿色文明的世纪。绿色文明包括绿色生产、生活、工作和消费方式，其本质是一种社会需求。这种需求是全面的，不是单一的。它一方面是要在自然生态系统中获得物质和能量，另一方面是要满足人类持久的自身的生理、生活和精神消费的生态需求与文化需求。

绿色建筑外部要强调与周边环境相融合，和谐一致、动静互补，做到保护自然生态环境。建筑内部不得使用对人体有害的建筑材料和装修材料。室内的空气保持清新，温度和湿度适当，使居住者感觉良好，身心健康。倡导绿色文明建筑设计，不仅对中国自身发展有深远的影响，而且也是中华民族面对全球日益严峻的生态环境危机时向全世界作出的庄严承诺。绿色文明建筑设计主要应注意保护生态环境和利用绿色能源。

1.保护生态环境

保护生态环境是人类有意识地保护自然生态资源并使其得到合理的利用，防止自然生态环境受到污染和破坏；对受到污染和破坏的生态环境必须做好综合的治理，以创造出适合于人类生活、工作的生态环境。生态环境保护是指人类为解决现实的或潜在的生态环境问题，协调人类与生态环境的关系，保障经济社会的持续发展而采取的各种行动的总称。

保护生态环境和可持续发展是人类生存和发展面临的新课题，人类正在跨入生态文明的时代。保护生态环境已经成为中国社会新的发展理念和执政理念，保护生态环境已经成为中国特色社会主义现代化建设进程中的关键因素。在进行城市规划和设计中，我们要用保护环境、保护资源、保护生态平衡的可持续发展思想，指导绿色建筑的规划设计、施工和管理等，尽可能减少对环境和生态系统的负面影响。

2.利用绿色能源

绿色能源也称为清洁能源，是环境保护和良好生态系统的象征和代名词。它可分为狭义和广义两种概念。狭义的绿色能源是指可再生能源，如水能、生物能、太阳能、风能、地热能和海洋能。这些能源消耗之后可以恢复补充，很少产生污染。广义的绿色能源则包括在能源的生产及其消费过程中，选用对生态环境低污染或无污染的能源，如天然气、清洁煤和核能等。

绿色能源不仅包括可再生能源，如太阳能、风能、水能、生物质能、海洋能等；还包括应用科技变废为宝的能源，如秸秆、垃圾等新型能源。人们常常提到的绿色能源指太阳能、氢能、风能等，但另一类绿色能源就是绿色植物提供的燃料，也称为绿色能源，又称为生物能源或物质能源。其实，绿色能源是一种古老的能源，千万年来，人类的祖先都是伐树、砍柴烧饭、取暖、生息繁衍。这样生存的后果是给自然生态平衡带来了严重的破坏。沉痛的历史教训告诉我们，利用生物能源，维持人类的生存，甚至造福于人类，必须按照自然规律办事，既要利用它，又要保护发展它，使自然生态系统保持良性循环。

地源热泵是利用地球表面浅层水源（如地下水、河流和湖泊）和土壤源中吸收的太阳能和地热能，并采用热泵原理，由水源热泵机组、地能采集系统、室内系统和控制系统组成的，既可供热又可制冷的高效节能空调系统。地源热泵已成功利用地下水、江河湖水、水库水、海水、城市中水、工业尾水、坑道水等各类水资源以及土壤源作为地源热泵的冷、热源。根据地能采集系统的不同，地源热泵系统分为地埋管、地下水和地表水三种形式。

五、综合整体创新设计

绿色建筑是以节约能源、有效利用资源的方式，建造低环境负荷情况下安全、健康、高效及舒适的居住空间，达到人及建筑与环境共生共荣、永续发展。绿色建筑最终的目标是以"绿色建筑"为基础进而扩展至"绿色社区""绿色城市"层面，达到促进建筑、人、城市与环境和谐发展的目标。

绿色建筑的综合整体创新设计，是指将建筑科技创新、建筑概念创新、建筑材料创新与周边环境结合在一起进行设计。其重点在于建筑科技创新，利用科学技术的手段，在可持续发展的前提下，满足人类日益发展的使用需求，同时与环境和谐共处，利用一切手法和技术，使建筑满足健康舒适、安全可靠、耐久适用、节约环保、自然和谐和低耗高效等特点。

由此可见，发展绿色建筑必然伴随着一系列前所未有的综合整体创新设计活动。绿色建筑在中国的兴起，既是形势所迫，顺应世界经济增长方式转变潮流的重要战略转型，又是应运而生，促使我国建立创新型国家的必然组成部分。

（一）基于环境的设计创新

理想的建筑应该协调于自然成为环境中的一个有机组成部分。一个环境无论以建筑为主体还是以景观为主体，只有两者完美协调才能形成令人愉快、舒适的外部空间。为了达到这一目的，建筑师与景观设计师进行了大量的、创造性的构思与实践，从不同的角度、不同的侧面和不同的层次对建筑与环境之间的关系进行了研究与探讨。

建筑与环境之间良好关系的形成不仅需要有明确、合理的目的，而且有赖于妥当的方法论与城市的建筑实践的完美组合。建筑实践是一个受各种因素影响与制约的繁琐、复杂的过程。在设计的初期阶段能否圆满解决建筑与环境之间的关系，将直接影响建筑环境的实现。建筑与其周围环境有着千丝万缕的联系，这种联系也许是协调的，也许是对立的。它也可能反映在建筑的结构、材料、色彩上，也可能通过建筑的形态特征表现出其所处环境的历史、文脉和源流。

建筑自身的形态及构成直接影响着其周围的环境。如果建筑的外表或形态不能够恰当地表现所在地域的文化特征或者与周围环境发生严重的冲突，那么它就很难与自然保持良好的协调关系。但是，所谓建筑与环境的协调关系，并不意味着建筑必须被动地屈从于自然、与周围环境保持妥协的关系。有些时候建筑的形态与所在的环境处于某种对立的状态。但是这种对立并非从根本上对其周围环境加以否定，而是通过与局部环境之间形成的对立，在更高的层次上达到与环境整体更加完美的和谐。

建筑环境的设计创新，就是要求建筑师通过类比的手法，把主体建筑设计与环境景观设计有机地结合在一起。将环境景观元素渗透到建筑形体和建筑空间当中，以动态的建筑空间和形式、模糊边界的手法，形成功能交织、有机相连的整体，从而实现空间的持续变化和形态交集。将建筑的内部、外部直至城市空间，看作是城市意象的不同，但又是连续的片段，通过独具匠心地切割与连接，使建筑物和城市景观融为一体。

（二）基于文化的设计创新

建筑是人类重要的文化载体之一，它以"文化纪念碑"的形式成为文化的象征，记载着不同民族、不同地域、不同习俗的文化，尤其是记载着伦理文化的演变历程。建筑设计是人类物质文明与精神文明相互结合的产物，建筑是体现传统文化的重要载体，中国传统文化对我国建筑设计具有潜移默化的影响，但是在现阶段随着一些错误思想的冲击，传统文化在建筑设计中的运用需要进一步创新发展。相关部门有必要对中国传统建筑风格进行分析研究，促进中国传统文化在建筑设计中的创新和发展，不断设计出具有中国特色的建筑。

自然不仅是人类生存的物质空间环境，更是人类精神依托之所在。对于自然地貌的理解，由于地域文化的不同而显示出极大的不同从而造就了如此众多风格各异的建筑形态和空间，让人们在品味中联想到当地的文化传统与艺术特色。设计展示其独特文化底蕴的建筑，离不开地域文化原创性这一精神原点。引发人们在不同文化背景下的共鸣，引导人们参与其中，获得独特的文化体验。

（三）基于科技的设计创新

当今时代，人类社会步入了一个科技创新不断涌现的重要时期，也步入了一个经济结构加快调整的重要时期。持续不断的新科技革命及其带来的科学技术的重大发现发明和广泛应用，推动世界范围内生产力、生产方式、生活方式和经济社会发展观发生了前所未有的深刻变革，也引起全球生产要素流动和产业转移加快，使得经济格局、利益格局和安全格局发生了前所未有的重大变化。

自20世纪80年代以来，我国建筑行业的技术发展经历了探索阶段、推广阶段和成熟阶段，然而，与国际先进技术相比，我国建筑设计的科技创新方面仍存在着许多问题，造成这些问题的原因是多方面的，我国建筑业只有采取各种有效措施，不断加强建筑设计的科技创新，才能增强自身的竞争力。

科技创新不足、创新体系不健全，制约着绿色建筑可持续发展的实施。我国科学技术创新能力，尤其是原始创新能力不足的状况日益突出和尖锐，已经成为影响我国绿色建筑科学技术发展乃至可持续发展的重大问题。因此，加强绿色建筑科技创新，推进国家可持续发展科技创新体系的建设，是促进我国可持续发展战略实施的当务之急。

第三节　绿色生态建筑发展的趋势

一、绿色建筑的可持续发展分析

建筑仅是为遮风挡雨、获得安全而建造的庇护所，体现的只是其自然属性，属于自然的一部分，建筑对生态环境的影响也小。当前，随着人口的增加以及农业生产和建筑活动的增强，人类大量砍伐森林和开垦土地，对自然造成了一定程度的危害，慢慢超出了自然的承载能力。为了后代的生存发展，建筑活动有必要坚持走绿色发展、可持续发展之路。

绿色建筑的可持续发展理念契合了当代国际社会均衡发展的需要，是解决当前社会利益冲突和政策冲突的基本原则。具体而言，绿色建筑的可持续发展理念包含四项基本原则：代际公平原则、可持续利用原则、公平利用原则、一体化发展原则。

二、绿色建筑发展的前景分析

绿色建筑可以说是由资源与环境组成的，其设计理念一定涉及资源的有效利用和环境的和谐相处，其未来的发展前景不外乎包括以下四个方面。

（一）节约资源

未来绿色建筑可以实现最大限度地减少对地球资源与环境的负荷和影响，最大限度地利用已有资源。建筑生产及使用需要消耗大量自然资源，考虑到未来自然资源会逐渐枯竭，绿色建筑需要合理地使用和配置资源，从而提高建筑物的耐久性，减少资源不必要的消耗，抑制废弃物的产生。

（二）环保

保护环境是绿色建筑的目标和前提，包括建筑物周边的环境、城市及自然大环境的保护。社会的发展必然带来环境的破坏，而建筑对环境产生的破坏占很大比重。一般建筑实行商品化生产，设计实行标准化、产业化，在生产过程中很少去考虑对环境的影响。而绿色建筑强调尊重本土文化、自然、气候，保护建筑周边的自然环境及水资源，防止大规模"人工化"，合理利用植物绿化系统的调节作用，增强人与自然的沟通。因此，环保必然会是绿色建筑未来的发展方向之一。

（三）节能

一般建筑的节能意识和节能能力要弱一些，并且会产生一定的环境污染。而绿色建筑能够克服一般建筑的这一弱势，将能耗的使用在一般建筑的基础上降低70%～75%，并减少对水资源的消耗与浪费。因此，节能必然会是绿色建筑未来的发展方向之一。

（四）和谐

一般建筑的设计理念都是封闭的，即将建筑与外界隔离。而绿色建筑强调在给人营造适用、健康、高效的内部环境的同时，保证外部环境与周边环境的融合，利用一切自然、人文环境和当地材料，充分利用地域传统文化与现代技术，表现建筑的物质内容和文化内涵，注重人与人之间感情的联络；内部与外部可以自动调节，和谐一致，动静互补，追求建筑和环境生态共存；从整体出发，通过借景、组景、分景、添景等多种手法，创造健康、舒适的生活环境，与周围自然环境相融合，强调人与环境的和谐。考虑到绿色建筑在设计理念上比一般建筑更看重与自然的和谐相处，这是绿色建筑的优势，这一特征未来一定会得到更好的发展。

第二章 绿色生态建筑体系研究

第一节 绿色生态建筑的科学体系

一、科学规划与绿色生态建筑的关系

绿色建筑的重要目标是最大限度地利用资源，最小限度地破坏环境。在城里人想出城而城外人想进城的当代居住消费形态的驱动下，对于自然资源的消费、对城市系统周边生态功能维护、城市土地利用和城市生态保护与调控都产生了极其不利的负面作用。因此，科学的规划成为绿色建筑的前提与依据。

科学规划与绿色建筑之间的关系如下。

（1）绿色建筑是现代生态城市、节约型城市、循环经济城市建设的重要影响和存在条件，它影响城市生态系统的安全与功能、组织、结构的稳定，对提高城市生态服务能力的变化效率和生态人居系统健康质量起到重要作用。城市生态系统的高效存在与服务功能的稳定性是发展绿色建筑的核心基础，也是绿色建筑设计与建造技术应用的前提条件。因此，绿色建筑与生态规划之间联系密切，互为依存。

（2）绿色建筑的发展需要生态规划作为科学的核心指导原则与保障的前提依据。在城市中绿色建筑不是一个人类对抗自然力而建造的人居孤岛，绿色建筑是人类寻求与自然亲密和谐、共存共生的乐园。绿色建筑离开生态规划，既失去了自身的环境依据，也失去了参照的系统依据。

（3）绿色建筑是生态规划在城市中实施的重要载体。绿色建筑的存在与发展不仅需要绿色建筑技术为条件，绿色环保新材料为方法，还需要生态规划来指导各项规划编制、政策法规完善以及编制绿色建筑标准的核心依据。这才能够使绿色建筑的推广拥有保障的综合环境与条件。

绿色建筑规划涉及的阶段包括城市规划阶段和场地规划阶段。城市规划阶段的生

态规划是为绿色建筑的选址、规模、容量提供依据，并随着城市规划的总体规划、详细规划及城市设计不断深入，具体落实到绿色建筑的场地。绿色建筑的场地规划是在城市规划的指标控制下进行生态设计，是单栋绿色建筑的设计前提。

二、科学的生态规划作为绿色建筑的前提

生态规划是规划学科序列的专业类型。称它为科学规划，是因为它涉及对自然的科学判断、对人类行为活动能力的综合作用评价以及人类对自身生存环境的保障与保护自然生态系统安全、稳定的行为作用。它是为提高人类科学管理、规范、控制能力而开展的科学研究与实践应用相结合的跨专业、多学科交叉探索。

生态规划学科理论是建立在建筑学、城市规划理论与方法之上，通过生态学理论和原则为基础条件，并运用规划理论的技术方法，将生态学应用于城市范围和规划学科领域。生态规划是在保障人类社会与自然和谐共生、可持续发展的前提下，确定自然资源存在与人类行为存在关系符合生态系统要求的客观标准的规划。

生态城市规划的主要任务是系统地确定城市性质、规模和空间组织形态，统筹安排城市各项建设用地，科学地配置与高效分配城市所需的资源总量，通过各项基础设施的建设达到高效的城市运行和降低城市运行费用的目标。解决好城市的安全健康，保障符合宜居城市要求的生态系统关系以及生态系统格局的稳定与完整存在，处理好远期发展与近期建设的关系，支持政府科学的政策制定和宏观的调控管理，指导城市合理发展，实现城市的和谐、高效、持续发展。

生态规划在现有的城市规划编制体系中落实，最终控制绿色建筑的实施，主要有以下三个阶段。

（1）总体规划阶段，主要体现在如何保障城市生态安全体系建构。需要将保障城市生态安全的内容的具体法定效力落实到土地利用的生态等级控制、生态安全基础上的建设容量与空间分布上，并基于水资源、植物生物量及土地使用规模的人口规模控制，对生态规划的生态承载指数控制下的资源使用与土地使用容量来进行动态管理、评估与释放。针对性地在规划中明确建立生态保护、生态城市、宜居城市及城乡一体化统筹发展的具体要求。这是在中国规划编制技术体系中，首次将规划目标与落实规划的具体方法紧密结合的规划编制技术体系的创新。同时在该阶段可以确定城市性质、容量规模，指导绿色建筑的选址，并针对绿色建筑的具体细节内容制定从生态城市到绿色建筑的标准。

（2）在控制性详细规划编制中，依据生态规划编制成果、指标，再进行深化编制，实现技术合作的纵向深入。在镇域体系与新城发展的控制规划中，对局部资源分配与管理使用进行具体控制与落实。这主要是利用整合、调节与配置的技术手段，实现保护与发展的最大、最佳及高效的选择与集成，并在此基础上建立明确的节地、节水、节能、节材、产业结构和生态系统完整性的法定管理与科学调控。

（3）从修建性详细规划到城市设计的编制中，主要是实现规划编制成果的要求在行为与功能组织上的落实，这其中包括：在大型生态安全框架中斑块、廊道体系的内部结构与内涵的组织与应用，要求建立中型和微型斑块、廊道体系；适宜生长的植物群落、种群特点、景观功能的指导，尤其是生态设施的组织与建设；在人居系统规划设计中强调人的行为控制、人为结果的规范以及空间结构中人与自然交错存在的布局尺度、功能组织与分布效率关系。在此基础上，研究并提出了城市设计的生态模式，进行设计要求与规范。该阶段明确生态技术的系统要求，对节地、节水、节能、节材的技术进行集成。如提出推广屋顶绿化技术的应用要求、节能技术的要求和节水技术的要求等。

三、绿色建筑的科学体系

科学规划与绿色建筑是控制与保证关系，生态景观与绿色建筑是相互作用关系，相关政策、中规院的规范与绿色建筑是保障与管理关系。

绿色建筑的科学体系组织结构包括以下几个方面。

（1）相关政策、法规，国家政策专业法规与技术规范、科学行政与社会监督机制、政府专业职能机构管理、政府职能机构审核批准、政府职能机构监管认证、政府职能机构督导监察。

（2）科学规划编制量化控制与管理的核心指导依据——生态规划体系；编制总体规划、控制性规划、详细规划、城市设计；规划编制条件与科学依据基础标准；科学规划体系控制指标标准；规划指标动态变量的控制与调节；规划指标的使用质量与效率的动态量化评估。

（3）生态景观建立生态系统服务功能系统、场地生态景观评估、场地生态功能组织设计、场地生态景观设计、调控、管理、评价、维护、使用与规范。

（4）绿色建筑行业管理规范，绿色建筑标准与评估、选址立项、生态功能设计策略，绿色建筑技术集成，绿色建筑组织与设计，绿色建筑施工组织与管理，绿色建筑使用与管理服务。

四、绿色生态建筑设计的科学依据

（一）人体工程学和人性化设计

绿色建筑不仅仅是针对环境而言的，在绿色建筑设计中，首先必须满足人体尺度和人体活动所需的基本尺寸及空间范围的要求，同时还要对人性化设计给予足够的重视。

1. 人体工程学

人体工程学，也称人类工程学或工效学，是一门探讨人类劳动、工作效果、效能的规律性的学科。按照国际工效学会所下的定义，人体工程学是一门研究人在某种工作环境中的解剖学、生理学和心理学等方面的各种因素；研究人和机器及环境的相互作用；研究在工作中、家庭生活中和休假时怎样统一考虑工作效率、人的健康、安全和舒适等问题的科学。

建筑设计中的人体工程学主要内涵是：以人为主体，通过运用人体、心理、生理计测等方法和途径，研究人体的结构功能、心理等方面与建筑环境之间的协调关系，使得建筑设计适应人的行为和心理活动需要，取得安全、健康、高效和舒适的建筑空间环境。

2．人性化设计

人性化设计在绿色建筑设计中的主要内涵为：根据人的行为习惯、生理规律、心理活动和思维方式等，在原有的建筑设计基本功能和性能的基础之上，对建筑物和建筑环境进行优化，使其使用更为方便舒适。换言之，人性化的绿色建筑设计是对人的生理、心理需求和精神追求的尊重和最大限度的满足，是绿色建筑设计中人文关怀的重要体现，是对人性的尊重。

人性化设计意在做到科学与艺术结合、技术符合人性要求，现代化的材料、能源、施工技术将成为绿色建筑设计的良好基础，并赋予其高效而舒适的功能，同时，艺术和人性将使得绿色建筑设计更加富于美感，充满情趣和活力。

（二）环境因素

绿色建筑的设计建造是为了在建筑的全生命周期内，适应周围的环境因素，最大限度地节约资源，保护环境，减少对环境的负面影响。绿色建筑要做到与环境的相互协调与共生，因此在进行设计前必须对自然条件有充分的了解。

1.气候条件

地域气候条件对建筑物的设计有最为直接的影响。例如：在干冷地区建筑物的体型应设计得紧凑一些，减少外围护面散热的同时利于室内采暖保温；而在湿热地区的建筑物设计则要求重点考虑隔热、通风和遮阳等问题。在进行绿色建筑设计时应首先明确项目所在地的基本气候情况，以利于在设计开始阶段就引入"绿色"的概念。

日照和主导风向是确定房屋朝向和间距的主导因素，对建筑物布局将产生较大影响。合理的建筑布局将成为降低建筑物使用过程中能耗的重要前提条件。如在一栋建筑物的功能、规模和用地确定之后，建筑物的朝向和外观形体将在很大程度上影响建筑能耗。在一般情况下，建筑形体系数较小的建筑物，单位建筑面积对应的外表面积就相应减小，有利于保温隔热，降低空调系统的负荷。住宅建筑内部负荷较小且基本保持稳定，外部负荷起到主导作用，外形设计应采用小的形体系数。对于内部发热量较大的公共建筑，夏季夜间散热尤为重要，因此，在特定条件下，适度增大形体系数更有利于节能。

2.地形、地质条件和地震烈度

对绿色建筑设计产生重大影响的还包括基地的地形、地质条件以及所在地区的设计地震烈度。基地地形的平整程度、地质情况、土特性和地耐力的大小，对建筑物的结构选择、平面布局和建筑形体都有直接的影响。结合地形条件设计，保证建筑抗震安全的基础上，最大限度地减少对自然地形地貌的破坏，是绿色建筑倡导的设计方式。

3.其他影响因素

其他影响因素主要指城市规划条件、业主和使用者要求等因素，如航空及通信限高、文物古迹遗址、场所的非物质文化遗产等。

（三）建筑智能化系统

绿色建筑设计中不同于传统建筑的一大特征就是建筑的智能化设计，依靠现代智能化系统，能够较好地实现建筑节能与环境控制。绿色建筑的智能化系统是以建筑物为平台，兼备建筑设备、办公自动化及通信网络系统，是集结构、系统服务、管理等于一体的最优化组合，向人们提供安全、高效、舒适、便利的建筑环境。而建筑设备自动化系统（BAS）将建筑物、建筑群内的电力、照明、空调、给排水、防灾、保安、车库管理等设备或系统构成综合系统，以便集中监视、控制和管理。

建筑智能化系统在绿色建筑的设计、施工及运营管理阶段均可起到较强的监控作用，便于在建筑物的全寿命周期内实现控制和管理，使其符合绿色建筑评价标准。

第二节 绿色生态建筑的体系构成

一、绿色建筑的体系构成

绿色建筑的体系构成是基于绿色建筑的科学体系中各个专业之间缺少关联性和理论关系的完整性、统一性。割裂而孤立的各个专业不足以适应涉及多专业、多学科、符合自由规律的生态系统要求。所以，绿色建筑科学体系的存在必要性更加明显、更加突出。

绿色建筑体系是多专业跨学科、保证自然系统安全和人类社会可持续发展的交叉学科体系。它不仅包括建筑本体，特别是建筑外部环境生态功能系统及建构社区安全、健康的稳定生态服务与维护功能系统，也包括绿色建筑的内部。

绿色建筑的体系关系以绿色建筑科学为方法，作用于人居生态建设，达到对自然生态系统保护、修复及恢复的目的，最终提高人的生存环境、生存条件及生存质量，依靠科学技术的应用与创新，找到人和建筑与自然关系和谐的科学途径。

（1）绿色建筑的构成体系关系说明绿色建筑在自然、人居系统中的存在位置。它与人的生存活动和生态景观共同存在于城市生态系统及城镇生态系统中，并共同构成人居生态系统。

（2）科学体系关系通过与人、生态景观的和谐共生，优化城市及城镇生态体系服务功能，提高城市综合运行效率，实现人居系统可持续科学发展能力，构成绿色建筑的科学系统。

（3）生态规划客观指导下的科学规划成为建构绿色建筑科学体系的前提条件和基础保障。

二、绿色建筑的学科构成

绿色建筑学科体系建立的核心是科学的发展必须符合自然自身的规律，而这个规律是不以人的意志为转移的。人类的智慧和科学研究已经涉及自然自身规律，我们不能以某一个或某几个学科的理论体系完成自然系统自身规律和人类发展规律的解读。它的理论体系最核心的东西是如何利用交叉学科、多学科的研究，把各个单一专业学科的理论体系中相关性的依据结合成一个复合型的交叉学科体系。

绿色建筑的学科构成从宏观上分为三个层面，即绿色建筑在城市生态系统层面的学科构成、绿色建筑自身系统学科构成、绿色建筑与人之间的关系的构成，最终以客观的科学方法解决建筑与系统、人与建筑之间的和谐、优化、高效、可持续的共生关系，使客观的自然存在与人类主观意志和愿望达成动态的平衡统一。以下是三个层面的具体内容。

（1）绿色建筑在城市生态系统层面的学科构成涉及的三大类基础学科包括生态学、建筑学和规划学，同时它还涉及从自然科学到人文科学及技术科学的众多学科，是这些学科的理论及方法以规划为载体的实践与应用。

涉及的自然科学学科包括地质、水文、气候、植物、动物、微生物、土壤、材料等。涉及的人文科学学科包括经济、社会、历史、交通等。

（2）绿色建筑自身系统学科构成除建筑学科常规的内容外，还包括与建筑自身功能相关的学科，如建筑的热工、光环境、风环境、声环境等，还涉及能源、材料等各类技术。

（3）绿色建筑与人之间关系的构成是指建筑是人类生活的重要载体，人类的信仰、情感和美感，经济、政治等会反映到绿色建筑上。

三、构建绿色建筑的技术系统

对绿色建筑技术体系的具体研究与实践是推广应用的根本，需长期从事绿色建筑的实践，并不断进行系统的基础理论研究与设计实践，通过多专业、跨学科专家团队交叉合作，以严谨创新的示范与实验工程，不断探索和验证应用绿色建筑科学体系的完善途径。

就绿色建筑研究与实践而言，通过生态景观、科学规划的研究与实践，结合绿色建筑功能、技术与材料的系统集成，绿色建筑适宜应用技术、新材料、循环材料、再生材料的研究与开发应用，及建筑室内生态设计等，探索一条共同构成绿色建筑综合生态设计应用、推广的科学技术体系。建构绿色建筑的技术系统主要涉及以下内容。

第一，绿色建筑对城市与村镇系统生态功能扰动、破损与阻断的控制、管理与修复。

第二，绿色建筑全寿命周期的组织、控制、使用与服务的系统管理。

第三，建筑设计与建造对能源、资源、风环境、光环境、水环境、生态景观、文化主张的系统组织。

第四，实现绿色建筑节约与效率要求的新材料、新技术的选择与应用。

第五，建筑内部空间、功能使用与环境品质的控制。

（一）政策、规划界面

1.立项组织

绿色建筑的立项组织应具有合法性、完整性、科学性和针对性，选址符合科学规划的要求。

2.生态策略规划设计

从建筑全生命周期的角度，依照系统、景观、功能、文化需求定位，综合集成实施对策、技术、选择、标准与组织。

3.场地设计微生态

系统组织设计、生态服务功能设计、场地布局与基础设施设计、场地材料与应用技术集成组织、场地景观与文化表达设计。

（二）设计建设层面

（1）生态功能设计建筑的功能、效率、体形、形态、色彩、风格、建造与场地景观，构成和谐高效整体的组织及技术选型、集成与规范、标准。

（2）建筑设计以建筑技术的组织集成构建建筑本体与外环境、室内等综合系统协调，涉及建筑的资源、能源、风、光、声、水、材料等系统，结合合理的结构、构造设计，达到宜人、舒适的目标。

（3）施工组织控制对环境的破坏及对生态系统的扰动，控制施工场地、功能组织、材料与设备管理、操作面的交通组织、施工安全与效率、场地修复与恢复。

（三）行政、管理层面

1.物业管理

制定物业服务标准、建筑系统运行的高效节约管理标准、物业服务程序规范、物业监督管理规范。

2.使用与维护

制定绿色建筑使用的行为规范、绿色建筑维护的技术规范。

3.拆除与处理

制定建筑拆除的环境与安全规范，实现建筑拆除材料与建筑垃圾的资源化处理方法和再生循环利用规范及适用的技术意见、场地修复与恢复。

第三节　绿色生态建筑设计的技术分析

一、现代建筑的技术表达

（一）建筑结构

建筑的"坚固"是最基本的特征/它关注的是建筑物保存自身的实际完整性和作为一个物体在世界上生存的能力。满足"坚固"所需的建筑物部分是结构，结构是基础，是基本前提，是建筑的骨，它为建筑提供合乎使用的空间并承受建筑物的全部荷载，此外还用来抵抗由于风雪、地膜、土壤沉陷、温度变化等可能对建筑引起的损坏，结构的坚固程度直接影响着建筑物的安全和寿命。因此，建筑结构体系仅对空间的围合、分隔及限定起着决定作用，而且直接关系到建筑空间的量、形、质等方面的因素。

现代建筑结构体系按照承重结构分类通常可以分为平面结构体系和空间结构体系两大类。其中平面结构体系主要指在纵横两个方向上平面框架中传递内力的承重方式，主要包括墙承重结构、框架结构、桁架、拱形、刚架等结构形式；空间结构体系主要指各向都受力承重的结构体系，充分发挥材料的性能、结构自重小，覆盖大型空间。主要包括网架、悬索、折板、壳体、充气、膜结构等。

1. 平面结构体系

（1）最常用的平面结构

对于中小型建筑来说最常用的承重结构是平面结构体系中的墙承重结构与框架承重结构。

①墙承重结构

用墙承受楼板及屋面传来的全部荷载。这是一种古老的结构体系，公元前两千多年的古埃及建筑就已被广泛使用，一直到今天仍在继续使用。此种结构的特点是：墙体本身是围护结构同时又是承重结构。由于这种结构体系无法自由灵活地分隔空间，不能适应较复杂的功能，一般用于功能较为单一固定的房间组成相对简单的建筑。

上述承重墙体全部采用钢筋混凝土，则称为剪力墙结构，由于墙体表现了良好的强度和刚度，所以被应用于许多高层建筑中。

②框架承重结构

框架承重结构的本质是承重结构，这种结构由来已久。最早的框架结构可以追溯到原始社会，人们以树枝、树干为骨架，上面是盖草和兽皮所搭成的帐篷，实际就是一种原始的框架结构。我国古代的木构建筑也是一种框架结构，木制的梁架承担屋顶的全部荷重，墙体仅起围护空间的作用，木构件用榫卯连接，使整个建筑具有良好的稳定性，素有"墙倒房不倒的说法"。框架结构的材料，由古代的木材、砖石发展到现代的钢筋混凝土、钢结构，材料的力学性能也日趋合理。

现代的柱承重结构即框架结构，由梁柱板形成的承重骨架承担荷载，内部柱列整齐，空间敞亮。可以根据需要设隔墙或隔断。这种结构形式越来越广泛地运用到建筑项目中，极为普遍。

框架结构本身无法形成完整的空间，而是为建筑空间提供一个骨架。由于它的力学特性，人们得以摆脱厚重墙体的束缚，根据功能和美观要求自由灵活地分隔空间，从而打破传统六面体的空间概念，极大地丰富了空间变化，这不仅适应了现代建筑复杂多变的功能要求，而且也使人们传统的审美观念发生了变化，创造出了"底层透空""流动空间"等典型的现代建筑空间形式。

③两种结构形式的比较

墙承重结构：比柱承重结构要显得"稳重而结实"，但室内空间不如柱承重结构开敞明亮。所用建筑一般不超过7层。

框架承重结构：使用寿命长，可改变空间大小并灵活分隔，整体重量轻，刚度相对较高，抗震能力强，但造价较高，工程要求较高，施工周期较长。

特殊的墙承重结构，剪力墙结构的刚度比框架结构要更大，所以建造的高度更大。剪力墙不仅起到普通墙体的承重、围护和分隔作用，还承担了作用在建筑上的大部分地震力或风力。

综合框架结构和剪力墙结构两者的特点，形成了一种墙柱共同承重的形式，即框架—剪力墙结构。既有框架结构的灵活性，又有较强的刚度。

（2）其他平面结构

除了墙承重、柱承重两种最常用的承重结构，还有其他几种平面结构体系，主要用来承载屋顶的重量，从而也创造了多种多样的屋顶形式，多用于跨度比较大的建筑。

①桁架结构

桁架是人们为得到较大的跨度而创造的一种结构形式，它的最大特点是把整体受弯转化成为局部构件受压或受拉，从而有效地发挥材料的受力性能，增加了结构的跨度，然而桁架本身具有一定的空间高度，所以只适合于当作屋顶结构，多用于厂房、仓库等。轻盈通透的视觉形象代替了钢筋混凝土梁的厚实沉重，同时设备管线等也可以从上下弦之间穿过，充分利用结构的高度。桁架杆件通过铰接构成三角支撑的稳定单元，两两连接后成折线、拱形、对等梯形等多种立面形态支撑屋顶。我国传统建筑木屋架就是一种山脚桁架。

②拱形结构

拱形结构在人类建筑发展史上起到了极其重要的作用。历史上以拱形结构创造出的艺术精品数不胜数。拱形结构包括拱券、筒形拱、交叉拱和穹隆，它的受力特点是在竖向荷载的作用下产生向外的水平推力。随着建筑技术的发展，可以利用不同的拱形单元组合成较为丰富的建筑空间。现代建筑中拱形结构的材料都使用钢或钢筋混凝土，拱的线形也趋于合理，多用于建筑屋顶、墙洞、柱顶等。

③刚架结构

刚架结构是由水平或带坡度的横梁与柱由刚性节点连接而成的拱体或门式结构。刚架结构根据受力弯矩的分布情况而具有与之相应的外形。弯矩大的部位截面大，弯矩小的部位截面小，这样就充分发挥了材料的潜力，因此钢架可以跨越较大的空间。钢架适合矩形平面，常用于厂房或单层、多层中型体育建筑。

2.空间结构体系

（1）网架结构

网架结构是一种解决连续界面支撑的空间结构模式，是由杆件系统组成的新型大跨度空间结构，它具有刚性大、变形小、应力分布较均匀、结构自重轻、节省材料、平面适应性强等特点。网架结构可以设计成规则的平板网架和曲面网，也可以造就丰富的形状。无论是直线造型还是曲面造型的网架结构都是目前大跨度建筑使用最普遍的一种结构形式，已成为以现代结构技术模拟自然有机形态的高明手段。

（2）悬索结构

悬索顾名思义是重力下悬的形态，它的内力分布情况正好与拱形相反——索沿切线方向传递拉力而非压力。悬索结构是利用张拉的钢索来承受荷载的一种柔性结网架结构，是一种解决连续界面支撑的空间结构模式，是由附件系统组成的新型大跨度空间结构，它具有刚性大、变形小、应力分布较均匀、结构自重轻、节省材料、平面适应性强等特点。网架结构可以设计成规则的平板网絮和曲面网，也可以造就丰富的形状。无论是直线造型还是曲面造型的网架结构都是目前大跨度建筑使用最普遍的一种结构形式，已成为以现代结构技术模拟自然有机形态的高明手段。

（3）折板结构

折板结构是由许多薄平板以一定的角度相交连成折线形的空间薄壁体系。普通平板跨度太大后就会产生下陷，折板与普通平板相比不易变形，因为折板每折弯一次，实际上就减少了整块；折板的跨度只有普通平板板跨度的一半，折板结构既是板又是梁的空间结构，使折板相当于一个支座，每块折板就相当于是梁，具有受弯能力，刚度稳定性也比较好。采用折板结构的建筑，其造型鲜明清晰，几何形体规律严整，尤其折板的阴影随日光移动，变化微妙、气氛独特。

（4）壳体结构

壳体结构是从自然界中鸟类的卵、贝壳、果壳中受到启发而创造出的一种空间薄壁结构。其特点是力学性能优越，刚度大、自重轻，用料节省，而且曲线优美，形态多变，可单独使用，也可组合使用，适用于多种形式的平面。

（5）张拉膜结构

这种结构形式也称为帐篷式结构，与支撑帐篷或雨伞的原理相似。由撑杆、拉索和薄膜面层三部分组成，它以索为骨架，索网的张拉力支撑轻质高分子膜材料，在边缘处多以卷边包钢筋的方式"收口"。通过张拉，使薄膜面层呈反向的双曲面形式，从而达到空间稳定性。这种结构形式造型独特，富有弹性和张力，并且安装方便，可用于某些非永久性构筑物的屋顶或遮棚。

（二）建筑材料构造

作为支撑与围护的建筑结构总是和材料不可分割地联系在一起，可以其自身材质的表现形成建筑的美感。例如钢结构的现代感，木结构建造体系的逻辑性，混凝土结构的塑性特征，玻璃结构的透明和反光所构成的开放性，等等。建筑材料构造和工艺的细节构成了人们近距离体验与感受建筑美感的要素，混凝土、木材、石材、砌块、玻璃、金属、泥土等材料本身的质感，施工建造后形成的材料肌理，直接构成了建筑外观的特征和建筑形象的技术表达。

1. 砌体

砌体建筑主要是指以砖、石为建筑材料，垒砌而成的建筑。

砖：在我国古代，尽管木结构以绝对优势占主导地位，运用砖作为结构材料的方法也有一定的历史渊源。明代以后出现完全以砖券、砖拱结构建造的无梁殿。传统民居中，对青砖的大量运用，有许多保留至今，此外还用于地面铺设。随着20世纪后半叶全国开展大规模建设，砖混结构也一度成为主导，以砖横向叠砌形成墙承重结构，多用于单层或多层规模不大，造型简单的建筑。一些建筑立面以清水砖墙直接露明，铺设出凹凸纹样及肌理，而无须其他表面装饰。

石：很多古典建筑充分利用石材创造了许多宏伟建筑，至今令人叹为观止。石材具有高强度和耐久特性，以石梁柱结构为主的建筑采用精心琢饰的雕塑使其造型和工艺都达到非常高的标准，但是由于石材是脆性材料，其抗拉强度远远低于抗压强度，因此不可能建造出跨度较大的建筑，只以石柱间距很密的直道拱券、穹隆等结构体系出现。

2. 混凝土

混凝土这种材质以其可塑性和粗朴的质地成为很多建筑师"固执"坚守的设计语言。勒柯布西耶（Le Corbusier）的设计风格发生改变的代表作品之一朗香教堂就是典型的混凝土建筑，粗制混凝土饰面，其象征性、可塑的造型、形式和功能、构造和技术造型、形式和功能、构造和技术堪称前所未有，打破了方盒子的结构支撑，背离了以前柯布西耶的设计。弯曲的表面，朴素的白色，厚实的墙体，硕大的屋顶突出于倾斜的墙体之外，这种效果只有混凝土材质才能表现。

3. 钢材与金属

钢质轻，高强，柔性变形性能好，施工快速便捷，可以采用预置配件现场组装，对场地污染小，因此成为极具前景的新兴建材。除了结构支撑，钢材还积极参与到建筑形象造型中，形成不同肌理的金属板材，从而创造出不同感觉的建筑立面。此外，钢材等金属材质通常与玻璃材质相结合营造出现代感。

4.玻璃

玻璃是一种古老的建筑材料，早在哥特式教堂里就以彩色玻璃为特殊围护材料，影响光照和光色，产生神秘之感。到了现代，玻璃更是成为建筑不可缺少的材料，表现形式多样，并被大量应用于建筑外墙、窗户甚至屋顶、地面等建筑空间的各个界面。

如今，最常见的是玻璃幕墙形式，通常是用不锈钢、铝合金等作为金属结构支撑玻璃，主要用在高层公共建筑中。除此之外，还有其他玻璃形式的材质，例如玻璃砖。它具有质轻、采光性能强、隔音与不透视、模数化尺度便于装配等特性，因其极具规律性和含蓄的光影效果，也一直为设计师所青睐。

5.木材

木结构是中国古代地上建筑的主要结构方式，也是辉煌空间艺术的载体，直至今日，仍用"土木"这个中国传统建筑概念来表达与西方石结构建筑特征的区别。木结构体系的产生与自然气候、地理环境密不可分，木构架就地取材。以木头为材质的结构表现主要有两种，一种以柱为承重结构，形成柱、梁坊承重体系，类似现代的框架结构，承重与围护分开，在很大程度上解放了空间，柱间墙体的开放和围合，增加了建筑形态的多样性，不仅符合适应气候条件，满足不同功能的原则，同时也顺应了审美需求。

在现代建筑设计中，尤其是"环境建筑"为了体现拥抱山水的自然境界，设计师会采用返璞归真的木结构建筑。例如我国当代著名建筑师张永和的"二分宅"以泥土和木头作为主要建筑材料，木柱和木梁形成的框架结构，两道"L"形的夯土墙构成建筑的基本形态，其面向庭院景观的那面采用落地玻璃。

另一种以墙为承重结构，将木材层层摞叠成建造墙体并承重，至今位于高纬度森林茂盛的地区，仍常用这种木结构形式建造居民住宅。

6.其他材料

由于科学技术的进步、环保意识的不断加强，新兴材料也随之不断出现，这些材料主要体现在生态建筑、绿色建筑以及实验智能型的建筑上，具有前瞻性。此外可搬动的板材能够支撑太阳能光电电池和太阳能加热器，为住房里的住户提供热能和电能。

二、绿色建筑设计的要求

（一）绿色建筑设计的功能要求

构成建筑物的基本要素是建筑功能、建筑的物质技术条件和建筑的艺术形象。其中建筑功能是三个要素中最重要的一个，它是人们建造房屋的具体目的和使用要求的综合体现，是如居住、饮食、娱乐、会议等各种活动对建筑的基本要求，这是决定建筑形式、建筑各房间的大小、相互间联系方式等的基本因素。绿色建筑设计实践证明，满足建筑物的使用功能要求，为人们的生产生活提供安全舒适的环境，是绿色建筑设计的首要任务。例如在设计绿色住宅建筑时，首先要考虑满足居住的基本需要，保证房间的日照和通风，合理安排卧室、起居室、客厅、厨房和卫生间等的布局，同时还要考虑到住宅周边的交通、绿化、活动场地、环境卫生等方面的要求。

（二）绿色建筑设计的技术要求

现代建筑业的发展，离不开节能、环保、安全、耐久、外观新颖等方面的设计因素，绿色建筑作为一种崭新的设计思维和模式，应当根据绿色建筑设计的技术要求，提供给使用者有益健康的建筑环境，并最大限度地保护环境，减少建造和使用中各种资源消耗。

绿色建筑设计的基本技术要求，包括正确选用建筑材料，根据建筑物平面布局和空间组合的特点，采用当今先进的技术措施，选取合理的结构和施工方案，使建筑物建造方便、坚固耐用。例如，在设计建造大跨度公共建筑时采用的钢网架结构，在取得较好外观效果的同时，也可获得大型公共建筑所需的建筑空间尺度。

（三）绿色生态建筑设计的经济要求

建筑物从规划设计到使用拆除，均是一个物质生产的过程，需要投入大量的人力、物力和资金。在进行建筑规划、设计和施工过程中，应尽量做到因地制宜、因时制宜，尽量选用本地的建筑材料和资源，做到节省劳动力、建筑材料和建设资金。设计和施工需要制订详细的计划和核算造价，追求经济效益。建筑物建造所要求的功能、措施要符合国家现行标准，使其具有良好的经济效益。

建筑设计的经济合理性是建筑设计中应遵循的一项基本原则，也是在建筑设计中要同时达到的目标之一。由于可用资源的有限性，要求建设投资的合理分配和高效性。这就要求建筑设计工作者要根据社会生产力的发展水平、国家的经济发展状况、人民生活的现状和建筑功能的要求等因素，确定建筑的合理投入和建造所要达到的建设标准，力求在建筑设计中做到以最小的资金投入，去获得最大的使用效益。

（四）绿色生态建筑设计的美观要求

建筑是人类创造的最值得自豪的文明成果之一，在一切与人类物质生活有直接关系的产品中，建筑是最早进入艺术行列的一种。人类自从开始按照生活的使用要求建造房屋以来，就对建筑产生了审美的观念。每一种建筑的风格的形式，都是人类为表达某种特定的生存理念及满足精神慰藉和审美诉求而创造出来的。建筑审美是人类社会最早出现的艺术门类之一，建筑中的美学问题也是人们最早讨论的美学课题之一。

建筑被称为"凝固的音符"，充满创意灵感的建筑设计作品，是一座城市的文化象征，是人类物质文明和精神文明的双重体现，在满足建筑基本使用功能的同时，还需要考虑满足人们的审美需求。绿色建筑设计则要求建筑师要设计出兼具美观和实用的产品，设计出的建筑物除了要满足基本的功能需求之外，还要具有一定的审美性。

三、绿色建筑设计的技术路线的建立原则

第一，在绿色建筑系统逻辑的基础上，建构与维护建筑与生态系统关系，并满足人对建筑需求的方法与手段及所采取的科学途径。

第二，基于建筑学的技术方法，结合多学科、多专业的交叉合作将技术方法和手段进行系统化组织规范，并形成整体集成的实施应用技术体系。尊重区域、文化、经济的环境、建筑、人的三者关系。

四、绿色建筑设计的技术路线

绿色建筑的技术体系构成由三个基础部分组成。第一部分是绿色建筑在城乡时空序列中的功能配置；第二部分是绿色建筑自身构成序列的整体综合系统集成，体现功能的集约效率；第三部分是绿色建筑在设计、施工、使用中的技术综合系统集成。

绿色建筑设计的技术路线分为以下四个部分。

第一，以科学的规划为依据，为绿色建筑提供前端约束，并指导绿色建筑的选址。

第二，对绿色建筑的各个体系进行集成。

第三，对绿色建筑的适宜技术进行选型与集成，满足不同生态区域、不同经济条件的具体技术要求。

第四，绿色建筑的施工与管理。

以上各项包括了绿色建筑的生态设计、生态策略设计和方案施工图设计的内容。

第三章　基于绿色生态理念的建筑规划设计方法与原则

第一节　绿色生态建筑的设计原则

绿色建筑的设计包含两个要点：一是针对建筑物本身，要求有效地利用资源，同时使用环境友好的建筑材料；二是要考虑建筑物周边的环境，使建筑物适应本地的气候和自然地理条件。

绿色建筑设计除满足传统建筑的一般设计原则外，尚应遵循可持续发展理念，即在满足当代人需求的同时，不危及后代人的需求及选择生活方式的可能性。具体在规划设计时，应尊重设计区域内土地和环境的自然属性，全面考虑建筑内外环境及周围环境的各种关系。

一、绿色建筑设计的要点

设计在绿色生态建筑中的作用至关重要。从一定程度上说，研究设计与绿色生态建筑的可持续发展可以归为一个方面。两者在需求和思想上的变化都是殊途同归的。设计师在可持续发展的要求下对各个方面进行不断地创新和改进。详细地说，在绿色生态建筑的设计中主要包括以下几个方面：

（一）以人为本的设计理念

对于绿色生态建筑的设计，设计师必须将人们的舒适、健康和安全放在首位，以此为中心进行设计。以当地的自然环境、城市生态为依据，运用现代高科技和建筑学、生态学的基本理论，合理安排建设和其他相关因素的关系。绿色建筑是以人为基础和最终服务对象来设计的，因此也可将人称为建筑使用者。使用者的健康在设计初期就被设计师作为重要因素被考虑，因此使用者的健康也是绿色建筑在建造过程和使用过程中都需要引起重视的重要因素。为保证使用者的健康，绿色建筑中的建筑材料要确保无毒、无污染，保证建筑物的室内空气质量、热环境、噪音以及电磁场辐射等。

（二）自然资源需充分利用

绿色生态建筑的建设要做到最大限度地减少浪费，有效利用目前的资源，充分地利用风能、太阳能等用之不竭的、取之不尽的可再生能源，并积极开发新能源，将废物转化为能源。太阳能作为资源丰富的清洁能源，被广泛利用，因此，我们应加强建筑中的太阳能的利用，如利用太阳能光电屋顶、电力墙、光电玻璃，将太阳能转化为电能和热能，供建筑本身利用。此外，风能也是一种开发简单、利用方便的一种清洁能源，保证建筑的自然通风，安装风力发电、致热设备，将风能转化为建筑内可直接使用的能源。

（三）营造周边自然生态

目前，国内许多建筑都是采用"先建楼后建景"的模式，人工环境建设的面积很大，如大型的铺地广场、硬质公路、死水枯山等。事实上，这种方式是反自然的，它过于人为、片面的追求环境景观风格和创新，不但对居民小区的环境正常的生态循环产生许多不利的影响，还会使环境护理的成本加大。绿色生态建筑的建设必须遵循生态与人类的关系，既要加强建设小区内的微生物、植被、人与动物的关系，强调自然环境对人的影响，也要关注各种生物之间的共生和相互依存，强调人与自然之间的和谐发展。

二、自然性原则

在建筑外部环境设计.建设与使用过程中，应加强对原生生态系统的保护，避免和减少对生态系统的干扰和破坏；应充分利用场地周边的自然条件和保持历史文化与景观的连续性，保持原有生态基质，廊道、斑块的连续性；对于在建设过程中造成生态系统破坏的情况，采取生态补偿措施。

三、系统协同性原则

绿色建筑是其与外界环境共同构成的系统，具有系统的功能和特征，构成系统的各相关要素需要关联耦合、协同作用以实现其高效、可持续、最优化地实施和运营。绿色建筑是在建筑运行的全生命周期过程中、多学科领域交叉、跨越多层级尺度范畴、涉及众多相关主体、硬科学与软科学共同支撑的系统工程。

四、高效性原则

绿色建筑设计应着力提高在建筑全生命周期中对资源和能源的利用效率。例如采用创新的结构体系、可再利用或可循环再生的材料系统，高效率的建筑设备与部品等。

五、健康性原则

绿色建筑设计通过对建筑室外环境营造和室内环境调控，提高建筑室内舒适度，构建有益于人的生理舒适健康的建筑热、声、光和空气质量环境，同时为人们提高工作效率创造条件。

六、资源利用的3R原则

建筑的建造和使用过程中涉及的资源主要包含能源、土地、材料、水，对这些资源利用的3R原则是绿色建筑中资源利用的基本原则，每一项都必不可少。

（一）减量

是指减少进入建筑物建设和使用过程的资源（能源、土地、材料、水）消耗量。通过减少物质使用量和能源消耗量，从而达到节约资源（节能、节地、节材、节水）和减少排放的目的。

（二）重复利用

就是再利用，是指尽可能保证所选用的资源在整个生命周期中得到最大限度的利用，尽可能多次以及尽可能采用多种方式使用建筑材料或建筑构件。设计时，建筑构件应设计为容易拆解和更换的形式。

（三）循环

选用资源时应考虑其再生能力，尽可能利用可再生资源；所消耗的能量、原料和废料能循环利用或自行消化分解。在规划设计中，确保各系统在能量利用、物质消耗、信息传递及分解污染物方面形成一个卓有成效的相对封闭的循环网络，这样既可以避免对设计区域外部环境造成污染，也可以防止周围环境的有害干扰入侵设计区域内部。

七、环境友好原则

在建筑领域，环境包含两层含义：第一层为设计区域内的环境，即建筑空间的内部环境和外部环境，也可称为室内环境和室外环境；第二层涉及区域的周围环境。

（一）室内环境品质

考虑建筑的功能要求及使用者的心理和生理需求，努力创造优美、和谐、安全、健康、舒适的室内环境。

（二）室外环境品质

应努力营造出阳光充足、空气清新、无污染及噪声干扰、有绿地和户外活动场地、有良好环境景观的健康安全的环境空间。

（三）周围环境影响

尽量使用清洁能源或二次能源，从而减少因能源使用而带来的环境污染；同时，规划设计时应充分考虑如何消除污染源，合理利用物质和能源，更多地回收利用废物，并以环境可接受的方式处置残余的废弃物。选用环境友好的材料和设备，采用环境无害化技术（包括预防污染的少废或无废技术和污染治理的末端技术）。要充分利用自然生态系统的服务，如空气和水的净化、废弃物的降解和脱毒、局部气候调节等。

八、地域性原则

地域性原则包含以下三方面的含义。

（1）尊重传统文化和乡土经验，在绿色建筑的设计中应注意传承和发扬地方历史文化。

（2）注意与地域自然环境的结合，适应场地的自然过程。设计应以场地的自然过程为依据，充分利用场地中的天然地形、阳光、水、风及植物等，将这些带有场所特征的自然因素结合在设计中，强调人与自然过程的共生和合作关系，从而维护场所的健康和舒适，唤起人与自然的情感联系。

（3）当地材料的使用，包括植物和建材。乡土物种最适宜在当地生长，管理和维护成本最低，同时，本土材料的使用可减少在运输过程中的能源消耗和环境污染。另外，因为物种的消失已成为当代最主要的环境问题，所以保护和利用地方性物种也是对设计师的伦理要求。

九、进化性原则（也称弹性原则、动态适应性原则）

在绿色建筑设计中充分考虑各相关方法与技术更新、持续进化的可能性，并采用弹性的、对未来发展变化具有动态适应性的策略，在设计中为后续技术系统的升级换代和新型设施的添加应用留有操作接口和载体，并能保障新系统与原有设施的协同运行。

第二节　绿色生态建筑的设计方法

一、集成设计的方法

集成设计是一种强调不同学科合作的设计方式，通过集体工作，达到解决设计问题的目标。由于绿色建筑设计的综合性和复杂性，以及建筑师受到的知识和技术的制约，设计团队应包括建筑、环境、能源、结构、经济等多个专业领域的人士。设计团队应当遵循符合绿色建筑设计目标和特点的整体设计原则，在项目的前期阶段就启用整体设计的理念。

绿色建筑的整体设计过程如下：首先由使用者或者业主结合场地特征定义设计需求，并在适当时机邀请建筑专家及使用者、建筑师、景观设计师、土木工程师、环境工程师、能源工程师、造价工程师等专业人员参与，组成集成设计团队。专业人员介入后，使用专业知识针对设计目标进行调查与图示分析，促进思考，这些前期的专业意见起到保证设计方向正确的作用。随着多方沟通的进行，初步的设计方案逐渐出现，业主与设计师需要考虑成本问题与细节问题。此时，已准备好的造价、许可与建造方面的相关设计文件开始发挥作用，设计方案成熟之后就可以根据这些要求选择建造商并开始施工。在施工过程中，设计师和团队的其他成员也应对项目保持持续关注，并对建设中可能产生的问题，如合同纠纷、使用要求的改变等提出应对策略。在项目完成后，建筑的管理与维护十分重要，同时应该启动使用后评估，检验设计成果，为相关人员提供有价值的经验。

由此可见，集成设计是一个贯穿项目始终的团队合作的设计方法，其完成需要保证三个要点：业主与专业人员之间清晰与连续的交流，建造过程中对细节的严格关注和团队成员间的积极合作。

二、生命周期设计方法

建筑的绿色度体现在整个建筑生命周期的各个阶段。从最初的建筑规划设计到之后的施工建设、使用及最终的拆除，形成了一个生命周期。关注建筑的生命周期，意味着不但在规划设计阶段充分考虑并利用环境因素，而且确保在施工过程中对环境的影响降到最低，在使用阶段能为人们提供健康、舒适、安全、低耗的空间，拆除后对环境的危害降到最低，并尽可能使拆除材料得到再循环利用。

目前，生命周期设计的方法还不够完善。由于生命周期分析针对的是建筑的整个生命周期，包括从原材料制备到建筑产品报废后的回收处理及再循环利用全过程，涉及的内容具有很大的时空跨度。另外，市场上的产品种类众多，产品的质量、性能程度不一，使得生命周期设计具有多样性和复杂性。因此，目前在设计实践中主要是吸纳生命周期设计的理念和处理问题的方法。

三、参与式设计方法

参与式设计，是指在绿色建筑的设计过程中，鼓励建筑的管理者、使用者、投资者及一些相关利益团体、周边单位参与到设计的过程中，因为他们可以提供带有本地知识和需求的专业建议。

这一手段可以理解为公众参与途径，公众参与的层次可以分为三大类（无参与、象征参与、完全参与）和八个层次（决策性参与、代表性参与、合作性参与、限制性参与、咨询性参与、告知性参与、教育性参与、被操作的参与），无论达到哪个层次，任何参与行为都会优于没有参与的行为。通过控制参与质量，可以得到良好的效果，一个有质量的良好小团体组织往往比一个低效率的大组织效果好，因而在实际操作中，不应把参与范围推行得过广，而应深入参与层次。

在设计阶段，通过组织类似于社区参与环节的公众参与，可以达到鼓励使用者参与设计的目的。同时，也可利用日趋完善的网络技术完成更广泛的公众参与。通过明确设计对象，清楚地了解使用者的需求，达到一定层次的公众参与可为设计提供帮助。

政府决策者、投资者和使用者的参与设计。通过对设计活动的参与，可以提高政府决策者的绿色意识，提高投资者和使用者的绿色价值观和伦理观，促进使用者在使用习惯中树立绿色意识。

四、整体环境的设计方法

所谓整体环境设计，不是针对某一个建筑，而是建立在一定区域范围内，从城市总体规划要求出发，从场地的基本条件、地形地貌、地质水文、气候条件、动植物生长状况等方面分析设计的可行性和经济性，进行综合分析、整体设计。整体环境设计的方法主要有：引入绿色建筑理论、加强环境绿化，然后从整体出发，通过借景、组景、分景、添景多种手法，使住区内外环境协调。

五、建筑单体的设计方法

建筑的体型系数即建筑物表面积与建筑的体积比，它与建筑的热工性能密不可分。曲面建筑的热耗小于直面建筑，在相同体积时分散的布局模式要比集中布局的建筑热耗大，具体设计时减少建筑外墙面积、控制层高，减少体形凹凸变化，尽量采用规则平面形式。

外墙设计要满足自然采光、自然通风的要求，减少对电器设备的依赖，设计时采用明厅、明卧、明卫、明厨的设计，外墙设计要努力提高室内环境的热稳定。

采用良好的外墙材料，利用更好的隔热砖代替黏土砖，节省土地资源。采用弹性设计方案，提高房屋的适用性、可变性，具体表现在建筑结构、建筑设备等灵活性要求上。然后尽量采用建筑节能设计和建筑智能设计。

第三节　绿色生态建筑的设计过程

一、绿色建筑选址与室外环境设计

（一）绿色建筑选址与室外环境设计的指导思想

城市建设活动给环境带来了巨大的副作用，大约一半的温室气体来自建筑材料的生产运输、建筑的建造以及与运行管理有关的能源消耗，它还加剧了其他问题，如酸雨、臭氧层破坏等。

自然环境是人类赖以生存和生活的基础，建筑始终存在于一定的自然环境中，不可与之分割。而绿色建筑则被看作一种能与周围环境相融合的新型建筑，它的出现可以最大限度地减少不可再生的能源、土地、水和材料的消耗，产生最小的直接环境负荷。建造绿色建筑要从实际出发，顺应自然、保护自然，体现建筑与环境相融合的整体感。

绿色建筑的场地选址与规划的目的是在利用场地的自然特征来保障人类舒适和健康的同时，减少人类活动对环境的影响，并潜在地提供建筑的能源需求，保存场地的资源。并且在建造和使用过程中，节约使用能源和材料是极其重要的。

绿色建筑的场地选择与规划应从两方面考虑：一方面是考虑自然环境、地形地貌、风速、日志等对建筑节能的积极作用，避免场地周围环境对绿色建筑本身可能产生的不良影响；另一方面是减少建设用地给周边环境造成的负面影响。

进行绿色建筑的场地选择与规划时，要坚定"可持续发展"的思想，应充分利用场地周边的自然条件，尽量保留和利用现有适宜的地形、地貌、植被和自然水系；在建筑的选址、朝向、布局、形态等方面，充分考虑当地气候特征和生态环境；优先选用已开发且具备城市改造潜力的用地，场地环境应安全可靠，远离污染源，并对自然灾害有充分的抵御能力；保护自然生态环境，尽可能减少对自然环境的负面影响，注重建筑与自然生态环境的协调。

在进行绿色建筑场地选择与规划时必须合理利用土地资源，保护耕地、林地及生态湿地。应充分论证场地总用地量，禁止非法占用耕地、林地及生态湿地，禁止占用自然保护区和濒危动物栖息地。对荒地、废地进行改良、使用，以减少对耕地、林地及生态湿地侵占的可能性。

在进行绿色建筑的场地选择与规划时应避免靠近城市水源保护区，以减少对水源地的污染和破坏。保证区域原有水体形状、水量、水质不因建设而被破坏，自然植被与地貌生态价值不因建设而降低。

生物多样性是地球上的生命经过几十亿年的进化的结果，是人类社会赖以生存发展的物质基础。保护生物多样性就是保护人类生存的环境，室外环境设计的目标之一就是使经济发展与保护资源、保护生态环境协调一致。

应通过选址和场地设计将建造活动对环境的负面影响控制在国家相关标准规定的允许范围内，减少废水、废气、废物的排放，降低热岛效应，减少光污染和噪声污染，保护生物多样性和维持土壤水生态系统的平衡。

（二）绿色建筑场地设计

1.选址

建筑所处位置的地形地貌，如是否位于平地或坡地、山谷或山顶、江河或湖泊水系旁边，将直接影响建筑室内外的热环境和采暖制冷能耗的大小。西方建筑界流传着一句格言—每个人都必须轻柔地触摸大地，体现了建造者对场地的尊重态度，意味着在规划设计中不再是单纯地强调美观、人的舒适性和方便性的主观需求，而是更注重建筑的形式、布局及技术，要充分尊重基地的土地特征，将其对基地的影响降至最小。

（1）基地的选择和控制措施

选择基地和确定功能是设计的基础，它们不仅会影响到场地以后的运作状况，也关系到与之相联系的大环境质量。建造活动应尽量少地干扰和破坏优美的自然环境，并力图通过建造活动弥补生态环境中已遭破坏或失衡的地方。

场地建设属于城市建设的一部分，其选址受到诸多因素的制约。应尽量选择在生态不敏感区域或对区域生态环境影响最小的地方。此外，土地的再划分、开放空间规划，甚至功能分区也应从充分考虑场地的自然特征入手，确定土地利用的粗略骨架，并以此决定道路、下水道、汇水区的形态。这种土地开发与自然形态的契合既是符合生态原则的举措，也是维系场地特征的有效途径。

对于已确定的基地，应遵循一个重要的原则——尽可能尊重和保留有价值的生态要素，维持其完整性，实现人工环境与自然环境的过渡和融合。在实施过程中，要努力做到以下几点。

①尊重地形、地貌

在场地生态环境的规划设计和建造中，获得平坦方整地块的机会并不多，常会遇到复杂地形、地貌。但对场地建设来说，地形的起伏不仅不会带来难以解决的问题，充分利用地形还可以节省土方工程量，保护土壤和植被免遭破坏，减少因为大面积土方开挖带来的资源和能源消耗，大大降低建筑的建造能耗，而且经过精心处理的起伏地形反而更有利于创造优美的景观。

②保留现状植被

长久以来，在城市或住区建设中，都将绿化植物当作点缀物，出现了先砍树、后建房、再配置绿化这种事倍功半的做法。原生或次生地方植被破坏后恢复起来很困难，需要消耗更多资源和人工维护成本。因此，在某种程度上，保护原有植被比新植绿化的意义更大，在场地建设中，应尽量保留原有植被。古树名木是基地生态系统的重要组成部分，应尽可能将它们组织到场地生态环境的建设中。

③结合水文特征

溪流、河道、湖泊等环境因素都具有良好的生态意义和景观价值。进行场地环境设计时，应很好地结合水文特征，尽量减少对原有水系的扰动，努力达到节约用水、控制径流、补充地下水、促进水循环并创造良好小气候环境的目的。结合水文特征的基地设计可从多方面采取措施：一是保护场地内湿地和水体，尽量维持其蓄水能力，改变遇水即填的粗暴式设计方法；二是采取措施留住雨水，进行直接渗透和储存渗透设计；三是尽可能保护场地中的可渗透性土壤。

④保护土壤资源

在进行基地处理时，要发挥表层土壤资源的作用。表土是经过漫长的地球生物化学过程形成的适于生命生存的表层土，是植物生长所需养分的载体和微生物的生存环境。在自然状态下，经历100～400年的植被覆盖才得以形成1cm厚的表土层，可见其珍贵程度。居住区环境建设中，挖填方、整平、铺装、建筑和径流侵蚀都会破坏或改变宝贵且难以再生的表土，因此应将填挖区和建筑铺装的表土剥离、储存，在场地环境建成后，再清除建筑垃圾，回填优质表土，以利于地段绿化。

综上所述，适宜的基地处理是形成建筑生态环境的良好起点，必须认真调查、仔细分析，避免盲目地大挖大建和一切推倒重建的方式。同时应注意的是，基地分析不应把场地解剖成多个组成部分，而应从生态学的角度将其视作一个整体来考虑。

（2）坡地的选址

众所周知，山的南坡更加暖和并且生长期最长。对大多数建筑类型而言，如果还有选择地理位置的余地，那么山的南坡是最佳的选择。

在冬季，太阳对山的南坡的照射最为直接，因此这里单位面积所接受到的太阳能量也最多。又由于在山的南坡，物体投射到地面的阴影最短，这里受到阴影的遮蔽也最少。基于这两个原因，山的南坡是冬季里最暖和的地方。

在冬季，山的南坡获得的日照最多，因而最暖和，而山的西坡则是夏季最热的地方。山的北坡背对太阳，因而也最寒冷，山顶则是刮风最多的地方。山脚地区一般比山坡上要冷一点，因为冷空气下沉后，都在此处聚积。气候条件和建筑类型共同决定了丘陵地区的最佳建筑地点，例如，在寒冷地区，山的南坡日照最强，来自北方的冷风被山所阻挡，所以不宜把房子建在多风的山顶和冷空气聚积的低洼地带。在炎热干燥地区，应当把房屋建在冷空气聚积的低洼地带。如果冬季非常冷，就建在山南谷地。如果冬季比较温和，就建在山的北面或东面，但无论何种情形，都不宜建在山的西面。在炎热潮湿地区，把房屋建在山顶，以最大限度地保证自然风畅通无阻，但不宜建在山顶的西边，以避开下午炙热的阳光。

建筑若能依山就势，挖掘、转移和倾倒土方以及支撑挡土墙所耗费的能源与资源就会减少。另外，结合坡地的设计有助于阻止原生土壤流失和植被破坏，解决这个问题最适宜的设计就是高架走道和点状支撑结构。

一般来说，不同气候区坡地建筑的理想选址位置如下。

寒冷地区：南向山坡的下部，接受最多的太阳辐射，冬季有防风保护，并且不受谷底聚积的寒冷空气的影响。

温和地区：山坡的中上部，日照和通风条件理想，并且不受山脊风的影响。

干热地区：山坡底部，夜间下沉冷空气制冷，朝向东面以减少下午的太阳辐射影响。如果场地附近有大面积水体，并且夏季风经过水面冷却可以导入建筑，这样的场地无疑是更为有利的。

湿热地区：山坡顶部，通风条件良好，朝向东面以减少下午的太阳辐射的影响。

2.室外环境设计

室外环境设计不仅仅是美观的问题，对环境的可持续性也有重要意义。树木、篱笆和其他景观元素，会影响到与建筑密切相关的风和阳光，经过正确设计可以大大减少耗能、节约用水，控制疾风和烈日等令人不快的气候因素。节能的室外环境设计可以阻挡冬季寒风，引导夏季凉风，并为建筑遮挡炎夏的骄阳，也可以阻止地面或其他表面的反射光将热量带入建筑；铺地可以反射或吸收热量，这取决于颜色深浅；水体可以缓和温度，增加湿度；此外，树木的阴影和草地灌木可以降低邻近建筑的气温，并起到蒸发制冷的作用。

（1）一般原则

采用什么样的节能室外环境设计由建筑场地所在的气候区域决定，不同地区的室外环境设计的原则如下。

温和地区：在冬季最大程度利用太阳能采暖；在夏季尽量提供遮阳；引导冬季寒风远离建筑；在夏季形成通向建筑的风道。

干热地区：对屋顶、墙壁和窗户进行遮阳；利用植物蒸腾作用使建筑周围降温；在夏季，自然冷却的建筑应利用通风，而空调建筑周围应阻挡风或使风向偏斜。

湿热地区：在夏季形成通向建筑的风道；种植夏季遮阴的树木，同时也能使冬季的低角度阳光穿过；避免在紧邻建筑的地方种植需要频繁浇灌的植物。

寒冷地区：用致密的防风措施阻止冬季寒风；冬季阳光可以到达南向窗户；如果夏季存在过热问题，应遮蔽照在南向和西向的窗户及墙上的直射阳光。

（2）绿化

随着人们对生态环境的重视程度越来越高，环境绿化设计已经逐渐从仅仅停留在视觉欣赏的层面向关注生态调控功能转化。恰当的绿化设计具有美学、生态学和能源保护等方面的作用，可以改善微气候，减少建筑能耗。对于自然通风的建筑场地，绿化设计可为建筑及其周围的室外开敞空间提供有效的遮阳，同时减少外部的热反射和眩光进入室内。植物的蒸腾作用使其成为立面有效的冷却装置，并改善建筑外表的微气候。同时，绿化也可以引导通风，或者在冬季遮蔽寒风，避免内部热量流失。

在进行场地绿化设计之前应对场地中现有的植物进行认真评价，确定哪些能起到节能作用。场地上现有的植物可以比新栽的植物更好地发挥作用，并且需要的维护更少。

3.铺地

建筑周围环境的下垫面会影响微气候环境，表面植被或水泥地面都会直接影响建筑采暖和空调能耗的大小。为了满足人类活动，现在大多数居住区中建造了大量的坚固地面，这些不合理的"硬质景观"不仅浪费了材料、能源、财源，而且破坏了自然的栖息地。大多数传统的铺地总是将水从土壤中排除，想尽一切办法把地表水排走，导致地下水无法得到补充。这种不渗透地面增加了径流、水土流失和暴发洪水的危险，并导致土壤丧失生产肥力。铺地保持热量必然会导致城市的热岛效应，它还会带来不舒适的眩光，以及营造出粗糙、令人疏远的环境。建议采用透水性或多孔性的铺地，而且要在需要获得太阳热量的地方布置铺地。如果铺地的质感、形式和颜色与主要的气候条件相配合，就可以减少或集中热量和眩光。应将铺地设计、种植和遮光结合在一起，以避免产生眩光和不需要的热量。

对于寒冷地区，在建筑周围恰当的位置铺地有助于加热房屋，延长植物的生长期。砖石、瓷砖、混凝土板铺地都有吸收和储存热量的能力，然后热量会从铺地材料中辐射出来。要达到这一效果，铺地材料不一定非要是坚固的，也可以采用混凝土板的碎片、鹅卵石等材料。

在炎热气候区，虽然部分辐射对采光是有利的，但眩光和太阳能的热通常会引起更为严重的问题。自然地被植物比裸土或人造地面反射率低，外形不规则的植物的反射率一般比平坦的种植表面低，例如，树木、灌木从地面反射的太阳辐射量要比草坪少，而沥青等吸热材料在太阳落山后仍然会辐射热量。因此，炎热地区应尽可能避免在建筑附近使用吸热和反射材料，或避免直射阳光的照射，以减少建筑周围吸收和储存的太阳热量。自然通风的建筑应注意避免在上风向布置大面积的沥青停车场或其他硬质地面。因此，建筑室外环境的铺地设计应注意如下两个问题。

（1）限制铺地材料

铺地材料避免使用不渗透地面，多使用渗透铺装地面。渗透铺装地面既能保持水土，又可以美化城市硬质景观，其强度不低于传统的铺地。利用火力发电厂的废渣——粉煤灰为主要原料制造的可渗水铺地砖能满足城市人行道路面硬化的强度和美观要求，且有利于城市的水土保持并解决路面积水问题。

混凝土网格路面砖是一种预制混凝土路面砖，网格路面砖中间的孔洞可以增加雨水渗透量。网格路面砖也称为植草砖，可以种植被，从视觉上减缓干硬混凝土原本呆板的视觉印象，同时具有良好的生态效果。

（2）限制硬质铺地面积

一段时间内，我国出现了仿效西方大草坪的居住区环境设计热潮。大片地面只种草，不种或少种树，而且热衷于种植外来品种植物，这样不仅丧失了宝贵的活动场地，而且从改善居住区生态环境的角度看也是不适宜的。正确的绿化种植应该选用本地植物或经过良好驯化的植物，本地植物已经适应了该地区的自然条件，如季节性干旱、虫害问题以及当地的土壤土质等。景观设计应采用本地乔木、攀藤、灌木以及多年生植物，这样不仅有助于保持该地区的生物多样性，也有助于维持区域景观特征。应最低限度地使用维护费用高昂的草皮，与其他种类的植物相比，草皮大多需要投入更多的水、养护成本、药剂。本地耐旱草皮、灌木丛、地铺植物以及多年生植物完全可以替代非本地草皮。另外，应最低限度地采用一年生植物。一年生植物通常比多年生植物需要更多的灌溉，而且由于季节种植而需要投入更多的劳动力和资金。多年生植物可以设计成多种类有机的组合，以确保开花周期交错，从而满足人们对色彩的长期需求。

4.水体

水体是居住区环境中重要的环境因子，水体与绿化的结合可以造就居住区良好的自然环境，良好的水环境能对居住区生态环境的形成发挥重要的作用。大面积的水体在蒸发过程中可以带走大量的热量，使周围微气候发生改变，在夏季，尤其是位于水面下风向的基地环境更能直接受益。因此，在进行节能建筑的总平面布置时应尽量使未来建筑位于湖泊、河流等水面的下风向，或布置于山坡上较低的部位，达到夏季降温的目的。

同时，也应注意到我国是世界上水资源较为匮乏的国家之一，而居住区环境建设用水大多是城市供应的可饮用淡水，资源的浪费与我国的缺水现状形成强烈的反差。因此，在居住区环境建设中应有效收集和利用自然降水，促进地表水循环，营造居住区良好的生态环境。

（1）雨水储留再利用

雨水储留再利用技术指利用天然地形或人工方法将雨水收集储存，经简单处理后再作为杂务用水。雨水储留供水系统包括平屋顶蓄水池、地下蓄水池和地面蓄水池等。平屋顶蓄水是指利用住宅等的平屋顶建造池蓄水，随着屋顶防水技术的提高，这项技术将大有可为。地下蓄水池位于基地最低处或地下室中，雨水可以直接排入，上面仍可用作活动场地。地面蓄水池可利用原有的池塘、洼地或人工开挖而成，按自然排水坡度将居住区分成几个汇水区域，每个区域最低处设蓄水池，使其兼顾防洪、景观和生态功能。

（2）改善基地，提高渗透性

提高雨水渗透性可通过建设绿地、透水性铺地、渗透管、渗透井、渗透侧沟等来实现。在居住区环境设计中应注意以下几点：一是力争保留最多的绿地，因为绿化的自然土壤地面是最自然、最环保的保水设计；二是在挡土墙、护坡、停车场、负重小的路面等大面积铺砌部位，尽可能采用植草砖、碎砖、空心水泥砖等透水铺面；三是在高密度开发地区，无法保证足够裸地和透水铺装时，可采用人工设施辅助降水渗入地下，常见的设施有渗透井、渗透管、渗透侧沟等。

（3）促进地表水循环

居住区中适宜的景观水体不仅可以丰富、美化景观视觉，同时开放的水面作为生态系统的一个重要组成部分发挥着重要的生态功能。但若无完善的水处理（循环）系统，景观用水必须频繁更换以保持清洁，所以节约用水、促进水的循环也是居住区生态环境建设的重要内容。可考虑将雨水收集系统和景观水体结合起来，并利用水生植物和土壤过滤进行水处理，从而使景观水系统流动起来并保持清洁，形成优美的水景，并能节约水资源。

5.室外活动场所的布置

好的建筑设计不应仅考虑室内条件，也要考虑建筑之间和周围的室外空间。在许多类型的建筑中，舒适的室外空间可以创造更多宝贵的活动场所。

一个完美的室外空间设计，除了应具备优美的环境景观外，还必须具备齐全的功能（包括舒适的物理环境等），加以配合方能臻于完善，脱离物理环境的室外空间设计，常常会使人感到不便与不适，只重形式的设计不是真正以人的需求为出发点的设计，因而不是以人为本的设计。

基于人体舒适度的室外空间设计，是指利用物理环境的有利因素，防止和控制不利因素对人的影响，"用"与"防"相结合，规划设计室外空间。物理环境条件与室外空间规划设计会相互影响，一方面，物理环境条件决定了室外空间的位置、规模、内容与功能划分，包括绿化、活动场地、各类设施、水面、游览小径等在内的每一部分的设置与布局，都应以已有的物理环境条件为依据，不能主观臆断，避免由于室外空间设计不当而造成的场地无法使用或使用率降低的情况；另一方面，居住区室外空间还可以利用各种素材和景观要素，包括植物、地形、景观小品设施等精心规划设计，营造出微气候舒适宜人的户外活动空间，因此二者互为影响，相辅相成。

无论是室内还是室外活动空间，都应当尽可能地为使用者提供一个有合适的温、湿度，必要的风速，新鲜的空气，充足的光线和不受周围环境的热、光辐射与噪声干扰的不利影响的舒适环境，关于这一点，规划、建筑、园林工作者肩负着同样的使命。

（1）室外空间设计的作用

①遮阳与争取日照

阳光是室外空间设计中的重要因素之一，万物生长靠太阳，人类的生存和生活离不开阳光，但阳光对人类生活却具有两方面的影响：一方面，我们需要阳光，要最大限度地争取日照，特别是在寒冷的冬季；另一方面，阳光的过度照射却能带来许多不利的影响，甚至是危害，因此在夏季我们需要防晒，需要遮阳。具体到室外空间的设计，阳光这一物理环境因素就表现在遮阳与争取日照两个方面。

烈日炎炎的夏季，没有任何遮蔽的户外游憩场地和活动设施是不可想象的，也不会有人在太阳的暴晒下，进行休息、散步、聊天、娱乐、赏景等户外活动。因此，进行室外空间设计时，必须要考虑到场地和设施的夏季遮阳问题。

冠大叶茂的落叶树在夏季具有良好的遮阳效果，树荫下的地面温度要显著低于太阳直晒的地面温度，而且落叶乔木在冬季又不会遮挡阳光，是一种有效的改善室外热环境的途径。在硬质铺装的场地中留有种植池，结合休息设施布置，可以在保证足够活动面积的同时提高绿化覆盖率，并能很好地解决夏季户外活动的遮阳问题。另外，可以利用廊、亭、棚架等景观构筑物提供遮阳的场所，但同时应考虑景观小品的尺度、材料、色彩、造型、风格与小区风格的协调完整性。

现代建筑越来越密集，从钢筋水泥的丛林中穿越的一缕阳光显得弥足珍贵，我国的具体国情是大城市人口集中，居民的日照要求不只局限于居室内部，若室内的日照要求不能满足，就应至少在一组住宅楼前开辟一定面积的宽敞的、不受遮挡的开阔地，使居民在室外活动时获得足够的日照。因此，合理安排室外活动空间的用地，要尽量将活动场地及休息娱乐设施布置在建筑阴影区以外，满足室外活动场地的日照需求。

②防风与改善自然通风

风是非常重要的气象要素，与城市规划、建筑设计以及风能利用等都密切相关，对室外活动空间设计的影响更大。我国北方地区冬季寒冷、多风。一般来说，在冬季风小、无雪正常的天气情况下，居民仍可进行适当的户外活动，如散步、晒太阳、体育健身等，特别是在阳光充足的午后，居民的出户率相对较高，所以一定要考虑到风对居民进行户外活动的影响。

在居住区内，建筑的造型与群体布局会对其内部的空气流动情况产生重要的影响，可能造成局部风速过大，也可能造成局部的冷空气绕流、涡流，对人们的生活、行动造成很大的不适和不便。在进行室外空间设计时，至少要对建筑布局与空气流动情况之间的关系有一个定性的了解，避开高风涡流区来布置活动场地和活动设施，如步行小径、休息健身场地的布置，在设计中就应考虑到冬季风的因素对人造成的影响。

③可以主动地去改善空气的流动情况

在冬季的主导风向上，多层次的密植长绿树木可以有效地隔风，以保证居民在冬季仍可以有效地从事户外活动。

风对创造舒适的室内外热环境具有重要的作用，通风不良会使空气中充满大量的二氧化碳、灰尘、病原微生物和不良气味，使人的大脑皮层处于抑制状态，记忆力减退，影响健康。在房间自然通风的条件下，室内热环境取决于室外热环境条件，改善热环境要从室外做起。因此，在炎热的夏季，良好的自然通风，不仅会使进行户外活动的居民感到凉爽、舒适，同时还可以有效地改善室内的空气流动情况。室外活动空间保证有良好的自然通风、气流均匀，并可以通过人们经常活动的范围，同时还要具有一定的风速，可以保证人体处于正常的热平衡状态。

建筑在整体布局时已基本决定了居住区的空气流动情况，在进行室外空间设计时，应注意的问题是在夏季主导风向上避免植物过密种植，防止堵塞空间，影响室外空间及室内的通风。

（2）室外空间设计的建议措施

由于建筑可以遮挡阳光和风，它们就在自身周围创造出一系列不同的微气候环境。设计室外活动场所的位置需综合考虑阳光和风的方向。例如，在温和湿润的夏季，当风和阳光的方向是交叉的时候，室外活动场地可以布置在建筑北边，那里有更多的阴影，并且有风吹过。然而，当夏季风和阳光的方向一致时，活动场所不应布置在北边，因为那样就没有风了。当凉风与炎热的太阳照射方向相反时，活动场所最好可以设置在有荫凉的地方，同时建筑不会遮挡住风。

在采暖地区，室外活动场所应该布置在阳光中，并避开风的侵袭。在寒冷气候地区，夏季不需要为室外空间降温，所以把它布置在充满阳光的建筑南边是非常重要的。如果冬季风与阳光交叉或方向一致，应该采取防风措施。

在炎热气候区，制冷是要考虑的主要问题，而在温和气候区，冬季的室外活动场所还需要阳光的温暖。因此，在温和气候条件下，这些场所应该设计成同时具有良好的采暖和通风条件的空间，或者应该设计多个活动场所，使用者可以根据空间的舒适程度进行迁移。

在夏季潮湿的地区，室外活动场所应该布置在有凉风并且有遮阳的地方，遮阳可以由建筑提供，也可以通过顶部遮阳获得。在决定位置时，应首先考虑通风，其次考虑遮阳。在干热气候区，遮阳是首要的，风常常太热，或产生的灰尘太大，但夜间通风还是有利的。

室外活动场所不仅是建筑群体，还是居住区之间的纽带，将各栋建筑联系起来，形成连续的空间环境，引导人们的视线，更重要的，它还是居民休息、交往、娱乐等的各种活动场所。长期以来，很多人热衷于使用大面积花岗岩、混凝土铺装等人工铺装面，结果造成夏季严重干热。如果能结合绿化，形成遮阴，就可以有效地减少广场的蓄热量，降低对环境的长波热辐射。室外活动场所的设计主要应从以下几方面来考虑。

①选择合适的铺地材料，尽可能地减少材料蓄热。铺地材料可根据环境空间的性质、规模、特点以及工程造价来确定。在居住小区、公园小径、庭院空间中，可采用贴近自然的铺地材料，以创造舒适的热环境。

②加强室外空间的立体绿化。在三维空间进行立体交叉绿化设计，不仅可以通过遮阴蔽日来降低温度，还可以通过叶面蒸腾作用为环境降温，有效减少夏季的强烈日照。

③注意与软式铺地的结合。硬质铺地与草坪、灌木、树木的有机结合、相互穿插，可避免铺地过于生硬，在地面景观上形成生动、自然、丰富的构成效果。同时，也可减少太阳对广场的热辐射。

④减少硬质场地的使用，扩大自然绿化。住区的广场及其他活动设施应根据居民的数量和使用的频率来确定规模。

三、建筑单体设计

（一）建筑朝向

选择并确定建筑整体布局的朝向，是建筑整体布局首先要考虑的主要因素之一。朝向的选择原则是冬季能获得足够的日照并避开主导风向，夏季能利用自然通风并减少太阳辐射。"良好朝向"是相对于建筑所处地区和特定地段条件而言的，在多种因素中，日照和采光、通风是评价建筑室内空间环境的主要因素，也是确定建筑朝向的主要依据。

1.日照和采光的影响

能否在冬季采集到温暖的阳光，以及在夏季避免骄阳炙烤，建筑物修建的方位和朝向对此有非常重要的影响。因此，建筑物首先应尽量避免设计为东西朝向，受条件所限不能保证时，可采用锯齿或错位方式布置房间，以减少东西晒。同时，可结合遮阳、绿化等措施来进一步减少西向热辐射强度。廊式空间、阳台空间的处理一方面可以减少室内的热辐射，另一方面也满足了人与自然接触、对外交往的生理及心理需求，可创造更好的人类居住环境。

建筑的大小、形状和方位可以加以调节，以获得最佳的采光遮阳效果。在大多数情况下，街道都相当宽阔，因此常常最适合在东西走向的街道南面修建高楼、栽种大树。如果没有开阔的空间，那么可以在屋顶上安装朝南的高侧窗和屋顶太阳能采集装置，在屋顶上采集阳光。

建筑总体环境布置时应注意外围护墙体的太阳辐射强度及日照时数。尽量将建筑布置成南北向或偏东、偏西不超过30°的角度，忌东西向布置。南侧应尽量留出在空间和尺度上许可的开阔的室外空间，以利争取较多的冬季日照及夏季通风，良好的朝向是单体建筑节能设计的第一步。房屋大面外墙的方位不同，所接收到的太阳辐射热量就不同，应根据当地太阳在天空中的运行规律来确定建筑的朝向。一般建筑的朝向选择根据其朝向墙面及室内可能获得的日照时间和日照面积决定。

建筑物墙面上的日照时间决定了墙面接收太阳辐射热量的多少，因为冬季太阳方位角变化的范围较小，在各朝向墙面上获得的日照时间的变化幅度很大。以北京地区为例，在建筑物无遮挡的情况下，以南墙面的日照时间最长，自日出到日落都能得到日照，北墙面则全天得不到日照。在南偏东（西）30°朝向的范围内，冬至日可有9h日照，而东、西朝向只有4.5h日照。

由于夏季太阳方位角变化的范围较大，各朝向的墙面上都能获得一定日照时间，东南和西南朝向获得日照时间较多，北向较少。夏至日南偏东及偏西60°朝向的范围内，日照时间均在8h以上。

建筑物室内的日照情况同墙面上的日照情况大体相似。以北京地区（窗口宽2.10m，高1.50m）为例，在无遮挡情况下，冬季在南偏东（西）45°朝向范围内，室内日照时间都比较长，在冬至日，这个朝向上均有6.5h以上的日照时间。同时，由于冬季太阳高度角较低，照到室内的深度较大，在南偏东（西）45°朝向的范围内，室内日照面积也较大。东、西朝向的室内日照时间很短，日照面积较小。在北偏东（西）45°朝向的范围内，冬至日室内全无日照。

在南偏东（西）30°朝向的范围内，夏季日照时间较短，而且日照面积很小，夏至日室内日照时间为4～5.5h，日照面积只有冬至日的4%～7.3%。在东、西朝向上，夏季室内日照时间较长，而且日照面积很大。在夏至日，室内日照时间有6h，日照面积为冬至日的2.7倍。在北偏东（西）45°朝向的范围内，夏至日室内日照时间为3～5h，日照面积也比东、西朝向少。

2.通风的影响

为了在夏季获得良好的通风，必须保障风到达通风的开口。一般来说，应避免将建筑布置在邻近建筑和绿化的风影内。在大多数情况下，应避免密集的布局方式。地形、周围绿化和相邻建筑可以形成通道，将风导向建筑。在坡地上，上风向靠近山脊处的场地比较合适；应避免在谷底的场地建造，因为可能会减弱气流运动。在建筑密度较大的地区，可以利用街道布局引导气流。如果建筑是成组布置，应该利用气流原则来决定最合适的布局方式。

当建筑垂直于主导风向时，风压最大（风压是引起穿堂风的原因）。然而，这样的朝向并不一定会使室内平均风速及气流分布最佳。对于人体来说，目的是获得最大的房间平均风速，在房间内所有使用区域都有气流运动。

当相对的墙面上有窗户时，如果建筑垂直于主导风向，则气流由进风口笔直流向出风口，除在出风口引起局部紊流外，对室内其他区域影响甚小。风向入射角偏斜45°时，产生的平均室内风速最大，室内气流分布也更好。平行于墙面的风产生的效果完全依赖于风的波动，因此很难确定。

如果相邻墙面上有窗户，建筑长轴垂直于风向时可以带来理想的通风，但是从垂直方向偏离20°～30°也不会严重影响建筑室内通风。45°入射角进入建筑的风在室内的速度比垂直于墙面的风降低15%～20%，这就允许建筑的朝向处在一个范围内，可以解决日照最佳朝向与通风最佳朝向可能存在矛盾的问题。

在城镇地区，无论是街坊还是居住区，都是多排、成组布置，若风向垂直于建筑物的纵轴，则屋后的漩涡区很长，为保证后一排房屋的良好通风，两排房屋的间距一般要达到前栋建筑物高度的4倍左右。这么大的距离，与节约用地的原则产生矛盾，难以在规划设计中实施。为合理解决这一矛盾，常将建筑朝向偏转一定角度，使风向对建筑物产生一个风向投射角。这样可以使风斜吹入室内，室内风速和气流分布会因此受到影响，但尽管室内风速有所降低，屋后的漩涡区长度却缩短了。

3.综合考虑

日照和通风虽然是影响朝向的两个主要因素，但现实中常常出现这样的情况：理想的日照方向也许恰恰是不利于通风（或避风）的方向。建筑位置的好坏会影响室内用于采暖或制冷的能耗量，最理想的建筑朝向是在冬季，建筑南向可以尽可能多地获得太阳辐射，而使北向和西向免受冷风的不利影响。在南向的坡地上建房屋，冬季可能会受到冷风的不利影响，但可以把房屋建在半山腰上，利用掩土来保护房屋在冬季免受冷风的侵袭，而且还可以让南面尽可能地暴露在阳光下，以获得最大的太阳辐射热。因此，住宅的最佳朝向需依据地段环境的具体条件，有所侧重地加以选择。一般说来，朝向选择的原则包括以下几点。

（1）冬季能有适量并具有一定质量的阳光射入室内。

（2）夏季尽量避免太阳直射室内和居室外墙面。

（3）冬季避免冷风吹袭，夏季有良好的通风，即尽量使建筑大立面朝向夏季主导风向，而小立面对着冬季主导风向。

（4）充分利用地形和节约用地。

（5）考虑建筑组合的需要。

当利用太阳能的理想朝向与风朝向矛盾时，应根据建筑功能和气候条件决定哪一方面处于优先的地位。通常是优先利用太阳能，因为一般来说，自然通风的进风口设计比太阳能利用更容易适应不太理想的朝向。

在住宅的平面布局中，可以依据房间的不同用途以及使用时间来安排朝向。例如，在炎热地区，可将卧室布置在东南向，上午接受日照，下午开始散热，以便晚上休息时降低室内温度。书房或工作间则布置在西南向，下午接受日照，保证白天工作时的温度不会过高。在寒冷地区则反向布置，使工作类房间在白天保持较高的温度，休息类房间在晚上保持较高温度。

保留建筑物周围已有的树木，如果不够的话，还可以增加一些，这些树木在冬季可以挡风，夏季可以遮阳。北侧和西侧两行的常青树木在冬季可以降低风速和减少房屋的热损失。各个方向的巨大落叶乔木在夏季枝叶繁茂，可以遮阳，保证室内空气凉爽，在秋季，叶子落光，在冬季可以保障阳光进入室内。

对于矩形的建筑，南北朝向要比东西朝向更有利于在冬季获得太阳辐射热，在夏季减少热吸收。如果建筑朝向适宜，根据太阳高度角正确地设计挑檐和窗户位置，可以使南向窗户在冬季成为一个直接的太阳热收集器，同时在夏季还能避免过多的热量进入室内。

将车库布置在建筑的西侧、北侧或者西北角，可以成为冬夏季室内外热交换的一个缓冲空间，保证在夏季时，室内不至于过热，在冬季时，热损失不会太大。

根据热负荷的不同，公共建筑可分为两大类：内热源负荷主导建筑和表皮负荷主导建筑。前者指建筑热负荷主要来自除了采暖设备以外的内部热源（如照明、设备、人员等）或太阳负荷；后者指建筑的主要热负荷来自通过表皮的传导和空气渗透（或通风），其远远大于来自内部热源和太阳的负荷。

（二）建筑体形

体形是建筑作为实物存在必不可少的直接形状，所包容的空间是功能的载体，除满足一定文化背景和美学要求外，其丰富的内涵也令建筑师神往。然而，节能建筑对体形有特殊的要求和原则，不同的体形对建筑节能效率的影响会大不相同。体形设计是建筑艺术创作的重要部分，结合节能策略的建筑体形设计可以赋予建筑创作更多的理性，并为之带来灵感，而对建筑体形的节能控制则可为建筑节能打好了坚实的基础。

1.建筑体形的选择

建筑体形是一幢建筑物给人的第一直观印象，建筑师在选择建筑体形时的出发点是多种多样的，或许是基地形状的限定，或许是建筑内部空间的直接外部表现，或许是出于某种寓意的象征，或许是多种目的的综合结果。由于决定因素不同，建筑体形的形态千变万化，其中以节能为目的的建筑体形设计是重要的一种，建筑体形决定了一定围合体积下接触室外空气和光线的外表面积，以及室内通风气流的路线长度，因此体形对建筑节能有重要影响。不同气候区及不同功能的建筑，为满足节能要求而所塑造的建筑体形是不同的。从节能角度出发来进行建筑体形的设计已经成为许多建筑师的设计构思，并由此创作了许多新颖别致、令人耳目一新的建筑作品。通过节能策略和建筑体形设计的结合，实现了建筑技术与艺术的完美组合。基于节能构思的建筑体形设计主要从以下几个方面着手考虑。

（1）保温方面考虑

以保温为目的的体形构思多从最大程度上获取太阳能的同时减少热损失的角度出发，通常采取扩大受热面、整合体块和减少体形系数等方法。

（2）从太阳能利用角度考虑

建筑南向玻璃在向外散失热量的同时也将太阳辐射引入室内，如果吸收的太阳辐射热量大于向外散失的热量，则这部分"盈余"热量能够补偿其他外界面的热损失。受热界面的面积越大，补偿给建筑的热量就越多。因此，太阳能建筑的体形不能以外表面面积越小越好来评价，而是以南墙面的集热面足够大来评价。

（3）采光和通风

为了达到采光和通风的目的，建筑师通常设计研究具有自遮阳效果或者有利于自然通风的体形。除了建筑体量非常小的情况外，紧凑的体形通常会使得建筑的大部分面积都远离周边可以利用自然采光的区域，并且不利于夏季的自然通风，增加了建筑的照明能耗和空调能耗；建筑周边的冬季采暖负荷和中心的夏季制冷负荷之间存在矛盾，要求建筑配备复杂的空调系统，这必然增加了成本。

更为重要的是，过于紧凑的体形限制了新鲜空气、自然光以及向外的视野，损害了人体健康。室内自然光的减少与人的抑郁、紧张、注意力涣散、免疫力低下都有很大的关系，对于医院来说，窗口过小、视野受限可能会增加病人的病痛，延长其康复的时间。因此，我们需要在节约能源和人体健康之间做出很好的平衡，尤其是医疗建筑，更需要良好的空气流通、自然光线和室外景观。

强调自然采光和自然通风的理想建筑体形应当是狭长伸展的，使更多的建筑面积靠近外墙，尤其在湿热气候区。建筑可以设计成一系列伸出的翼，这样就能在满足采光和通风的同时减少土地占用。翼之间的空间不能过于狭小，否则会相互遮挡。增加建筑的外表面积似乎降低了建筑的热性能，但设计良好的自然采光和通风系统所节约的照明能耗和空调能耗将会弥补，甚至超过因外表面积增大而带来的冬季热损失。

综上所述，我们必须在减少围护结构传热的紧凑体形和有利于自然采光、太阳能得热、自然通风的体形之间做出选择。理想的节能体形由气候条件和建筑功能决定：严寒气候区的建筑及那些完全依赖空调的建筑宜采用紧凑的体形；在湿热气候区，狭长的建筑接触风和自然光的面积较大，便于自然通风和采光；在温和气候区，建筑的朝向和体形选择可以有更多的自由。

（4）关于遮挡的考虑

设计建筑的体形时，如果需要考虑相邻建筑或未建场地利用日照的可能性，就需要引入太阳围合体的概念。太阳围合体指特定场地上不会遮蔽毗邻场地的最大可建体积，其大小、形状由场地的大小、朝向、纬度、需要日照的时段及毗邻街道或建筑容许的遮阳程度决定。

一旦场地的朝向和形状确定了，太阳围合体的形状就由需要日照的时段决定。例如，位于北纬40°的某块场地，要求全年早晨9点至下午3点之间不能遮挡毗邻场地的日照，所以选择太阳高度角最低的时候（12月）确定体形北边的坡度，选择太阳高度角最高的时候（6月）确定体形南边的坡度。由于在早晨9点前和下午3点后可以遮蔽毗邻场地，那么12月21日早晨9点和6月21日下午3点的太阳位置就决定了太阳围合体的最大体积。

确定不被遮蔽的场地或建筑的边界（称为阴影栅栏）时，可以包括街道和空地的宽度，其高度可以根据不同的周边条件进行人为地调整，它可以是窗台的高度或界墙的高度，这个高度也与毗邻土地的用途有关，住宅的阴影栅栏高度就比公共建筑或工业建筑低。

太阳围合体也可以用在分期建设的地块，每个阶段的建造都应被包含在整块地的太阳围合体范围内。

2.建筑体形的控制

建筑外界面是建筑与环境之间进行热交换的通道，由于建筑体形不同，室内与室外的热交换过程中的界面面积也不相同，并且因形状不同带来的角部热桥部位的增减也会给热传导造成影响，所以需要设计对节能有利的体形。

主要是通过调整体形系数来完成体形控制。体形系数是指被围合的建筑物室内单位体积所需建筑围护结构的表面面积，以比值 $S = F_0/V_0$（式中，F_0 表示体积，V_0 为面积）描述。在建筑节能概念中，要求用尽可能小的建筑外表面汇合尽量大的建筑内部空间，F_0/V_0 越小则意味着外表面积越小，也就是能量的流失途径越少。我国的建筑节能规范对体形系数提出了控制界线，例如，对于严寒、寒冷地区的居住建筑，当 $F_0/V_0 < 0.3$ 时，体形对节能有利，可为建筑实施节能目标提供良好的基础；当 $F_0/V_0 > 0.3$ 时，表明外表面积偏大，会对节能带来负面影响，应重新检讨体形设计。

体形系数与建筑形状直接相关，同时与建筑总高度或层高、建筑物进深、建筑联列情况、建筑层数等建筑要素有联系，体形系数随以上要素变化而呈一定规律变化。

建筑物的设计过程中，对其最终的热损失有影响的因素主要包括：①建筑物围护结构材料的热工性能；②建筑物围合体积及所需的面积。

建筑师在设计过程中，可以通过相应的技术措施对以上两个因素实施控制，但是对于某一确定的建筑空间和建筑围护结构，在选择建筑平面形状（长、宽和高）时有很多变换方式，同样能满足建筑功能的要求，而所需的外表面积不同，这种差异就会导致建筑物热损失不同。

（三）空间分区

1.从热利用角度考虑

（1）居住建筑

①温度分区

人们对各种房间的使用要求不同，以及在室内的活动情况不同，因而对各房间室内热环境的需求也有很大区别。居住者大部分时间生活在起居室和卧室内，对这部分的热舒适指标比较关心，可以布置于采集太阳热能较多的位置以保证室温；而对厨房等空间则要求不高，可以将其放在西北侧，利用主要房间的热量流失途径加温，同时，厨房等可作为主要房间热量散失的"屏障"，利用房间形成双壁系统，以保证主要房间的室内热稳定，具体表现为起居室与卧室的室内计算温度均比厨房等高3～4℃。因此，在设计中，针对热环境的需求，提出了"温度分区法"的概念，即将主要空间设置于南面或东南面，充分利用太阳能，使室内保持较高的温度，把热环境要求较低的辅助房间，如厨房、过厅等布置在较易散失能量的北面，并适当减少北墙的开窗面积。实践证明，这是一种有效的，又不会增加投资的节能设计方法。

现在人们对生活舒适条件的要求越来越高，要在卫生间中进行洗浴活动，对这一空间的采暖要求也逐渐提高，这改变了把卫生间也划分在温度要求较低的空间里的传统观念，所以在目前的设计中应考虑将其归入热环境要求高的空间中。

②太阳房的利用

各式各样的太阳房不仅可以创造出独特的建筑形式，而且能够节省能源，减少额外的热损失，在一年的大部分时间里都可以创造比较舒适的室内热环境。

住宅的平面和空间形式可以捕捉并储存太阳能，供白天和夜间使用。理想的生态住宅形式是南北朝向并且卧室在南向，但是由于受到基地等条件的限制，这个理想的形式并不总能实现，但还是应该尽可能做到。

太阳能量的储存主要是靠大面积的南向窗户，但前提是房屋的整体保温隔热性能要好。原有的南向或者后来附加的大面积的玻璃空间或门廊可以增加太阳热的获得并减少热损失。太阳房热量的储存可以从以下几个方面来考虑：夜间取暖、预热通风、设置门廊缓冲区、白天蓄热。

如果太阳房保温性能差，白天储存的热量在晚上就会流失，所以有必要提醒屋主到了晚上需要关闭所有百叶窗或是保温窗帘以阻止热量流失。如果太阳房的温度明显比居住空间还要低，必须关闭它们之间的通风设备及门缝、窗缝。

被动式太阳房在获得热量的同时必须考虑天然采光，以确保各项性能都比较优越，天然采光设计将在下一节详细讨论。

如果在建筑周围布置得当的落叶树木，那么在夏季可以利用茂密的枝叶为房屋遮阳，从而防止南向房间过热，冬季树叶落了又可以让更多的阳光照射进来。但是必须注意的是，如果树木种植过密，阴影过多，即使种植落叶乔木，在冬季进入室内的阳光也会减少50%左右。

对于被动式采暖的房屋，热量的储存要依靠房屋构件自身，因而储存热量和分配热量比收集热量更为关键，一般被动式采暖的房屋采用蓄热性能好的材料，如砖、石、混凝土、水等建造墙体和楼板（在间接的热系统内，在专门的蓄热区内采用高蓄热材料），充当蓄热体。白天，蓄热体吸收并储存太阳热量，夜间室温下降时再将储存的热量辐射给房间。

直接得热系统的关键问题是使阳光尽可能多地直接照射在房屋上，从而使其均匀受热，可采用的方法有：沿东西向建造长而进深小的房屋；将进深小的房屋垂直加高以获得更多的南墙；在北向房间设置南向天窗；沿南向山坡建造阶梯式房屋，使每一层房间都能受到阳光直射；在屋顶设置天窗，使阳光能够直接加热内墙等。

由于房屋本身就是加热器，常采用混凝土、砖、石或土坯来建造直接得热系统的楼板和厚墙，以提高房屋的蓄热性能，楼板和墙体常采用深色瓷砖或石板锻嵌。

直接得热式供暖建筑升温快、构造简单，不需要增设特殊的集热装置，投资较小，管理方便，因此是一种最容易推广使用的太阳能采暖方式，其缺点是大量阳光进入室内易产生眩光。

特朗伯墙由向阳表面涂成深色的混凝土墙和外覆玻璃的砖石墙构成，玻璃与墙体之间有空气层，玻璃和墙体上下均留有通风孔。冬季白天，空气层内的空气被太阳加热，并通过墙顶与底部的通风孔向室内对流供暖，夜间靠墙体本身的储热向室内供暖。夏季，特朗伯墙通过两种方式帮助房屋降温，一种是利用墙体蓄热性能吸收室内热量；另一种是利用烟囱效应强化自然通风。

除非房屋与阳光间之间的墙是特朗伯墙，否则该墙在靠近房屋的一侧要有很好的保温措施，以免夜间室内的热量散失到阳光间里。在夏季，附加的阳光间要进行遮阳，打开窗户和阳光间上部的通风孔，阳光间可起到降温的作用。

为了保证南向主要房间能够达到较高的太阳能供暖率，房间的进深不宜太大，根据经验一般取值为不大于层高的 1.5 倍时比较合适，这时可保证集热面积与房间面积之比大于 30%，从而保证房间具有较高的太阳能供暖率。

由于多高层住宅单元门多为朝北，冬季会有大量冷空气灌入楼梯间，通过楼梯间薄墙和户门吸走室内热量，会使该单元住宅室温下降 1～3℃，多消耗的热能是全部采暖能源的 10%。经过估算，每年冬季，北京市由于单元门敞开所造成的热能损失大概相当于烧掉采暖用煤 20 万吨，因此在住宅单元的出入口采取防冷风侵入措施就显得更加重要。在入口处做门斗时，应将门斗的入口方向转折 90°，转为朝东，使出入方向避开冬季最多风向——北向和西北向，以免冷风直接灌入，并且要注意密封良好。

门斗的设置，必须保证有足够的宽度，使人们在进入外门之后，能有足够的空间先把外门关上，然后再开启内门。对于有转折的门斗，其尺寸还应考虑大件家具以及紧急救护担架出入的需要。

在寒冷地区，住宅楼梯间一般不采暖，如果冬季不做好保温和密闭防风，由于外界冷空气的侵入，楼梯间内的温度就会接近于室外温度。楼梯间墙及户门的保温性能远低于外墙，大大增加了散热量。因此，必须将楼梯间由过去的开敞式改为封闭式，特别要注意保温和密闭防风。在有条件的情况下，可在冬季主导风向一侧设置挡风墙或种植常绿树木。

（2）公共建筑

公共建筑中一些房间对温度没有严格的要求，可作为缓冲区，如商业建筑中的楼梯间、储藏室和卫生间等，这些区域应适当集中，尽量沿西向或东向布置，以减少营业厅的直接太阳辐射得热。实践证明，这是一种有效的，又不会增加投资的节能设计方法。

如果缓冲区朝南，它可以为附近空间供热，这种情况下其温度接近于室内温度。如果朝向东、西、北，它可以减小围护结构的热损失，但是无法在冬季提供太阳得热。

在许多建筑的中心区域，由于设备和人员密集，会产生大量的热量。有采暖需求的建筑可以利用这样的热源提供部分热量，这类热源可以布置到利于向北面供暖的区域。

在温暖气候区，制冷需求占主导地位，产热区应该与其他空间隔离开。例如，商业建筑中应考虑商品自身发热及所需照明设备的发热量对周围环境的影响，散热量很大的电器的售卖区一般应布置在顶层，以避免影响其他营业空间，并且可以设计单独的通风系统。

理想的被动式太阳能采暖建筑在南北进深方向不超过两个分区，这种布局使建筑南面收集的太阳热能可以传递到北面。但是公共建筑往往在进深方向有多个分区，这为节能设计带来了挑战，这种大进深建筑需要有效地组织平面和剖面。将阳光引向建筑深处的进深方向的两个或多个房间可以交错布置，使每个房间都获取阳光。北向无日照的房间可以与有日照的区域通过对流传热。房间被连接空间或走廊呈东西向连接在一起，这个连接区域可以用来收集和储存热量，当需要热量时，每个房间都可以向连接区域敞开，向南的中庭或具有透明屋顶的中庭能起到同样的作用。

如果建筑受场地限制，必须沿南北向布置，可以在剖面上呈阶梯式布置，使更多的北向房间在南向房间上方获取热量。平坦场地上，北向房间下部的空间难以获取热量，把坡屋顶和夹层相结合，顶部阳光可以被引入北向深处。高房间常常可以获取南向阳光，并把热量传递给小房间，高房间可以在南边、北边，也可以在小房间之间。另外，一个大房间或巨大的屋顶可以包容小房间，屋顶可以是台阶式的、倾斜的。或者设置天窗，将阳光引入建筑中心和北边。要注意倾斜的玻璃容易积尘，更需要做好防水。

公共建筑的性质决定了其外门启闭频繁的特点，对于入口朝北的建筑，冬季开启外门时会有大量冷空气灌入，因此在出入口采取有效的防冷风侵入措施就显得更加重要。

2.从采光角度考虑

在建筑节能设计中，照明耗能是整个建筑节能的重要部分，因此提倡尽可能多地利用天然采光而减少人工照明的使用。但是玻璃窗损失的热能是同等面积墙体的6倍，必须对采光和热损失进行优化设计。

所有朝向均有自然采光的可能性，采光最大的挑战是为最需要的区域提供光线，如建筑北向房间、内部空间和地面层等。低层建筑的自然采光较好，单层建筑中所有的室内空间都有可能引入自然光线。多层建筑的采光要困难一些，这时就应该在增加占用土地和利用自然采光之间做权衡。

不同功能空间接受天然光的程度不尽相同，要求高亮度和低可变性的场所是最难以进行自然采光的空间，因为一天中的光线本身就是易变和不稳定的。

根据前面讨论的标准和空间的功能，可以确定最佳的采光场所。最不需要遮阳控制以及需要高照度的区域，是最适合自然采光的场所，如入口大厅、接待区、走廊、楼梯间、中庭等；低照度要求的区域常常布置在建筑中心，如电梯、机械室、储存室和服务区域等，这样就可以减小造价相对较高的围护结构和玻璃窗的面积，降低建筑的体形系数和照明用电的消耗。西面的光线通常很难控制，常常导致很高的制冷负荷和因眩光引起的视觉不适，所以西面最好用作辅助房间，或对光线变化无要求的空间，应避免设置工作区域。当然，如果采用了有效的外部设施控制直射阳光和眩光，西朝向也是可以利用的。

3.从通风角度考虑

为了加强自然通风，进行室内设计（包括平面功能组合、空间处理）时，应创造有宽敞断面、流畅贯通的空间，同时有效改善建筑通风的质量。

具体做法就是尽量减少墙体壁面、构筑物、陈设和家具造成的空间阻力，可以从以下几方面着手。

（1）加大进深

室内空间形成较大进深，即当进深：面宽≥1：0.85（层高为2.8～3.2m时）时，对通风非常有利，可以改善通风质量。

（2）设置双向走廊

建筑纵向平面采取双廊式，使建筑空间的通风出入口均朝向室外，并且有外廊的导风配合，可以有效地加强室内自然通风。双向走廊方式主要有以下作用：①有效形成风力压差建筑使用空间两端设进出风口，可对室内空间产生直接的正负压，而且其风力压差直接作用于室内空间，对改善室内通风效果明显；②走廊导风——由于走廊空间的延续性，对室外气流起到汇集、导风作用，有利于建筑洞口形成正压；③风凉区——由于走廊的遮阳作用而产生舒适的风凉区，可以降低室外空气温度，有效地改善室内的舒适度。

（3）减阻增速

为了加强建筑室内风洞效应的通风作用，在通风流径的各环节中必须减少由于布局不当而形成的阻力，来提高风速，主要方法如下：①进出风口对位——为产生风洞效应的室内空间，窗的相对位置应对齐，以保证通风径直贯穿通过，减少由于洞口位置不当而引起的空气阻力；②家具陈设——家具宜沿墙陈设布置，室内空间不进行有碍于通风的空间固定区划，家具表面应光洁、平整。

四、围护结构设计

在拥挤的城市环境中，建筑选址、体形和朝向往往受到诸多因素的制约，没有太多的灵活性可言，因此很多情况下建筑师用来调节建筑气候的主要手段就是围护结构设计。

虽然好的建筑体形和朝向对于减少过多的太阳辐射热量十分重要，但是也可以通过建筑围护结构设计抵消因不当朝向和体形造成的部分的热量，此类设计方法包括采用浅色外墙面和局部遮阳的窗户、采取足够的保温措施等。同样地，通过立面和窗户的细部设计也可以部分补偿不当的朝向所引起的通风问题。

从适宜居住的角度讲，我国绝大部分地区的居住建筑都需要采取一定的技术措施来保证冬夏两季的室内热舒适环境。冬夏两季，室内维持的温度与室外的温度有很大的差别，这个温差导致能量以热的形式流出或流入室内，采暖、空调设备消耗的能量主要用来补充这个能量损失。在相同的室内外温差条件下，建筑围护结构的保温隔热性能直接影响到流出或流入室内的热量的多少。建筑围护结构的保温隔热性能好，流出或流入室内的热量就少，采暖、空调设备消耗的能量也就少；反之，建筑围护结构的保温隔热性能差，流出或流入室内的热量就多，采暖、空调设备消耗的能量也就多。

提高建筑围护结构的保温性能，完全有可能抵消由住宅体形系数增大和窗墙比增大带来的负面影响，仍可使住宅建筑达到节能的目的。

我国现行的居住建筑节能设计规范有《夏热冬暖地区居住建筑节能设计标准》《夏热冬冷地区居住建筑节能设计标准》，这些规范中都对不同分区中建筑围护结构中各部分传热系数的限值做了规定，也就是说为了达到节能目的，各地区中围护结构的传热系数必须达到规范要求。对于建筑师而言，这些节能参数并不制约设计，可以在满足规范要求的前提下创造出更加丰富多彩的建筑形式。

（一）墙

在一栋建筑的外围护结构中，墙体所占的比例最大，通过墙体传入或传出的热量也最多。因此，首先要注意提高墙体的保温隔热性能，减少通过墙体的热损失。提高墙体保温隔热性能的方法大致分为如下两种。

1. 一般做法

外墙保温隔热性能的控制主要通过墙体构造来体现，此外，除了满足建筑的总体艺术要求外，对于夏热冬暖地区的居住建筑，外墙立面设计还宜采用如下措施：①采用浅色饰面（如浅色粉刷、涂层和面砖等，也适宜于夏热冬冷地区）；②东西外墙采用花格构件或爬藤植物遮阳，来减少夏季墙面对太阳辐射热的吸收。

2. 集热蓄热墙的立面处理

（1）两种趋向

在"一体化设计"潮流产生的早期，人们总是试图掩盖太阳能利用构件与其他建筑构件不相同这一事实。然而，这种趋向最终改变了方向。建筑师发现，可以利用太阳能构件为建筑增加美学趣味，业主们认为，利用太阳能这一事实可以产生积极的广告效应。随后，在欧洲迅速出现了

大量有趣、吸引人的太阳能建筑。许多太阳能构件仅仅因为在形状、大小、颜色或表面质感上本身就具有吸引力，可以增强建筑的立面效果。太阳能建筑成功的关键在于，建筑师利用了美学协调性，将太阳能利用构件转为引人注目的建筑构成元素展示出来，而且只有当建筑设计中包含了太阳能设计时，才有可能做到这一点。

（2）设计手法

集合住宅住户和楼栋常作为重复性的景观元素出现，这是其与独户式住宅的不同之处。对于利用太阳能采暖的住宅，应注意立面设计力求简单，避免立面上的凹、凸，因为任何立面上的复杂化都会带来建筑的自身遮挡和外围护结构面积的加大。但是我们不能一味地要求节能，住宅不仅是人们生活的场所，也扮演着创造街区城市景观的角色，特别是集合住宅，其规模较大，对于城市面貌产生的影响不容忽视。

在太阳能采暖的集合住宅中，往往利用窗间墙作为集热蓄热墙。如果把住宅外墙

涂上大面积深色，虽然对集热有利，但是影响美观，不但会使住户在心理上感到压抑，而且会对城市景观产生负面的视觉冲击，不利于太阳能建筑的推广。为避免景观上的乏味和不良影响，要充分利用其特点，往往从以下几个方面进行处理，使太阳能建筑在城市景观中呈现出丰富的形象。

①韵律感

无论是何种体形的集合住宅，相对于独户住宅都有较大的体量，同时就有较大的外表面积，易于形成图案韵律。特别是太阳能住宅在质感上的变化和集热墙的重复性可以创造出很强的节奏感，与立面分格融合在一起，可形成有韵律感的连续性立面。如果要使南立面显得高大，可选用竖线条分割，利用窗台下的面积集热。如果要使建筑显得狭长些，可利用圈梁进行横线条分割，用窗间墙作为集热墙。

除了结合在墙面上，集热器还可结合在集合住宅的屋顶、阳台或遮阳篷等地方，以其特有的韵律感形成太阳能住宅标志性的外观。

②竖向垂直构图

在高层集合住宅中更易于塑造竖向的垂直构图，经常伴随着强烈的虚实对比，造成戏剧性的变化。由于太阳能住宅节能需要的限制，外墙面可能比较平，这时如果利用窗户的不同构图或进行转角阳台的处理，也可形成十分强烈的垂直韵律，以打破其单调感。

③色彩

利用特殊的色彩设计，是达到可识别性立面设计的手段之一，也是建立居住区领域感的前提。

对于北方地区以冬季采暖为主的立面，应选用比较粗糙的材质和较深的色彩，以提高吸热量。例如，黑色墙表面对太阳辐射的吸收率为95%，深蓝色的吸收率也能达到85%，性能也很好。因此，可根据实际情况权衡，尝试采用其他颜色与黑色或深色搭配使用，丰富住宅立面。这样做虽然牺牲了部分太阳热能的吸收，却能营造出活泼宜人的居住环境，具有强烈的时代气息。

④富有个性的体形

如建筑北向阶梯形的退台以及东西向的退台，这些设计不但可利用太阳高度角及方位角缩短日照间距，同样也易于提高住宅的可识别性。

对于体形简单的板式太阳能住宅，可以利用屋顶的变化形成特色，如采用坡度适当、富于变化的坡屋顶，除了能达到远距离识别的目的以外，还可设置太阳能集热器，为住户提供热水或采暖。

⑤细部

各种类型的活动盖板、遮阳、活动百叶、卷帘具有丰富的纹理、色彩，既可以加强建筑细部的表现力，又可以达到保温、遮阳等作用。

3.常见的节能墙体做法

由于建筑体系的多样性，在建筑中采用的保温隔热措施并非总能达到节能要求。在对环境和人体健康危害最小的前提下，最好采用有机的自然材料进行绝热设计。绝热材料通常是轻质的，体积比较大，因此如果可能的话，应尽量避免长距离运输。

在进行墙体的保温或隔热设计之前，应尽可能对房屋的类型和朝向有一个明确的认识，然后再选择保温或隔热的类型。

材料是墙体的物质成分组成，而构造是材料的空间组织方式，通过材料的不同组合和空间变化来形成可调节的界面，要比单一材料界面拥有更复杂的应变方式。

（1）特朗伯墙体

特朗伯墙体是一种通过玻璃和墙体的组合构造实现应变的界面，是一种兼具玻璃温室效应和烟囱效应的复合界面，其构造简单，造价低廉，采用太阳能被动式技术，既能在冬季借助温室效应取暖，又能在夏季促进通风降温，实现双极控制。

（2）双层墙体

双层墙体指两层墙体之间留有一定的间距，夏季做通风间层用，有时还可以向间层内喷洒水，达到蒸发降温的目的；冬季做成封闭空气间层，加强墙体的保温性能。

（3）热通道玻璃幕墙

类似于特朗伯墙体的构造方式，形成带有空气间层的外界面，利用温室效应保温，利用烟囱效应来促进通风，降温除热。

（4）通风墙与通风遮阳墙

通风墙主要利用通风间层排除一部分热量，如空斗砖墙或空心圆孔板墙之类的墙体，在墙上部开排风口，在下部开进风口，利用风压与热压的综合作用，使间层内空气流通，排除热量。通风遮阳墙是既设置通风间层，又设置遮阳构件，既可以遮挡阳光直射，减少日辐射的吸收，又能通过间层的空气流动带走部分热量的墙体。

在通风遮阳墙墙面上还可种植攀爬植物，如牵牛花、爆竹花或五爪金龙等，利用绿化遮阳。

（5）充水墙体

利用水的流动性和蓄热系数高的特点，可以构造"水墙"式应变界面：将水充入墙体内的间层或导管内，通过调节间层或导管内水量的多少来控制墙体的隔热性能以及热容量，还可以借此形成水流的往复循环系统，在夏季带走墙体吸收的多余热量。例如，将此墙应用于夏热冬冷地区的建筑西墙，在冬季，墙体导管内不充水，空气间层加大，可以提高隔热性能，利于保温；在夏季，使墙体内充满循环水流，大部分太阳辐射热被水流吸收带走，既阻隔了日晒，又获得了热水，可谓一举两得。

（6）墙体绿化

通过种植攀爬植物对墙体绿化，减少太阳辐射热。

（二）窗户（门）

窗户的基本作用包括采光、通风和观看等，应综合考虑各方面因素，才能确定窗户的理想位置和大小。

1.侧窗

（1）侧窗的自然采光

各个朝向的窗户均有采光的可能性，窗户的最佳朝向由用途决定。例如，如果冬季采用被动式太阳能采暖，南向窗户无疑是有利的；北向窗户几乎没有直射阳光，但自然采光条件优越。然而为了获得最佳效果，每个朝向应区别对待。

北向能获得高质量的均匀光线和最小的得热量，但在采暖期存在着热损失大和热舒适性差的问题，只在清晨和黄昏前需要遮阳。尽管南向光线变化大，但仍是获得强烈光线的最佳朝向，并且很容易遮阳。东西向遮阳困难，遮阳对于这两个朝向的舒适性至关重要，尤其是西向。

窗户越高，采光区域越深。一般来说，采光区域实际深度是窗户上沿高度的1.5倍。如果有反光板，可以延伸到上沿高度的2.5倍。对于标准的窗户和顶棚高度，在离窗户约4.5m范围内有充足的采光。

条形窗采光更均匀。提供充足均匀采光最简单的方法是采用连续的条形窗。单个窗洞也可以采光，但是窗间墙会造成光影的对比，如果工作区域和窗户位置对应或采用其他防眩光的措施，这种对比也不会引起严重的问题，但是，当主要的视觉焦点是附近的物体或活动时，居住者通常更喜欢宽阔的窗户。

双面采光优于单面采光。应尽量在两面墙壁上设置窗户，这样可大大改善光线分布，减少眩光。每面墙壁上的窗户都可以照亮相邻墙壁，因此减弱了窗户和周围墙壁的对比。

为了使光线分布良好，窗户应靠近房间内表面（如梁或墙），这些表面有助于光线的反射和重新分布。

窗户越大，越需要控制。对于大玻璃窗，为了控制眩光和得热，玻璃的选择和有效的遮阳更为重要。可以利用双层玻璃减少冬季热损失，提高热舒适性。居住者应远离大面积的单层玻璃，因为大窗户可能会引起不舒适的热感觉。

采用高顶棚和高窗可获得更好的光线分布。高窗可引导光线照向顶棚以及房间深处，倾斜的顶棚可以增加窗户的高度，并且使光线更均匀。

根据需要进入的光线调整侧窗玻璃的角度。向下倾斜的侧窗有利于地面反射光线的进入。"阳光间"式的侧窗有利于天空光的进入，可满足北向立面的采光和寒冷地区南向立面的采暖需要。倾斜的窗台有利于减弱眩光，以及增加地面的反射光线。

大面积玻璃并不能保证良好的采光，可以采用一些装置来获得满意的光线质量和数量，这些装置的大体功能如下：漫射或反射阳光，使其重新分布；消除室内表面过多的亮光；消除眩光和阳光辐射，如反光板、百叶和深窗洞等建筑元素都可以改善光线分布，如果这些元素是浅色的，采光会更加均匀。另外，建筑的遮阳板以及室外的植物在夏季都能阻挡直射阳光、减少得热，在冬季，阳光也能进入建筑提供热量。

首先是反光板，反光板是设置在视线之上、高窗之下的水平板，将光线反射进房间深处，同时降低了窗户附近的照度，从而使整个房间的光线分布更均匀，并且能起到遮阳的作用。反光板将视线窗口和采光窗口分开，上下窗口分别单独控制，这是一个获得良好采光和减少眩光的好办法。上部采光窗口用高透射比的透明玻璃引入更多光线，下部视线窗口用低透射比的染色玻璃减少眩光。南向的反光板对于改善光线分布、遮蔽窗边区域和减少眩光是最有效的。北立面上一般不必设置反光板，东西朝向的反光板可以与竖直挡板相结合。

反光板分为内置式和外置式。内置式反光板能让更多的阳光进入室内，主要起到分配光线的作用，适合寒冷气候区。与内置式反光板相比，外置式反光板是更有效的遮阳设施，适合炎热气候区。在温和气候区，为了在全年获得更均匀的采光效果，最好同时使用内置式反光板和外置式反光板。

在晴天条件下，用弯曲镜面反射光线可以将采光区域从4.5～6m增加到9～11m，如果采用太阳追踪镜面，甚至可以达到14m，但任何反射光束的设计者S应对可能增加的太阳得热和眩光做出评估。

在不影响视线的前提下，反光板的位置应尽可能低，这样它的顶面才能把尽可能多的光线反射进室内，但应注意防止人在上面随手放置物品。减少夏季的太阳得热是必须考虑的重要因素，反光板应起到遮阳的作用，在制冷期内，伸出建筑的长度应能遮蔽视线窗口，在室内的长度应能遮挡明亮的天空。

室外反光板的长度和建筑朝向有关。南偏东、偏西20°以内，反光板长度应是上部窗户高度的1.25～1.5倍；南偏东、偏西20°以外，反光板长度应是上部窗户高度的1.5～2.0倍。

反光板向下倾斜，可以提供更有效的遮阳，但将光线拒之窗外。而将反光板向上倾斜时，可增加向顶棚反射的光线，但遮阳效果欠佳。

对于室外部分向上倾斜的反光板，南向白色反光板的倾角=40°-（0.5×纬度）；东、西、北向的反光板倾角=15°。

若采用的是漫射玻璃，或玻璃上有水平遮阳，则需要将倾角减小一些，倾斜反光板的同时，应增加后墙的反射比。进深小的房间所需的最佳倾角比进深大的房间要小。需要注意的是，倾斜反光板，下部窗口的遮阳效果会被减弱，所以应将其加长或增厚。

无论是室内还是室外反光板，都要选择耐久的材料，重量设计为成人能搬动的水平。反光板的顶面应是不光滑的白色，当不考虑过量得热时，也可以是扩散镜面。顶面不应被使用者看见，因为会引起眩光。倾斜的反光板会减弱窗口下部的遮阳效果，而且具有造价低、维护少等优点，综合来看是不错的选择。在寒冷气候区，室外反光板最好和建筑结构脱离开，避免形成热桥。

百叶可以改善采光的效果。即使同时采用室内和室外反光板，直射阳光有时也会照进室内，造成眩光。典型的情况是反光板离垂直的墙壁较近，并且宽度不足以消除眩光，这时竖直的百叶就成为极好的选择。反光板上部的窗户采用竖直百叶，光线可以被引导照向墙壁，这样就消除了眩光，促使光线向空间深处折射。如果窗户在房间的中间，离两边的垂直墙壁较远，水平百叶可以把光线向顶棚反射，并由顶棚再次将光线折向房间的深处。

将窗洞作直角、斜角或圆角处理，可以减弱窗户和墙壁的对比，形成光线的过渡，有利于减弱眩光。墙壁较厚时，将玻璃安装在靠墙的内表面一侧，就可以利用出挑和墙厚遮蔽窗户表面，还便于和反光板结合。

（2）侧窗的自然通风

穿堂风的效果非常依赖于人工操纵，自动控制的风口一般适用于大型公共建筑。窗户的形式对室内气流的路径和降温效果有很大的影响。

当窗口不能朝向主导风向，或房间只有一面墙开窗时，可利用翼墙改变建筑周围的正压区、负压区，引导气流穿过平行于风向的窗口。只在上风向有开口的房间可以利用翼墙促进通风，但只有产生正压区和负压区时才有效；对于只在下风向有开口的房间，翼墙不起作用。

对于只在一面墙上有开口的情况，室内气流和空气交换速率可以提高约100%。翼墙不能显著促进相对墙壁的穿堂风，除非风的入射角是斜的。对于小型建筑，从地面到屋檐的翼墙对于入射角为20°～140°的风很有效。建筑自身的凹凸变化也能起到翼墙的作用，如突出的小房间、入口门厅等。

2.天窗

建筑中心的采光是通过天窗实现的，一般包括平天窗、高侧窗、矩形天窗和锯齿形天窗。天窗最适合大空间单层建筑采光（如工厂、仓库等），不适合照亮特定的物体，也不适合多层建筑，除非是顶层房间或通过中庭采光的房间。屋顶采光来自没有遮挡的天空，是最有效的自然采光方式，也能用于通风。中小学建筑特别适合利用自然顶光，因为此类建筑一般都在白天使用，而且很多是单层建筑，可以用天光来照亮内部空间，从而设计成进深相对较大的建筑。

与侧窗相比，天窗的优越性主要体现在：屋顶开口照亮的面积大，一般侧窗只局限在靠近窗口的3～5m处；光线均匀、亮度高（尤其在采用矩形天窗时）；高侧窗和矩形天窗漫射来自顶棚或反光板的光线的机会更大。

与侧窗相比，天窗的缺陷主要体现在：没有合适的遮阳措施，产生直接眩光或光幕反射的可能性增大；工作空间内的高对比度会引起视觉疲劳；光源高于视线平面，所以没有向外的视野。

（1）平天窗

这里所述的平天窗，指在平屋面或斜屋面上直接开洞安装的天窗形式，包括水平的、稍微弯曲的、倾斜的或金字塔式的天窗。

平天窗的水平投影面积比其他同样大小的天窗要大，因此采光效率更高。一般情况下，平天窗只适合以全云天为主的气候区，如重庆，在夏季阳光强烈的地区应避免使用。平天窗最佳的窗地比为5%～10%，根据玻璃的透光率、天窗的设计、所需的照度、顶棚高度、是否有空调等因素，窗地比可以调整为更高。

通常，平天窗的间距大约等于建筑顶棚到地板的距离，另外，还与侧窗的设置有关，如果墙上有侧窗，天窗的位置可以更靠中心。

为了避免平天窗可能引起的眩光问题，可采取以下措施：选择低可见光透射比的玻璃；利用墙壁、水池、雕塑、地板、反光百叶等漫射表面扩散光线；将采光口设计成喇叭口状；对平天窗进行季节性遮阳。

在冬季，平天窗接受的太阳辐射很少，而在夏季温度高峰时接受大量的太阳辐射，由此带来了严重的能耗问题。季节性调解的室外反光板/遮阳板可以解决这一问题，它在夏季可以遮挡直射阳光，并将屋面反射的漫射光线折射进室内，而在冬季可以增加进入室内的太阳光线，利于采暖。

利用室内反光板将入射光线折射到顶棚表面，使顶棚成为面积较大的间接光源，或在天窗下设置格栅，这些措施都降低了光源与背景之间的对比，可以改善平天窗的采光效果，避免眩光。

采光井是建筑中穿透一层或多层的垂直开口，目的是为相邻区域提供自然采光。平天窗和采光井结合，有利于消除眩光，其优点还在于可将光线从屋顶引入建筑低层不易采光的区域。然而，采光井壁的多次反射会吸收光线，降低进入室内空间的光线亮度。光线折减系数与采光井壁的反射比及采光井的形状有关，狭高的采光井效率较低。

采光井做成倾斜的可以增加采光量，并且可减少眩光，使光线更均匀。屋顶结构厚度（即屋面板到顶棚的距离）越大，这个作用越明显。

为了改善冬季和夏季的光线平衡，还可将天窗设计成斜天窗，朝向北面或南面。这时，光线的分布更接近侧窗采光，理论上其采光效率会随着屋顶坡度的增加而降低。但是有些地区平天窗积尘严重，所以在实际应用中，斜天窗反而更利于采光。

当南向斜天窗坡度比当地纬度大23°，北向斜天窗坡度等于纬度加23。时，天窗接受的光线最多，而通过天窗进入建筑的直射阳光最少，不需要考虑控制太阳辐射。应避免朝向东西的斜天窗，否则必须考虑遮阳。

（2）高侧窗

高侧窗是视线以上的竖直玻璃窗，可以增加房间深处的照度。因为平天窗在夏季存在过热问题，而且在冬季收集的光线和热量不足，所以常常用竖直或近似竖直的高侧窗替代平天窗。高侧窗最适合室内布局开敞的建筑，不会阻挡光线进入空间深处，推荐在教室、办公室、图书馆、多功能房间、体育馆和行政管理建筑中采用。

高侧窗最好朝南或朝北。南向高侧窗在冬季可以收集更多阳光，并且水平遮阳板可以有效地为朝南的高侧窗遮蔽夏季直射阳光。北向高侧窗以最大的太阳高度角（纬度+23°）倾斜，这样可以在避免眩光的同时增加引入的光线，并且引入的是低角度、稳定的光线，无须遮阳。东西向的高侧窗应该避免，因为阳光角度低，很难遮蔽，并会带来眩光和过多的太阳热能。当采用漫射玻璃或低角度阳光的进入不影响空间使用功能时，高侧窗也可以朝向东、西。

控制眩光可以设置挡板，或将室内对着高侧窗的北向墙壁做成倾斜的，使光线向下反射；或在采光口下设置漫射光线的反光板；另外，漫射玻璃也可以扩散光线，或利用屋面反射光线。

（3）矩形天窗

矩形天窗是工业建筑中常见的设计手法，可以认为是高侧窗的一种特殊形式，局部屋面升高，其优点在于光线可以同时从两个或两个以上的方向进入建筑，并可以利用屋面作为反光板，将光线反射到上部的天窗。屋面延伸进天窗玻璃的内部，有时会加强这种作用，减少直射阳光的进入。此外，矩形天窗发生渗漏的可能性比平天窗要小。

没有遮阳的南向、东向和西向玻璃会获得很高的得热量，如果各方向都装有玻璃，经常会获得比高侧窗更多的热损失和得热量，而且遮阳也比较困难。东西向窗和北向窗可以利用反光板增加引入的光线。

朝南的开口利用室内墙面反射光线，或利用遮阳板和扩散反光板，这样可以使光线均匀扩散。当采用设计得当的漫射反光板时，朝南的高侧窗可以引入明亮的光线而不会带来眩光。扩散反光板的间距应能避免直射阳光和视野内的眩光，顶棚和漫射反光板应采用高反射系数的不光滑材料。

（4）锯齿形天窗

锯齿形天窗属于单面顶部采光，具有高侧窗的效果，加上有倾斜顶棚作为反射面增加反射光，故比高侧窗光线更均匀。北向锯齿形天窗可避免直射阳光，获得均匀的天空扩散光；南向锯齿形天窗适合于寒冷气候区利用太阳能采暖的建筑，可以降低采暖负荷，但需要采取措施控制阳光，以避免眩光、对比度过高和光幕反射。遮阳板、漫射玻璃、室内或室外反光板、百叶都是控制阳光照射的有效方法。

设计时最好统一考虑到太阳能采暖、制冷、采光，在建筑屋顶上，把太阳能集热器或太阳能光电板设置在朝南的一面，朝北面则安装玻璃，以便采光。

（5）不同天窗的节能效果对比

天窗作为一种被动式太阳能系统，可以用来采暖、采光和通风。天窗在屋面上的布局对热工方面的影响甚小，而玻璃的倾角和天窗的朝向更为重要。然而，对于冬季积雪严重的地区，必须考虑天窗布局的影响：积雪容易使较大面积天窗的屋顶结构和保温层产生破坏，所以选择小天窗更为有利，如分散式的平面布局。但是这种布局造价更高，对构造的要求更高一天窗和屋顶的连接部位通常是屋顶构造的薄弱环节，天窗越多，保温层漏水的可能性越大。

3.估算窗户的大小

窗户是围护结构中产生热量损失的另一个主要部分。一般而言，窗户的传热系数要远大于墙体的传热系数，所以尽管窗户在外围护表面中占的比例低于墙面，但通过窗户的传热损失却有可能接近甚至超过墙体。在保证采光和通风的前提下，提高窗户的保温和隔热性能已成为住宅节能的重要部分。

根据《公共建筑节能设计标准》中的规定，建筑中每个朝向的窗（包括透明幕墙）墙面积比均不应大于0.70。当窗（包括透明幕墙）墙面积比小于0.40时，玻璃（或其他透明材料）的可见光透射率不应小于0.4。对于玻璃幕墙建筑，窗面积是指幕墙的透明部分，不是幕墙的总面积，应在幕墙的总面积中扣除各层楼板以及楼板下面梁的面积，所以窗墙面积比一般不会超过0.70。近年来，公共建筑的窗墙面积比有越来越大的趋势，当窗墙比超过规定值后，就需要通过提高窗户的热工性能来弥补因窗面积增大带来的能耗超标。

我国地域广阔，天然光状况相差甚远，若采用相同的临界照度，天然光丰富区与天然光不足区的全年室外平均总照度相差约50%。为了充分利用天然光资源，取得更多的利用时数，《建筑采光设计标准》中将我国划分为五个光气候区，在不同的光气候区应取不同的室外临界照度，即在保证一定室内照度的情况下，规定各地区白天的采光系数。

不同光气候区对应不同的光气候系数K，光气候系数是根据光气候特点，按年平均总照度值确定的分区系数，与地理纬度、海拔高度、年平均绝对湿度、年平均日照时数以及年平均总云量等因素有关。进行采光计算时，所在地区的采光系数标准值应乘以表3-1中相应地区的光气候系数K。

表3-1 光气候系数K取值

光气候区	I	II	III	IV	V
K值	0.85	0.90	1.00	1.10	1.20
室外天然光临界照度值E_1/lx	6000	5500	5000	4500	4000

建筑内所进行的活动的视觉作业不同，因此也就决定了所要求的照度不同。《建筑采光设计标准》中根据视觉作业的精确度，将建筑采光分为五个等级，如表3-2所示。进行采光计算时，应注意查得的采光系数标准值应乘以表3-1中相应地区的光气候系数。

表3-2　视觉作业场所工作面上的采光系数标准值

采光等级	视觉作业分类		侧面采光		顶部采光	
	精确度	识别对象的最小尺寸 d/mm	采光系数标准值 C_{min}/%	室内天然光临界照度值/lx	采光系数标准值 C_{min}/%	室内天然光临界照度值/lx
I	特别精细	$d \leqslant 0.15$	5	250	7	350
II	很精细	$0.15 < d \leqslant 0.3$	3	150	4.5	225
III	精细	$0.3 < d \leqslant 1.0$	2	100	3	150
IV	一般	$1.0 < d \leqslant 5.0$	1	50	1.5	75
V	粗糙	$d > 5.0$	0.5	25	0.7	35

在进行建筑方案设计时，对于III类光气候区，普通玻璃单层铝窗的采光洞口面积可按表3-3所列的窗地面积比粗略估算。非III类光气候区的窗地面积比应乘以表3-1中相应的光气候系数 K。更精确的采光计算方法参见《建筑采光设计标准》。

表3-3　窗地面积比

采光等级	侧面采光		顶部采光					
	侧窗		矩形天窗		锯齿形天窗		平天窗	
	民用建筑	工业建筑	民用建筑	工业建筑	民用建筑	工业建筑	民用建筑	工业建筑
I	1/2.5	1/2.5	1/3	1/3	1/4	1/4	1/6	1/6
II	1/3.5	1/3	1/4	1/3.5	1/6	1/5	1/8.5	1/8
III	1/5	1/4	1/6	1/4.5	1/8	1/7	1/11	1/10
IV	1/7	1/6	1/10	1/8	1/12	1/10	1/18	1/13
V	1/12	1/10	1/14	1/11	1/19	1/15	1/27	1/23

4.改善窗户的保温及密闭性

为了减小窗户的耗热量，工业发达国家在材料、部件、构造、加工工艺等各方面进行了多学科的综合研究，并将高科技成果用于窗户系统的设计，制定了把窗户的热损耗转变为热增益的远期研究目标。

（1）提高窗户密闭性对减少空气渗透有重要意义，应达到节能设计标准中1.5～2.5m³/（m·h）的要求。近年来，有各类商品门窗密封条投入市场，对减少新旧住宅的冷风渗透发挥了作用，有的可减少房间渗透能耗50%，使室温提高3～5℃。但是，过高的密闭性会影响新鲜空气的流通，对卫生和健康有害，需要同时配合有组织的热压通风换气系统，或设置可控的机械通风设备，以保持居室空气的清新。

（2）双层玻璃。有20mm厚度密封空气间层的双层玻璃可比普通单层玻璃的传热系数减小55%，其主要机制是降低了内外层玻璃之间的热传导和对流换热。如果在密封空气层内填充氧气、二氧化碳、疝气或氩气等，导热系数会进一步降低。真空夹层的双层玻璃导热系数最低，现在我国已有这类玻璃产品，但价格昂贵，未能普及。对于单扇双玻的窗户，玻璃在空气间层一面的结露、擦洗等问题有待妥善地解决。

玻璃的导热系数很大，薄薄的一层玻璃，两表面的温差只有 0.4℃，热量很容易流出或流入。而具有空气间层的双层玻璃窗，内外表面温度差接近于 10℃，可使玻璃窗的内表面温度升高，降低人体遭受冷辐射的程度。采用双层玻璃窗，不仅可以减少供暖房间的热损失，达到节约能源的目的，还可以提高人体的舒适感。目前，塑钢窗采用的玻璃分为中空玻璃和夹条玻璃两种，夹条玻璃塑钢窗的不干胶隔条经长时间使用会失效，导致夹层内进入空气、灰尘和水分，严重降低玻璃的透明度。但中空玻璃的制作工艺要求高，价格昂贵，目前用于居住的建筑适宜选用夹条形式的双层玻璃。当然，由于中空玻璃、低辐射玻璃（Low-E 玻璃）的保温性能很好，国外已较普遍使用，国内一些大型建筑中也已使用。

随着经济的发展和技术的进步，这些玻璃可逐渐用于居住建筑中。吸热玻璃可以将一部分太阳能吸收，转化为热能，然后通过长波辐射和传热分别传到室内和室外。当双层玻璃的外层采用透明玻璃而内层采用吸热玻璃时，大量的太阳能透过透明玻璃而被吸热玻璃吸收。由于空气间层可阻止热量向外散失，室内获得大量的太阳能，达到节能的效果。当然，若把吸热玻璃设在外层，就会起到相反的效果。因此，在严寒地区的居住建筑中，可以选择外层采用透明玻璃而内层采用吸热玻璃的双层玻璃，具有良好的节能效果。热反射玻璃是镀膜玻璃的一种，由于其反射太阳能，不适合在严寒或寒冷地区的居住建筑中采用。

（3）挂窗帘

窗帘不仅可以起到装饰、隐蔽的作用，而且可以起到保温、阻止热量流失的作用。寒冷的冬季，当夜幕降临时，拉上窗帘，人们就会感到温暖，一方面是因为窗帘本身具有一定的热阻，窗帘和窗户之间形成的空气间层也具有一定的热阻，阻止热流向室外散失；另一方面，窗帘可以阻止窗玻璃对人体产生冷辐射，而且还可以阻止室外的冷风渗透。因此，悬挂窗帘可以起到节能、改善室内热舒适度的作用。窗帘可以悬挂在室内，也可设置在室外。室内的窗帘可以选用不同质地的布帘、百叶窗等，窗帘的材质不同，其热阻值也不同。室外的窗帘可以采用百叶窗或卷帘的形式，在冬季，白天可以打开百叶窗或卷起卷帘，夜晚则关闭。

（4）"热镜"涂膜

在窗子内层玻璃上敷一层能透过可见光和太阳短波辐射，但对室内表面在室温下发射的长波辐射有反射作用的"半导体"透明薄膜能有效地减少辐射散热，这种材料也称为"热镜"。当然，也可以研制另一种适用于空调房间，在夏季防止日辐射进入室内的"热镜"材料，我国对功能高分子材料红外线反射薄膜的研究已取得一定成果。

（5）加强窗框保温

开发高强度改性塑料，或利用金属和塑料的复合材料制作窗框可以减少窗框的传热损失，避免在窗框内侧结霜，同时也应减轻窗框重量，确保窗框断面形状尺寸加工精确，外形更加美观。

（三）阳光间（阳台）

阳光间形态多种多样，小到住宅中的封闭阳台，大到办公楼的中庭空间，其基本原理都是类似的。

严寒气候区的阳光间起着双重作用：一方面，能获得直射阳光的时候，它起到集热的作用；另一方面，它在提供自然采光的同时，在室内外之间设置了一个温度缓冲区，减少了建筑的热损失。在这些地区，可以利用覆盖面积很大的阳光间把一些不同的建筑物连接起来，在冬季为人们提供一定的保护，如商业街、城市公共空间或大学校园等。如果阳光间只作季节性使用，在温度适宜时才派上用场，或者阳光间的温度不需要达到和建筑室内相同的水平，那么隔开阳光间和使用空间的结构必须当作围护结构处理，应采取相应的保温措施。当作为永久性使用空间，直接和室内相连，或仅隔着单层玻璃时，阳光间应将多余热量传给蓄热体，并且在夜间对外部的玻璃进行保温。

温和或温暖气候区的阳光间在冬季可为一些空间提供保护，而在其他季节可以成为全能的开敞空间。要做到这一点，必须根据季节需求，能够移去全部或部分玻璃隔墙。

结合住户的生活习惯，按照冬能保温、夏能防晒散热的原则，南向起居室设计成伸出的连通落地式房屋，紧靠阳台玻璃设置反射窗帘，阳台玻璃为塑钢单框双玻，玻璃分格时，上段为上悬窗，且这部分玻璃内贴有反射隔热膜，这样既能减小外墙的凹凸度，在夏季封闭制冷时可有效隔热、开窗透气散热、降低能耗，又可满足住户的生活需要。北向次卧室设外封内隔式阳台，采用门带窗保温隔热墙，可保证最大程度的开启，以便组织流通空气。根据住户需要，阳台可封可不封，封阳台在阳台上建立一个缓冲区，将更有利于节能。还可以设置东西向外封内隔式阳台，做法同北向阳台，但需封闭，做法同南向阳台。为了防止室外空调机散热通过玻璃传入室内，应增加开口热负荷，室外空调机可全部固定安装在洞口上檐。

将阳台做成阳光间是建筑节能设计中常见的设计手法。从20世纪30年代建造"1号太阳房"至今，太阳能的利用逐渐被人们重视，成为生态建筑的一大特征。不少发达国家在住宅的利用与开发方面进行了有益的探索，并使建筑设计与太阳能技术得到了巧妙而有机的结合。在以色列，能源匮乏但阳光充足，利用太阳能的建筑十分常见。

在将阳台设置成阳光间时，应注意以下几个问题。

1.强化阳光间的概念

进一步强化阳光间的概念，放低窗台的高度，形成大面积的玻璃窗，这样可以更多地利用太阳能和自然通风。若要采用落地大玻璃，则一定要选用保温、密闭性能好的玻璃材料。开低窗，使空气流经居住者的高度，产生良好的通风制冷效果。阳光间和室内宜用玻璃门隔开，既起到分隔作用，又产生通透、开敞的效果。如果是跃层住宅，还可以将此空间扩大到两层的高度，使其产生更积极的环境控制作用。

2.强化阳光间的保温性能

由于玻璃本身的保温性能相对较差，除了采用保温性能较好的双层或多层玻璃外，还可以设置保温窗帘。在夏季，白天用来遮挡直射阳光，减少热辐射。在夜晚，阳光间是住宅中一个比较特殊的部位，也是最富有自然情趣的场所，利用它来改善居室的生活品质，创造人与自然的和谐环境，可以达到节约能源的目的，是每一个居住者都应关注的问题。因此，无论在阳光间的设计中，还是居住者的使用中，都要考虑发挥它的中介效应和呼吸作用，创造良好的生态效应。夏季晚上拉开保温窗帘，冬季则相反，白天拉开保温窗帘让太阳照射到室内，晚上则拉上保温窗帘形成厚厚的"棉被"，防止热量向外流失。加设窗帘后，冬季阳台外墙内表面的温度会比未安设前高许多，与人体的热辐射交换会大大减少，使人体感觉更为舒适。某些特殊窗帘，如热反射窗帘可以更有效加强阳台冬季保温、夏季隔热的作用，使居住室冬暖夏凉，能耗减少。

3.增加阳光间的蓄热量

增加阳光间的蓄热量，减小其温度波动，可以确保室内环境的热稳定性和舒适性。阳光间的地板是最具有蓄热作用的部位，因此宜采用石材、地砖等铺装材料，这些材料与木地板相比具有更大的蓄热系数。有些家庭为了追求某种格调，甚至在这一区域铺设了鹅卵石，这也是一种非常好的蓄热体。阳光间的墙体，特别是和房间之间的横向墙体，是储存热量的好位置，这些墙体在冬季可以充分接受太阳辐射，并将其热量的一部分传给房间，其余的热量可以加热阳光间。

4.改善阳光间的生态环境

在阳光间种植花草，不仅可以美化环境，使人心旷神怡，产生回归自然的感觉，而且还可以净化室内空气，增加含氧量。进入室内的空气经过这一层"处理"后，其洁净度得到了改善，大大提高了生活空间的空气品质。

阳光间是住宅中的重要组成部分，它不是简单的居住室扩大部分，不能将其功能作用轻视。阳光间所具有的中介效应和呼吸作用应引起人们足够的重视，并且充分挖掘这些特性，将其结合到建筑设计中来，进一步提高人们的居住环境品质，实现节约能源的目的。

5.加强阳光间的冬季保温和夏季遮阳通风

由于玻璃本身保温性能相对较差，除了采用保温性能较好的双层或多层玻璃外，还可以设置保温窗帘或百叶。由于温室效应，在夏季必须考虑阳光间降温。控制阳光间太阳辐射的方法和一般的受阳光直射的玻璃或其他构件并无区别，如采用活动式遮阳设施、自然通风等。

（四）屋顶

对于多层和高层建筑，屋顶在整个外围护结构中所占的比例较小，因此通过它的热量损失也较小，但是外围护结构表面接受的太阳辐射以水平面最大、东西向其次、南向较小、北向最小。对于顶层住户而言，屋顶对室内温度的影响最显著，因此有必要对屋顶的保温隔热性能给予足够的重视。除了增加屋面保温材料层的厚度之外，在南方地区，还要采取架空屋面、种植屋面等隔热措施，来减小屋顶的太阳辐射热。在独立式住宅中，屋顶的热工性能对室内环境的影响巨大，因此做好屋面的节能设计，对于创建良好的室内热环境、降低夏季空调制冷负荷有重要的意义，屋面主要有以下几种形式。

1. 保温隔热屋面

屋面的保温隔热设计首先应满足规范中对导热系数的要求，在屋面保温和隔热方面，目前常采用以下几种方法。

（1）正铺法

即在屋面上将保温隔热层铺在防水层之下，为了防止热量向室内辐射，屋面设有通风间层或架空隔热板。

（2）倒铺法

即在屋面上将保温层铺在防水层之上，使防水层掩盖在保温层之下，可保护防水层免受损伤。这种保温层最好采用吸湿性小的渗水材料，如挤塑聚苯板等。在保温层上可选择大粒径的卵石或混凝土板作为保护层，可延缓保温材料的老化过程。

（3）在屋面上加盖保温隔热的岩棉板

用水泥膨胀珍珠岩制成方形的箱子，内填岩棉板，倒放在屋面上，在板与屋面之间形成3cm的空气间层。外屋面材料应尽量选用节能、导热系数小、稳定性好、价格低、节土、利废、重量轻、力学性能好的材料，施工时应确保保温层内不产生冷凝水。另外，坡屋面通风屋顶这一技术已在全国很多新建住宅中全面普及，不仅使用效果良好，而且也美化了城市。

2. 双重屋面

按其目的不同，双层屋面可分为双层隔热屋面和双层集热屋面，也可以根据季节的变化，通过转换风口将双层屋面的隔热和集热功能集于一身。

（1）双层隔热屋面

双层隔热屋面即通风隔热屋面，就是在屋顶设置通风间层，上层表面遮挡阳光辐射，同时利用风压和热压作用将间层中的热空气不断带走，使通过屋面板传入室内的热量大大减少，从而达到隔热降温的目的。在我国南方很多地区，夏季太阳辐射比较强，而屋顶又是防热的首要部位，因此多做通风间层。

屋顶平台上的遮阳棚架也是双层隔热屋面的一种。特别是在热带和亚热带地区，全年无冬，夏季炎热，太阳辐射强烈，普通屋顶容易吸收太阳辐射热，外表面和周围空气温度差可达50℃左右,屋顶房间热舒适性较差,夏季空调冷负荷很大。而在冬季,由于屋顶冷辐射的影响,也会降低顶层房间的热舒适性。因此,近年来,出于遮阳节能和建筑艺术的需要,热带、亚热带地区的建筑师们纷纷创造了不同的屋顶遮阳形式,查尔斯•柯里亚(Charles Correa)设计的英国议会大厦和MRF公司总部大楼,以及杨经文的许多作品中都运用了这种处理手法。巨大的遮阳棚架为屋面和墙面投下浓重的阴影,可以遮挡炎炎烈日,同时该建筑形式产生了连续的视觉效果,创造出富有表现力的整体建筑形象。

(2)双层集热屋面

双层集热屋面即空气集热屋面。建筑屋面作为集热部件有其特有的优势:不影响建筑立不易受到遮挡,可以充分地接受太阳辐射;系统可以紧贴屋顶结构安装,减少风力的不利影响;并且,集热器可替代隔热层遮蔽屋面。

双层集热屋面的上层表面实际上是太阳能集热器,收集太阳能加热间层中的空气。根据气流通路的不同,空气集热屋面可分为两种类型:一种是封闭循环式的,间层中的空气和室内空气形成环路,其原理类似于有通风口的特朗伯墙;另一种气流环路是开放式的,不断从檐下引入室外新鲜空气,在间层中预热,热空气上升,经风扇吹入室内,此形式适合于白天需要大量新风的建筑,其原理类似于呼吸式太阳能集热墙。

(五)地面

作为围护结构的一部分,地面的热工性能与人体的健康密切相关。除卧床休息以外,在室内的大部分时间,人的脚部均与地面接触,为了保证人体健康,就必须维持与周围环境的热平衡关系。地面温度过低不但会使人感到脚部寒冷,而且会导致人患风湿、关节炎等疾病。另外,地面热工性能也对室内气温有很大的影响,良好的建筑地面,不但可以提高室内热舒适度,而且有利于建筑的保温节能,应该引起足够的重视。

1.面层材料的选择

我国《民用建筑热工设计规范》规定:高级居住建筑宜采用Ⅰ类地面;对地面热工性能要求一般的居住建筑,可采用不低于Ⅱ类的地面。

地面面层材料的热工性能是通过吸热指数来衡量的,地面的吸热指数 B 按下式计算:

$$B = b = \sqrt{\lambda C \gamma}$$

式中,λ 为地面面层材料的导热系数 $[W/(m \cdot K)]$;C 为地面面层材料的比热容 $[(W \cdot h)/(kg \cdot K)]$;/为面层材料的密度(kg/m³)。

采暖建筑地面的热工性能标准见表3-4。

表3-4　采暖建筑地面热工性能标准

类别		B	脚感评价
国家标准	I	＜17	脚暖
	II	17～23	中等脚冷
	III	＞23	脚冷
国际标准	I	＜12	脚暖
	II	12～17	中等脚暖
	III	17～23	中等脚冷
	IV	＞23	脚冷

2.地面保温

我国采暖居住建筑地面的表面温度较低，特别是靠近外墙部分的地表温度常常低于露点温度。地面表面温度低、结露较严重，室内潮湿、物品生霉，从而恶化了室内环境。另外，采暖房屋地板的热工性能对室内热环境的质量，以及人体的热舒适有重要影响。底层地板和屋顶、外墙一样，也应有必要的保温能力，避免地面温度太低。由于人体足部与地板直接接触传热，地面保温性能对人体健康和舒适性的影响比其他围护结构更加直接和明显。

体现地面热工性能的物理量是吸热指数B，B值越大，说明地面从人体吸热越多、越快。地板面层材料的密度ρ比热容C和导热系数的大小是决定地面的热工指标一吸热指数B的重要参数。以木地板和水磨石两种地面为例，木地面的吸热指数$B = 10.5$，而水磨石的吸热指数$B = 26.8$，即使它们的表面温度完全相同，但赤脚站在水磨石地面上，就比站在木地面上的脚感冷得多，这是因为两者的吸热指数B值不同。

根据B的取值，我国现行的《民用建筑热工设计规范》将地面划分为三类：木地面、塑料地面等属于I类；水泥砂浆地面等属于第II类；水磨石地面属于HI类。高级居住建筑、托儿所、幼儿园、医疗建筑等，宜采用I类地面。一般居住建筑和公共建筑（包括中小学教室）宜采用不低于II类的地面。至于仅供人们短时间逗留的房间，以及室温高于23℃的采暖房间，则允许采用III类地面。

B值是与热阻R不同的热工指标，B越大，说明从人体吸收的热量就越快、越多。

为提高采暖建筑地面的保温水平并有效地节能，严寒地区及寒冷地区应铺设保温层，如采用碎砖灌浆保温时，厚度应为100～150mm；对于周边无采暖管沟的采暖建筑地面，沿外墙0.5～1.5m范围内应加铺保温带，保温材料层的热阻不得低于外墙的热阻；对于直接接触土壤的非周边地面，一般不需要保温处理，其导热系数即可满足要求；对于直接接触土壤的周边地面（即从外墙内侧起2.0m宽范围内的地面），应采取保温措施，使其导热系数小于或等于0.3W/（m²·K）。

第四章 基于绿色生态理念的建筑规划设计与利用技术

第一节 绿色生态建筑的室内外控制技术

一、室外热环境

室外热环境的形成与太阳辐射、风、降水、人工排热（制冷、汽车）等各种要素相关。日照通过直射辐射和散射辐射形式对地面进行加热，与温暖的地面直接接触的空气层，由于导热的作用而被加热，此热量又靠对流作用转移到上层空气。室外环境中的水面、潮湿表面以及植物，会以各种形式把水分以蒸汽的形式释放到环境中去，这部分蒸汽又会通过空气的对流作用而输送到整个大环境中。同样，人工排热以及污染物会因为对流作用而得以在环境中不断循环。而降水和云团都会对太阳辐射有削弱的作用。

热环境是指影响人体冷热感觉的环境因素，主要包括空气温度和湿度。在日常工作中，人们随着四季的变换，身体对冷和热是非常敏感的，当人们长时间处于过冷或过热的环境中时，很容易产生疾病。热环境在建筑中分为室内热环境和室外热环境，在这里主要介绍室外热环境。

在我国古代，人们在城市选址时讲求"依山傍水"，除可满足基本生活需求的便捷之外，利用水面和山体的走势对城市热环境产生影响也是重要的因素。一般来讲，水体可以与周围环境中的空气发生热交换，在炎热的夏天，会吸收一部分空气中的热量，使水畔的区域温度低于城市其他地方。而山体的形态可以直接影响城市的主导风向和风速，加之山体绿树成荫的自然环境，对城市的热环境影响很大。如北京城，在城市的西侧和北侧横亘着燕山山脉和太行山脉，在冬季可以抵挡西北寒风的侵袭，而在夏季又可将从渤海湾吹来的湿度较大的海风的速度减慢，从而保护着良好的城市热环境。当然也有反而的例子，在山东济南，城市的南面不远处就是黄河，可城市与黄河之间却被千佛山阻挡，河水对气候条件的影响完全被山体阻隔，虽然城市中有千眼泉水，有秀美的大明湖，也不能使城市在夏季摆脱"火炉"的命运。

在建筑组团的规划中，除满足基本功能之外，良好的建筑室外热环境的创造也必须予以考虑。通常，人们会利用绿化的营造来改善建筑室外热环境，但近年来，在规划设计中设计师们越来越注意到空气流通所产生的良好效果，他们发现可以利用建筑的巧妙布局创造出一条"风道"，让室外自然的风向和风速的调节有目的性，使规划区内的空气流通与建筑功能的要求相协调，同时也为建筑室内热环境的基本条件——自然通风创造条件。难怪人们戏称这是"流动的看不见的风景"。

所以说，建筑室外热环境是建造绿色建筑的非常重要的条件。

二、室外热环境规划设计

（一）中国传统建筑规划设计

中国传统建筑特别是传统民居建筑，为适应当地气候，解决保温、隔热、通风、采光等问题，采用了许多简单有效的生态节能技术，改善局部微气候。下面以江南传统民居为例，阐述气候适应策略在建筑规划设计中的应用。

中国江南地区具有河道纵横的地貌特点，传统民居设计时充分考虑了对水体生态效应的应用。

（1）在建筑组群的组合方式上，建筑群体采用"间—院落（进）—院落组—地块—街坊—地区"的分层次组合方式，住区中的道路、街巷呈东南向，与夏季主导风向平行或与河道相垂直，这种组合方式能形成良好的自然通风效果。

（2）由于江南地区特有的河道纵横的地貌特征，城镇布局随河傍水，临水建屋，因水成市。水是良好的蓄热体，可以自动调节聚落内的温度和湿度，其温差效应也能起到加强通风的效果。

（3）建筑组群横向排列，密集而规整，相邻建筑合用山墙，减少了外墙面积，这样，建筑布局能减少太阳辐射的热，建筑自遮阳有较好的冷却效果。

（二）设计中存在的问题

由于科技的发展，大量室内环境控制设备的应用，以及对室外环境规划的研究重视不够，使规划师们常过多地把注意力集中在建筑平面的功能布置、美观设计及空间利用上，缺乏专业的环境规划技术顾问，使城市规划设计很少考虑热环境的影响。目前城市规划设计主要存在如下问题。

1.高密度的建筑区

由于城市中心区单一，造成土地紧张、高楼林立。高密度建筑群使城市中心区风速降低，吸收辐射增加，气温升高。

2.不合理的建筑布局

不合理的建筑布局造成小区通风不畅，因此在小区风环境规划时，建筑物间的间距、排列方式、朝向等都会直接影响到建筑群内的热环境，规划师在设计过程中需要考虑如何在夏季利用主导风降温，在冬季规避冷风防寒；同时更需要考虑如何将室外风环境设计与室内通风设计结合起来。如何设计合理建筑布局，需要与工程师紧密沟通，模拟预测优化规划设计方案。

3. 不透水铺装的大量采用

从热环境角度来讲，城市与乡村的最大区别在于城市下垫面大量采用不透水的地面铺装，从而使太阳辐射的热大量转化为显热热流传向近地面大气。

4. 不合理的绿地规划

绿地是改善热环境的重要元素，合理的绿地规划时有效遮阳，形成良好风循环，同时潜热蒸发可带走多余的太阳辐射热，降低最佳效果甚至取得反效果。例如，水景布置在弱风区就可能因为没风带走水汽而使区域闷热；树木布置在风口处就会阻断气流通路，使区域通风不畅。科学有效的绿地规划应从建筑的当地气候环境、建筑物朝向等实际情况入手，选择恰当的植物类型、绿化率和配置方式，从而使绿地设计达到最佳优化效果。

（三）气候适应性策略及方法

生态小区规划与绿色建筑设计中的核心问题是气候适应性策略在规划与建筑设计中的实施。由于气候具有地域性，如何与地域性气候特点相适应，并且利用地域气候中的有利因素，便是气候适应性策略的重点与难点。生态气候地方主义理论认为，建筑设计应该遵循：气候—舒适—技术—建筑的过程，具体如下：

（1）调研设计地段的各种气候地理数据，如温度、湿度、日照强度、风向风力、周边建筑布局、周边绿地水体分布等构成对地块环境影响的气候地理要素，这一过程也就是明确问题的外围条件的过程。

（2）评价各种气候地理要素对区域环境的影响。

（3）采用技术手段解决气候地理要素与区域环境要求的矛盾，例如建筑日照及其阴影评价、气流组织和热岛效应评价。

（4）结合特定的地段，区分各种气候要素的重要程度，采取相应的技术手段进行建筑设计，寻求最佳设计方案。

三、室外热环境设计技术措施

（一）地面铺装

地面铺装的种类很多，按照其自身的透水性能分为透水铺装和不透水铺装。透水铺装中，草地将在绿化部分介绍，这里主要讨论水泥、沥青、土壤、透水砖。

1. 水泥、沥青

水泥、沥青地面具有不透水性，因此没有潜热蒸发的降温效果。其吸收的太阳辐射一部分通过导热与地下进行热交换，另一部分以对流形式释放到空气中，其他部分与大气进行长波辐射交换。其吸收的太阳辐射能需要通过一定的时间延迟才释放到空气中。同时由于沥青路面的太阳辐射吸收系数更高，所以温度更高。

2.土壤、透水砖

土壤与透水砖具有一定的透水效果，因此降雨过后能保存一定的水分，太阳曝晒时可以通过蒸发降低表面温度，减少对空气的散热。其对环境的降温效果在雨后表现尤为明显，特别在中国亚热带地区，夏季经常在午后降雨，如能将其充分利用，对于改善城市热环境益处很多。

（二）绿化

绿地和遮阳不仅是塑造宜居室外环境的有效途径，同时对热环境影响很大，绿化植被和水体具有降低气温、调解湿度、遮阳防晒、改善通风质量的作用。而绿化水体还可以净化水质，减弱水面热反射，从而使热环境得到改善。

1.蒸发降温

通过水分蒸发潜热带走热量是室外环境降温的重要手段。对于绿地而言，被其吸收的太阳辐射主要分为蒸发潜热、光合作用和加热空气，其中光合作用所占比例较小，一般只考虑蒸发潜热与加热空气。

与透水砖不同，绿地（包括水体）的蒸发量普遍较大，同时受天气影响相对较小，不会因为持续晴天造成蒸发量大幅下降。同时，树林的树叶面积大约是树林种植面积的75倍、草地上的草叶面积的25～35倍，因此可以大量吸收太阳辐射热，起到降低空气温度的作用。

绿地对小区的降温增湿效果，依绿地面积大小、树形的高矮及树冠大小不同而异，其中最主要的是需要具有相当大面积的绿地。同时环境绿化中适当设置水池、喷泉，对降低环境的热辐射、调解空气的温/湿度、净化空气及冷却吹来的热风等都有很大的作用。例如，在空旷处气温34℃、相对湿度54%，通过绿化地带后气温可降低1.0～1.5℃，湿度会增加5%左右。所以在现代化的小区里，很有必要规划占一定面积、树木集中的公园和植物园。

地面种草对降低路面温度的效果也很显著，如某地夏季水泥路面温度50℃，而植草：地面只有42℃，对近地气候的改善影响很大。这种温度受土壤反射率及其密度的影响，还受夜间辐射、气流以及土壤被建筑物或种植物遮挡情况的影响。

在大城市人口高度集中的情况下，不得不建造中高层建筑。中高层建筑之间的间距显得十分重要，如果在冬至口居室有2h的日照时间，在此间距范围内栽种植物，有助于改善小范围的热环境。

水是气温稳定的首要因素。城市中的河流、水池、雨水、蒸汽、城市排水及土壤和植物中的水分都将影响城市的温、湿度。这是因为水的比热容大，升温不容易，降温也较困难。水冻结时放出热量，融化时吸收热量。尤其在蒸发情况将吸收大量的热。当城市的附近有大面积的湖泊和水库时，效果就更加明显。

水面对改善城市的温、湿度及形成局部的地方风都有明显的作用。据测试资料说明，在杭州西湖岸边、南京玄武湖岸边和上海黄浦江边的夏季气温比城市内陆区域都低2～4℃。同时由于水陆的热效应不同，导致水路地表面受热不匀，引起局部热压差而形成白天向陆、夜间向江湖的日夜交替的水陆风。成片的绿树地带与附近的建筑地段之间，因两者升降温度速度不一，可出现差不多风速为1m/s的局地风，即林源风。

2. 遮阳降温

茂盛的树木能挡住50%～90%的太阳辐射热。草地上的草可以遮挡80%左右的太阳光线。据实地测定：正常生长的大叶榕、橡胶榕、白兰花、荔枝和白千层树下，在离地面1.5m高处，透过的太阳辐射热只有10%左右；柳树、桂木、刺桐和传果等树下，透过的太阳辐射热为40%～50%。由于绿化的遮阴，可使建筑物和地面的表面温度降低很多，绿化了的地面辐射热为一般没有绿化地面的1/15～1/4。

炎热的夏天，当太阳直射在大地时，树木浓密的树冠可把太阳辐射的20%～25%反射到天空中，把35%吸收掉。同时树木的蒸腾作用还要吸收大量的热。每平方千米生长旺盛的森林，每天要向空中蒸腾8t水。同一时间，消耗热量16.72亿千焦。天气晴朗时，林荫下的气温明显比空旷地区低。

3. 绿化品种与规划

建筑绿化品种主要分为乔木、灌木和草地。灌木和草地主要是通过蒸发降温来改善室外热环境，而乔木还具备遮阳、降温的作用。因此，从改善热环境的作用而言：乔木＞灌木＞草地。

乔木的生长形态有伞形、广卵形、圆头形、锥形、散形等。有的树形可以由人工修剪加以控制，特别是散形的树木。

一般而言，南方地区适宜种植遮阳的树木，其树冠呈伞形或圆柱形，主要品种有凤凰树、大叶榕、细叶榕等。它们的特点是覆盖空间大，而且高耸，对风的阻挡作用小。此外，攀缘植物如紫藤、牵牛花、爆竹花、葡萄藤、爬墙虎、珊瑚藤等能够成水平或垂直遮阳，对热环境改善也有一定作用。

分散型绿化可以起到使整个城市热岛效应强度减弱的效果；绿化带型绿化可起到将大城市所形成的巨大的热岛效应分割成小块的作用。

分散型绿化。绿化与提高人们的生活环境质量和增强城市景观，改善城市过密而产生的热环境是密不可分的。在绿化稀少、城市过密的环境中，增加绿地是最现实的措施。随着建筑物的高层化，绿化的空间不仅是在平面（地表面）上的绿化，而且也应该考虑在垂直方向（立体的空间）的绿化。

绿化带型绿化。城市热岛效应的强度（市区与郊外的温度差），一般来说城市的面积或人口规模越大其强度越大，建筑物密度越高其强度也越大。对连续而宽广的城市，应该用绿地适当地进行分隔或划分成区段，这样可以分割城市的热岛效应。对热岛效应的分割需要150～200m宽度的绿化带。这些绿地在夏季可作为具有"凉爽之地"效果的娱乐场所，对维持城市的环境质量也是不可或缺的。

城市内的河流，由于气温低的海风可以沿着河流刮向市区的缘故，在夏季的白天起到了对城市热岛效应的分割作用。在日本许多沿海分布的城市里，在城市规划中就充分利用了这种效果。

（三）遮阳构件

在夏季，遮阳是一种较好的室外降温措施。在城市户外公共空间设计中，如何利用各种遮阳设施，提供安全、舒适的公共活动空间是十分必要的。一般而言，室外遮阳形式主要有人工构件遮阳、绿化遮阳、建筑遮阳。下面主要介绍人工遮阳构件。

1.百叶遮阳

与遮阳伞、张拉膜相比，百叶遮阳优点很多：首先，百叶遮阳通风效果较好，大大降低了其表面温度，改善环境舒适度；其次，通过对百叶角度的合理设计，利用冬、夏太阳高度角的区别，获得更加合理利用太阳能的效果；再次，百叶遮阳光影富有变化，有很强的韵律感，能创造丰富的光影效果。

2.遮阳伞（篷）、张拉膜、玻璃纤维织物等

遮阳伞是现代城市公共空间中最常见、方便的遮阳措施。很多商家在举行室外活动时，往往利用巨大的遮阳伞来遮挡夏季强烈的阳光。

随着经济发展，张拉膜等先进技术也逐渐运用到室外遮阳上来。利用张拉膜打造的构筑物既可以遮阳、避雨，又有很高的景观价值，所以经常被用来构筑场地的地标。

3.绿化遮阳构件

绿化与廊架结合是一种很好的遮阳构件，值得大量推广。一方面其充分利用了绿色植物的蒸发降温和遮阳效果，大大降低了环境温度和辐射；另一方面绿色遮阳构件又有很高的景观价值。

四、绿色建筑的室内环境

（一）建筑室内噪声及控制

建筑室内的噪声主要来自生产噪声、街道噪声和生活噪声。生产噪声来自附近的工矿企业、建筑工地。街道噪声的来源主要有交通车辆的喇叭声、发动机声、轮胎与地面的摩擦声、制动声、火车的汽笛声和压轨声等。飞机在建筑上低空飞过时也可以造成很大的噪声。建筑室内的生活噪声来自暖气、通风、冲水式厕所、浴池、电梯等的使用过程和居民生活活动（家具移动、高声谈笑、过于响亮的收音机和电视机声，以及小孩吵闹声等）。住宅噪声的传声途径主要是经空气和建筑物实体传播。经空气传播的通常称为空气传声，经建筑物实体传播的通常称为结构传声。

1.噪声的危害

人类社会工业革命的科技发展，使得噪声的发生范围越来越广，发生频率也越来

越高，越来越多的地区暴露于严重的噪声污染之中，噪声正日益成为环境污染的一大公害。其危害主要表现在它对环境和人体健康方面的影响。

（1）对睡眠、工作、交谈、收听和思考的影响

噪声影响睡眠的数量和质量。通常，人的睡眠分为瞌睡、入睡、睡着和熟睡四个阶段，熟睡阶段越长睡眠质量越好。在40~50dB噪声作用下，会干扰正常的睡眠。突然的噪声在40dB时，而使10%的人惊醒，60dB时会使70%的人惊醒，当连续噪声级达到70dB时，会对50%的人睡觉产生影响。噪声分散人的注意力，容易使人疲劳，心情烦躁，反应迟钝，降低工作效率。当噪声为60~80dB时，工作效率开始降低，到90dB以上时，差错率大大增加，甚至造成工伤事故。噪声干扰语言交谈与收听，当房间内的噪声级达55dB以上时，50%住户的谈话和收听受到影响，若噪声达到65dB以上，则必须高声才能交谈，如噪声达到90dB以上，则无法交谈。噪声对思考也有影响，突然的噪声干扰会使人丧失4s的思想集中。

（2）对人体健康的影响

噪声作用于中枢神经系统，使大脑皮层功能受到抑制，出现头疼、脑涨、记忆力减退等症状；噪声会使人食欲不振、恶心、肠胃蠕动和胃液分泌功能降低，引起消化系统紊乱；噪声会使交感神经紧张，从而出现心脏跳动加快、心律不齐，引起高血压、心脏病、动脉硬化等心血管疾病；噪声还会使视力清晰度降低，并且常常伴有视力减退、眼花、瞳孔扩大等视觉器官的损伤。

（3）对听觉器官的影响

噪声会造成人的听觉器官损伤：在强噪声环境下，人会感到刺耳难受、疼痛、听力下降、耳鸣，甚至引起不能复原的器质性病变，即噪声性耳聋。噪声性耳聋是指500Hz、1000Hz、2 000Hz三个频率的平均听力损失超过25dB。

（4）噪声控制的途径

噪声自声源发出后，经过中间环节的传播、扩散到达接收者，因此解决噪声污染问题就必须从噪声源、传播途径和接受者三种途径分别采取在经济上、技术上和要求上合理的措施。

①降低噪声源的辐射。工业、交通运输业可选用低噪声的生产设备和生产工艺，或是改变噪声源的运动方式（如用阻尼隔震等措施降低固体发声体的震动，用减少涡流、降低流速等措施降低液体和气体声源辐射）。

②控制噪声的传播，改变声源已经发出的噪声的传播途径，如采用吸声降噪、隔声等措施。

③采取防护措施。如处在噪声环境中的工人可戴耳塞、耳罩或头盔等护耳器。

2.环境噪声的控制

（1）环境噪声的控制步骤

确定噪声控制方案的步骤如下：

①调查噪声现状，以确定噪声的声压级；同时了解噪声产生的原因及周围的环境情况

②根据噪声现状和有关的噪声允许标准，确定所需降低的噪声声压级数值。

③根据需要和可能，采取综合的降噪措施（从城市规划、总图布置、单体建筑设计直到构建隔声、吸声降噪、消声、减振等各种措施）。

（2）城市的声环境

城市的声环境是城市环境质量评价的重要方面。合理的城市规划布局是减轻与防止噪声污染的一项最有效、最经济的措施。

我国的城市噪声主要来源于道路交通噪声，其次是工业噪声，道路交通噪声声级取决于车流量、车辆类型、行驶速度、道路坡度、交叉口和干道两侧的建筑物、空气声和地面振动等。工厂噪声是固定声源，其频谱、声级和干扰程度的变化都很大，夜班生产对附近的住宅区有严重的干扰。地面和地下铁路交通的噪声和震动，受路堤、路堑以及桥梁的影响，出现的周期、声级、频谱等都可能很不相同，这种噪声来自一个不变的方向，因而对城市用地的各部分的影响是不同的。而飞机噪声对整个建筑用地的影响是一样的，其干扰程度取决于噪声级、噪声出现的周期以及可能出现的最强的噪声源。

①合理布置城市噪声源

在规划和建设新城市时，考虑其合理的功能分区、居住用地、工业用地以及交通运输等用地有适宜的相对位置的重要依据之一，就是防止噪声和震动的污染。对于机场、重工业区、高速公路等强噪声源用地，一般应规划在远离市区的地带。

②控制城市交通噪声

禁止过境车辆穿越城市市区，根据交通流量改善城市道路和交通网都是有效的措施。道路系统将城市分为若干大的区域，并且再分为许多小的地区，城市道路分为主要道路、地区道路和市内道路三个等级。主要道路供交通车辆进入城市，并使车辆有可能尽快地到达其地区预定地点；车辆到达预定地区后，可经由地区道路到达通往市内道路的路口，车辆经由市内道路进入市内地区，所有市内道路都是死胡同，以免作为地区道路通行。

按照这个设想，在不同等级道路上的车流量必然不同。市内道路车流量最少，因而交通噪声的平均声级也较低。对声音敏感的建筑，例如，住宅、学校、医院、图书馆等，可分布在这种地区。商店、一般的办公建筑及服务设施，可沿着地区道路设置，从而对要求安静的地区起到遮挡噪声的屏障作用。

（3）控制城市噪声的主要措施

①与噪声源保持必要的距离

声源发出的噪声会随距离增加产生衰减，因此控制噪声敏感建筑与噪声源的距离能有效地控制噪声污染。对于点声源发出的球面波，距声源距离增加1倍，噪声级降

低 6dB；而对于线性声源，距声源距离增加 1 倍，噪声级降低 3dB；对于交通车流，既不能作为点声源考虑，也不是真正的线声源，因为各车流辐射的噪声不同，车辆之间的距离也不一样，在这种情况下，噪声的平均衰减率介于点声源和线声源之间。如果要确定邻近交通干道的建筑用地的噪声级，只需在现场的一处测量交通噪声，然后即可推知仅仅因距离变化的其他点的噪声级。

②利用屏障降低噪声

如果在声源和接收者之间设置屏障，屏障声影响区的噪声能够有效地降低。影响屏障降低噪声效果的因素主要有：第一，连续声波和衍射声波经过的总距离；第二，屏障伸入直达声途径中的部分；第三，衍射的角度 0°；第四，噪声的频谱。

③利用绿化减弱噪声

设置绿化带既能隔声，又能防尘、美化环境、调节气候。在绿化空间，当声能投射到树叶上时被反射到各个方向，而叶片之间多次反射使声能转变为动能和热能，噪声被减弱或消失了。在设计绿色屏障时，要选择叶片大、具有坚硬结构的树种。所以，一般选用常绿灌木、乔木结合作为主要培植方式，保证四季均能起降噪效果。

3.建筑群及建筑单体噪声的控制

（1）优化总体规划设计

在规划及设计中采用缓和交通噪声的设计和技术方法，首先从声源入手，标本兼治，主要治本。在居住区的外围没有交通噪声是不可能的，控制车流量是减少交通噪声的关键，对于居住区的建设，在确定其用地前应从声环境的角度论证其可行性，切忌片面追求"城市景观"而不惜抛弃其他原则。要把噪声控制作为居住区建设项目可行性研究的一个方面，列为必要的基建程序。在住宅建成后，环境噪声是否达到标准，应作为验收的一个项目。组团一般以小区主干道为分界线，组团内道路一般不通行机动车，须从技术上处理区内的人车分流，并加强交通管理。主要措施如下：

①可在居民组团的入口处或在居住区范围内统一考虑和设置机动车停车场，限制机动车辆深入居住组团。保持低的车流量和车速，避免行车噪声、汽车报警声和摩托车噪声的影响。

②组团采用尽端式道路，或减少组团的出、人口数量，阻止车辆横穿居住组团。公共汽车首、末站不能设在居住区内部。

加强对居住区的交通管理，在居住组团的出、入口处或在居住区的出、入口处设置门卫、居委会或交通管理机构。

（2）在住宅平面设计与构造设计中提高防噪能力

由于基地技术音速或其他限制，在缓和噪声措施未能达到政府所规定的噪声标准的情况下，用住宅围护阻隔的方法减弱噪声是一种较好的方法。在进行建筑设计前，应对建筑物防噪间距、朝向选择及平面布置等进行综合考虑。在防噪的平面设计中优先保证卧室安宁，即沿街单元式住宅，力求将主要卧室布置在背向街道一侧，住宅靠街的那一面布置住宅中的辅助用房，如楼梯间、储藏室、房房、浴室等。当上述条件难以满足时，可利用临街的公共走廊或阳台，采取隔声减噪处理措施。

在外墙隔声中，门窗隔声性能应作为衡量门窗质量的重要指标。制作工艺精密、密封性好的铝合金窗、塑钢窗，其隔声效果明显好于一般的空腹钢窗。厚4mm单玻璃铝合金窗隔声量更是有显著的提高。改良后的双玻空腹钢窗也可达30dB左右。关窗，再加上窗的隔声性能好（或采用双层窗），噪声就可以降下来；但在炎热的夏季完全将窗密封是不可能的，可以应用自然通风采光隔声组合窗。目前，通风降噪窗隔声量可达25dB以上。这种窗用无色透明塑料板构成微穿孔共振吸声复合结构，除能透光、透视外，其间隙还可进行自然通风，同时又能有效降噪。据测，其实际效果相当。一般窗户关闭时的隔声量，无论在热工方面还是在隔声方面都基本上满足要求。

（3）临街布置对噪声不敏感的建筑

住宅退离红线总有一定的限度，绿化带宽度有限时隔声效果就不显著。替代的办法是临街配置对噪声不敏感的建筑作为"屏障"，降低噪声对其后居住区的影响。对噪声不敏感的建筑物是指本身无防噪要求的建筑物（如商业建筑），以及虽有防噪要求但外围护结构有较好的防噪能力的建筑物（如有空调设备的宾馆）。

利用噪声的传播特点，在居住区设计时，将对噪声限制要求不高的公共建筑布置在临街靠近噪声源的一侧，对区内的住宅能起到较好的隔声效果。对于受交通噪声影响的临街住宅，由于条件限制而不能把室外的交通噪声降低到理想水平，一般多采用"牺牲一线，保护一片"的总平面布局。沿街住宅受干扰较大，但可在住宅个体设计中采取措施，而小区其他住宅和庭院则受益较大。

（4）建筑内部的隔声

建筑内部的噪声大多是通过墙体传声和楼板传声传播的，主要是靠提高建筑物内部构件（墙体和楼板）的隔声能力来解决。

当前，众多的高层住宅出于减轻自重方面的考虑广泛采用轻质隔墙或减少分户墙的厚度，导致其空气声隔声性能不能满足使用要求。当使用轻质隔离时，应选用隔声性能满足国家标准要求的构造。

另外，要保证分户墙满足空气声隔声的使用要求，分户墙应禁止对穿开孔。若要安装电源插座等，也应错开布置，尽量控制开孔深度，且做好密封处理。能达到设计目标隔声标准的分户墙可采取以下做法：第一，200mm厚加气混凝土砌块，双面抹灰；第二，190mm厚混凝土空心砌块墙，双面抹灰；第三，200mm厚蒸压粉煤灰砖墙，双面抹灰；第四，双层双面纸而石膏板（每面2层厚12mm），中空75mm，内填厚50mm离心玻璃棉。

楼板撞击声隔声性能方面，常用光秃楼板的撞击声隔声量均超过国家标准要求。提高楼板撞击声隔声性能通常采取如下三种措施：第一，采用弹性材料垫层，如铺设地毯；第二，采用浮筑楼板构造，即在楼板的基层和面层之间加一弹性垫层，将上、下两层完全隔开，使地面产生的震动只有一小部分传至楼板基层；第三，设置弹性吊顶，可减弱基层楼板震动时向下辐射的声能。

（二）日照与采光

1.日照与采光的关系

国家规定的日照要求指的是太阳直射光通过窗户照射到室内的时间长短（日照时间），对光的强弱没有规定。由于建筑窗的大小和朝向不同，建筑所在地区的地理纬度各异，加上季节和天气变化以及建筑周围的环境状况（挡光）的影响等，在一年中建筑的每天日照时间都不一样。

采光也是通过窗户获得太阳光，但不一定是直射太阳光，而是任意方向太阳光数量（亮度或照度）来建立适宜的天然光环境。与日照一样，采光受到各种因素影响，所获得的太阳光数量也是每时每刻都在变化的。

日照与采光的共同点是都利用太阳光，受到相同因素的影响，而且都有最低要求。根据国家《建筑日照标准》规定，在冬至或大寒日的有效日照时间段内阳光直接照射到建筑物内的时间长短定为日照标准，例如北京的建筑要求大寒日住宅日照时数不少于2h。这是因为冬至或大寒日是我国一年中日照最不利的时间。同样，在侧窗采光中也是用最小采光系数值表示采光量，也就是建立天然光光环境的最低要求。

日照与采光的差别也十分明显。日照指的是获得太阳直射光照射时间的长短，受太阳运行轨迹的直接影响；采光指的是获得天然光的数量，用采光系数表示，与太阳直射光没有直接关系。

对于建筑光环境来说，日照与采光是一对好搭档，因为光环境中既需要天然光照射的时间又需要天然光的数量。没有采光就没有日照，有了采光还需要有好的日照。

2.采光的必要性

充足的天然采光有利于居住者的生理和心理健康，同时也有利于降低人工照明能耗，有利于降低生活成本。

人类无论从心理上还是生理上已适应在太阳光下长期生活。为了获取各种信息、谋求环境卫生和身体健康，光成了人们生活的必需品和工具。采光自然成为人们生活中考虑的主要问题之一。采光就是人类向大自然索取低价、清洁和取之不尽的太阳光能，为人类的视觉工作服务。不利用太阳能或不能充分利用太阳能等于白白浪费能源。由于利用太阳光解决白天的照明问题无需费用，正如俗话所说"不用白不用"，何乐而不为呢？现在地球上埋藏的化石能源，如煤炭、石油等能源过度开发，日趋枯竭，为了开源节流，人们的目光已经转向诸如太阳能这样的清洁能源，自然采光和相关的技术显得特别重要。当然，目前的采光含义仍指建立天然光光环境，随着技术的进步，采光含义不断拓宽，终有一天，采光不仅为了建立天然光和人工光环境，也为其他的用途提供廉价清洁的能源。

3.建筑与日照的关系

阳光是人类生存和保障人体健康的基本要素之一，日照对居住者的生理和心理健康都非常重要，尤其是对行动不便的老、弱、病、残者及婴儿；同时也是保证居室卫生、改善居室小环境、提高舒适度等的重要因素。每套住宅必须有良好的日照，至少应有1个居室空间能获得有效日照。

现在，城市的建筑密度大，高楼林立，住宅受到高楼挡光现象经常发生，通过法律解决日照问题已屡见不鲜，所以在建筑规划和设计阶段，无论影响他人或被他人影响的日照问题，首先都应在设计图纸上做出判断和解决。

建筑的日照受地理位置、朝向、外部遮挡等外部条件的限制，常难以达到比较理想的状态。尤其是在冬季，太阳高度角较小，建筑之间的相互遮挡更为严重。住宅设计时，应注意选择好朝向、建筑平面布置（包括建筑之间的距离，相对位置以及套内空间的平面布置，建筑窗的大小、位置、朝向），必要时使用日照模拟软件辅助设计，创造良好的日照条件。

4.窗户与采光系数值

为了建立适宜的天然光光环境，建筑采光必须满足国家采光标准的相关要求，也就是如何正确选取适宜的采光系数值。首先根据视觉工作的精细程度来确定采光系数值。其规律是越精细的视觉工作需要越高的采光系数值，这已有明确的规定。另外，窗户是采光的主要手段，窗户面积越大，获得的光也越多。换句话说，窗地面积比的值越大，采光系数值也越大。在建筑采光设计中，知道了建筑的主要用途和功能以及窗地面积比这两项基本要素，就可计算采光系数。

（1）采光的数量

在室内光环境设计时，能否取得适宜数量的太阳光需要精确的估算。采光系数是国家对建筑室内取得适宜太阳光提供的数量指标，它的定义是：在全阴天空下，太阳光在室内给定平面上某点产生的照度与同一时间、同一地点和同样的太阳光状态下在室外无遮挡水平面上产生的照度之比。由于采光系数不直接受直射阳光的影响，与建筑采光口的朝向也就没有关系。关于室外无遮挡水平面上产生的照度，可把全国分成五个光气候区，提供了五个照度，简化了复杂和多变的"光气候"，于是主要影响采光系数值是太阳光在室内给定平面上某点产生的照度。照度由三部分光产生，即天空漫射光、通过周围建筑或遮挡物的太阳反射光和光线通过窗户经室内各个表面反射落在给定平面上的光。这三部分的光都可以用简单的图表进行计算，使采光系数的计算变得十分容易。

我国根据视觉作业不同，分成五个采光等级，并辅以相应的采光系数。每个等级又规定了不同功能或类型的建筑采用不同采光方式时的采光系数。目前，我国的极大部分的建筑采光方式为侧面采光、顶部采光和两者均有的混合采光，因此不同的方式规定了不同的采光系数。

窗地面积比是窗洞口面积与地面面积之比。在特定的采光条件下，建筑师可以用不同采光形式的窗地面积比对建筑设计的采光系数进行初步估算。

（2）采光的质量

采光的质量像采光的数量一样是健康光环境不可缺少的基本条件。采光的数量（采光系数）只是满足人们在室内活动时对光环境提出的视功能要求，采光的质量则是人对光环境安全、舒适和健康提出的基本要求。

采光的质量主要包括采光均匀度和窗眩光的控制。采光均匀度是假定工作面上的最小采光系数和平均采光系数之比。我国建筑采光标准只规定顶部采光均匀度不小于0.7，对侧面采光不做规定，因为侧面采光取的采光系数为最小值，如果通过最小值来估算采光均匀度，一般情况下均能超过有些国家规定的侧面采光均匀度不小于0.3的要求。

采光引起的眩光主要来自太阳的直射眩光和从抛光表面来的反射眩光。窗的眩光是影响健康光环境的主要眩光源。目前，对采光引起的眩光还没有一种有效的限定指标，但是对于健康的室内光环境，避免人的视野中出现强烈的亮度对比由此产生的眩光，还可以遵守一些常用的原则，即被视的目标（物体）和相邻表面的亮度比应不小于1：3，而该目标与远处表面的亮度比不小于1：10。例如，深色的桌面上对着窗户并放置显示器时，在阳光下不但看不清目标，还要忍受强烈的眩光刺激。解决的办法是，首先可以用窗帘降低窗户的亮度，其次改变桌子的位置或桌面的颜色，使上述的两项比例均能满足。

5.采光中需注意的其他问题

（1）采光的窗面积和朝向

采光系数与窗的朝向无关。为了获得大的采光系数值，窗面积越大越有利。由于北半球的居民出于健康和心理原因，希望得到足够的日照，尤其是普通住宅的窗户，最好面朝阳或朝南开。直射阳光能量逐渐累积，使室内的空气温度不断升高，并正比于窗的太阳能量透过比和窗的面积，势必增加在夏季的空调负荷；在冬季，无论南向窗或北向窗，大面积窗户的散热又要增加采暖的负荷，因此采光窗的面积不是越大越好。国家建筑采光标准中根据窗地面积比得到的采光系数是合理和科学地体现了"够用"的原则，任何超过"够用"的原则，都要付出一定的代价。窗面积的大小可以直接影响建筑的保温、隔热、隔声等建筑室内环境的质量，最终影响人在室内的生活质量。

（2）采光材料

现代采光材料的使用，例如玻璃幕墙、棱镜玻璃、特殊镀膜玻璃等对改善采光质量有一定作用，有时因光反射引起的光污染也是十分严重的。特别在商业中心和居住区，处在路边的玻璃幕墙上的太阳映象经反射会在道路上或行人中形成强烈的眩光刺激。通过简单的几何作图可以克服这种眩光。例如，坡顶玻璃幕墙的倾角控制在45°以下，基本上可以控制太阳在道路上的反射眩光。对于玻璃幕墙建筑，避免大平板式的玻璃幕墙、远离路边或精心设计造型等是解决光污染比较有效的办法。

（3）窗的功能

窗是采光的主要工具，也起着自然通风的作用。在窗尺寸不变的情况下，窗附近的采光系数和相应的照度随着窗离地高度的增加而减少，远离窗的地方照度增加，并有良好的采光均匀度，因此窗口水平上缘应尽可能高。落地窗无论对采光或通风均有良好效果，在现代住宅建筑采光窗设计中已成为时尚的做法，但对空调、采暖等其他建筑环境的影响需综合考虑。

双侧窗使采光系数的最小值接近房间中心，于是增加了房间可利用的进深。水平天窗具有较高的采光系数，有时可以比侧窗采光达到更高的均匀度，由于难以排除太阳的辐射燃和积污，其使用受到严重制约。不管采用何种窗户，必须便于开启、利于通风和清洗，并要考虑遮阳装置的安装要求。

（4）采光形式

采光形式主要有侧面采光、顶部采光和两者均有的混合采光，随着城市建筑密度不断增加，高层建筑越来越多，相互挡光比较严重，直接影响采光量，不少办公建筑和公共图书馆靠白天开灯来弥补采光不足，造成供电紧张。在建筑设计时，有时选用天井或采光井或反光镜装置等内墙采光方式，补充外墙采光的不足，同时也要避免太阳的直射光和耀眼的光斑。当然，最好办法是在城市规划的要求下，合理选址，严格遵守采光标准要求。

6.开窗并不是采光的唯一手段

随着科技的发展，采光的含义也在不断地变化和丰富，开窗已经不是采光的唯一手段。过去，采光就是通过窗户让光进入室内，是一种被动式采光。现在，采光可以利用集光装置主动跟踪太阳运行，收集到的阳光通过光纤或其他的导光设施引入室内，使窗户作为主要采光手段的情况有所变化。将来，窗户主要作为人与外界联系的窗口，或作为太阳能收集器也是有可能的。目前，我国设计、制作和应用导光管的技术日趋成熟，可以把光传输到建筑的各个角落，而且夜间又可作为人工光载体进行照明，导光管是采光和照明均可利用的良好工具。

（三）室内热环境

随着经济的发展，人们日益关注自己的生活质量。从"居者无其屋"到"居者有其屋"，再发展到当前的"居者优其屋"，人们对建筑的要求不断提高。如今，人们的目光更多地聚焦在与建筑自身息息相关的舒适性和健康性的层面上。

室内热环境是指影响人体冷热感觉的环境因素，也可以说是人们在房屋内对可以接受的气候条件的主观感受。通俗地讲，就是冷热的问题，同时还包括湿度等。

1.人对热环境的适应性

面对艳阳高照的天气，夏季的高温对人体确实是个考验。不同人对室内高温热环境的容忍程度不同，有人会觉得酷热难耐，而另一些人就觉得没什么，这主要因为热耐受能力是因人而异的。人体的热耐受能力与热应激蛋白有关，而这种热应激蛋白合成的增加与受热程度和受热时间有关。经常处于高温环境中，热应激蛋白的合成增加，使人体的热耐受力增强，以后再进入同样的环境中，细胞的受损程度就会明显减轻。

人对外部环境冷热度是有一定适应性的。在运动、静坐时身体都会产生大量的热。在极端条件下，核心体温可能从37℃升至40℃以上。当周围温度较高时，人体可以通过热辐射、对流、传导和蒸发来散热，随着周围温度的升高，通过前述三种方式散热将越来越困难，此时，人体主要的散热方式为汗液在表皮的蒸发。

因此，在人与环境的相互关系中，人不仅仅是环境物理参数刺激的被动接受者，同时也是积极的适应者。但人对热环境的适应范围是有限的，当周围环境温度的提高影响人体健康时，就必须采用人工降温手段来调节。人对居室热环境有不同程度的调节行为，包括用窗帘或外遮阳罩来挡住射入室内的阳光，用开闭门窗或用电扇来调节室内的空气流速；自身对热环境的调节行为可以是身着舒适简便的家居服装、喝饮料、洗澡冲凉等。这些适应性手段无疑增加了人们的舒适感，提高了他们对环境的满意程度。

2. 房间功能对日照的要求

在我国早期的住宅中，多以卧室为中心，卧室是住宅中的主要居住空间。

当时的住宅，卧室是住宅中唯一的主要空间。在住宅的空间设计中，显然要将所有的卧室置于日照通风条件最佳的位置，置于南向，为住户提供最好的享用自然能源的环境。近年来，随着住房条件的不断改善，住宅内部的休息区、起居活动区及厨卫服务区三大功能分区更趋向明确合理。卧室是供人们睡眠、休息兼存放衣物的地方，要求轻松宁静，有一定的私密性。白天人们工作、学习、外出，即使在家各种起居活动也不在卧室中。也就是说，以夜间睡眠为主、白天多是空置的卧室，向南还是向北，有无直接日照，对于建筑节能而言差别不大。在满足通风采光，保证窗户的气密性和隔热性的要求下，卧室不向南不影响人对环境的适应性。

在现代住宅中，客厅已成为居住者各种起居活动的主要空间。白天的日照、阳光对于起居活动中心的客厅来讲，更有直接的节能意义。对于上班族来讲，由于实行双休H制度后，白天在家的时间增多了，约占全年总天数的四分之一，对于老年人、婴幼儿来讲，则多数时间是待在客厅里的，即使是学生，寒暑假、周末在家，其主要活动空间也是在客厅里，所以现在的住宅中，客厅的面积远比一个卧室大。白天，客厅的使用频率比卧室高得多，已是住宅中的活动中心，是现代住宅中的主要空间。如果客厅向南，客厅内的自然光环境和自然热环境都会比较理想，其节能效应是不言而喻的。

3. 影响室内热环境的主要因素

影响室内热环境的因素，除了人们的衣着、活动强度外，还包括室内温度、室内湿度、气流速度，以及人体与房屋墙壁、地面、屋顶之间的辐射换热（简称环境辐射）。人体与环境之间的热交换是以对流和辐射两种方式进行的，其中对流换热取决于室内空气温度和气流速度，辐射换热取决于围护结构内表面的平均辐射温度。这也意味着，影响人体舒适性的因素除上述几个方面外，还包括外衣吸热能力和热传导能力、人体运动量系数、风速、辐射增温系数等。

一般来说，空气温度、空气湿度和气流速度对人体的冷热感觉产生的影响容易被人们所感知、认识，而环境辐射对人体的冷热感产生的影响很容易被大家所忽视。如在夏天，人们常关注室内空气温度的高低，而忽视通过窗户进入室内的太阳辐射热以及屋顶和西墙因隔热性能差，引起内表面温度过高对人体冷热感产生的影响。事实上，由于屋顶和西墙隔热性能差，内表面温度过高，能使人体强烈地感到烘烤。如果室内空气温度高、气流速度又小，更会感到闷热难耐。

而在冬季的采暖房屋中，人们常关注室内空气温度是否达到要求，而并没有注意到单层玻璃以及屋顶和外墙保温不足，内表面温度过低，对人体冷热感产生的影响。实践经验告诉人们：在室内空气温度虽然达到标准，但有大面积单层玻璃窗或保温不足的屋顶和外墙的房间中，人们仍然会感到寒冷；而在室内空气温度虽然不高，但有地板或墙面辐射采暖的房间中，人们仍然会感到温暖舒适。

另外，室内空气的热均匀性也非常重要。夏天，在许多开空调的室内空间中，中心区域温度为23℃，但靠近窗或墙的区域温度高达50℃，这是由保温隔热差的建筑外墙或窗体造成的。热均匀性差不仅浪费大拍的能耗费用，而且使特定区域暂时失去使用功能。人在这样大温差空间中生活工作，健康也受到很大的影响。

4.热舒适性指标与标准

热舒适性是居住者对室内热环境满意程度的一项重要指标。早在20世纪初，人们就开始了舒适感研究，空气调节工程师、室内空气品质研究人员等所希望的是能对人体舒适感进行定量预测。

5.南方潮湿地区除湿的方式

中国南方地区的气候比较潮湿，尤其是在梅雨季节，给人们日常生活带来了许多困扰。中国长江以南大部分地区每年都会遭遇一年一度的梅雨季节，这时相对湿度高，极不舒适，而且阴雨天特别容易使人心情沉闷。作家张爱玲形容微雨天气"像只棕色的大狗，毛茸茸、湿答答、冰冷的黑鼻尖凑到人脸上来嗅个不停"。

环境潮湿不仅让墙壁、衣物发霉，而且更是危害到人的健康。此外，尘螨、霉菌也喜欢待在高湿度的地方。高温、高湿的环境，让细菌、病毒及变应原大肆蔓延，引发了过敏、气喘、异位性皮肤感染等诸多疾病，每逢梅雨季节，医院这些过敏性疾病的患者就会特别多。

事实上，潮湿是影响人们工作与生活的一个环境因素，如果室内某些东西曾经发出异味、变色、变质、光泽丧失、生锈、功能老化、寿命减短、长霉斑、长水纹甚至长虫，大都是潮湿惹的祸。因此，每个家庭都应该做好防潮措施，在条件允许的情况下，最好在家中放上一支湿度计，这样就能随时查看空气湿度，如果发现湿度太高，可以安装机械湿度调节器，如除湿机、抽湿机等。机械除湿的方式主要有除湿机去湿与空调制冷去湿两种。

除湿机的工作方式是在机器内部降温，把空气中的水分析出，空间的温度会略微上升，但温差不明显，比较适用于盛夏以外的潮湿季节，用电量也相对节约。

空调器制冷模式作为空调的基本功能，对空调器结构设计、控制方式的要求比较低，造价低廉，但在用这种方式达到抽湿目的的同时必然会造成房间温度下降。

6. 采暖方式对热舒适性的影响

我国北方地区传统的采暖是集中供热方式，在窗户下设散热器。传统的散热器主要靠空气对流，散热速度快，散热量大。以前主要由于采暖系统本身的缘故，导致无法进行局部调节，无法满足用户对热舒适性的要求。现在国内提倡分户采暖，分户计量，采用许多适于调节的采暖方式。低温辐射地板采暖就是其中的一种。

低温辐射地板采暖是一种主要以辐射形式向周围表面传递热量的供暖方式。辐射地板发出的 $8 \sim 13 \mu H$ 远红外线辐射承担室内采暖任务，可以提高房间的平-均辐射温度，辐射表面温度低于常规散热器，室内设定温度即使比对流式采暖方式低 $4 \sim 9 °C$，也能使人们有同样温暖的感觉，水分蒸发较少，红外线辐射穿过透明空气，可以克服传统散热器供暖方式造成的室内燥热、有异味、失水、口干舌燥等不适。对于地板辐射采暖，辐射强度和温度的双重作用减少了房间四周壁面对人体的冷辐射，室内地表面温度均匀，室温可以形成山下而上逐渐递减的"倒梯形"分布，人员活动区可以形成脚暖头冷的良好微气候，符合中医提倡的"温足而冷顶"的理论，从而满足舒适的人体散热要求，改善人体血液循环，促进新陈代谢。

此外，热辐射板是通过埋设于地板下的加热管——招塑复合管或导电管，把地板加热到表面温度 $18 \sim 32 °C$，均匀地向室内辐射热量而达到采暖效果。空气对流减弱，大大减少了室内因对流所产生的尘埃飞扬的二次污染，有较好的空气洁净度和卫生效果。

（四）通风与散热

在人工制冷空调出现之前，解决室内环境问题的最主要方法是通风。通风的目的是排出室内的余热和余湿，补充新鲜空气和维持室内的气流场。建筑物内的通风十分必要，它是决定人们健康和舒适的重要因素之一。通风换气有自然通风和机械通风两种方式。

通风可以为人们提供新鲜空气，带走室内的热量和水分，降低室内气温和相对湿度，促进人体的汗液蒸发降温，使人们感到更舒适。目前，随着南方炎热地区节能环保意识的增强，夏季夜间通风和过渡季自然通风已经成为改善室内热环境、提高人体舒适度、减少空调使用时间的重要手段。

一般说来，住宅建筑通风包括主动式通风和被动式通风两个方面。住宅主动式通风是指利用机械设备动力组织室内通风的方法，一般与通风、空调系统进行配合。而住宅被动式通风是指采用"天然"的风压、热压作为驱动，并在此基础上充分利用包括土壤、太阳能等作为冷热源对房间进行降温（或升温）的被动式通风技术，包括如何处理好室内气流组员，提高通风效率，保证室内卫生、健康并节约能源。具体设计时应考虑气流路线经过人的活动范围：通风换气量要满足基本的卫生要求；风速要适宜，最好为0.3~1.0m/s；保证通风的可控性；在满足热环境和室内人员卫生的前提下尽可能节约能源。应注意的是，住宅建筑主动式通风应合理设计，否则会显著影响建筑空调、采暖能耗。例如，采暖地区住宅通风能耗已占冬季采暖热指标的30%以上。原因是运行过程中的室内采暖设备不可控以及开窗时通风不可调节。

1.被动式自然通风

建筑通风是由于建筑物的开口处（门、窗等）存在压力差而产生的空气流动。被动式通风分热压通风和风压通风两类。热压通风的动力是由室内外温差和建筑开口（如门、窗等）高差引起的密度差造成的。因此，只要有窗孔高差和室内外温差的存在就可以形成通风，并且温差、高差越大，通风效果越好。风压通风是指在室外风的作用下，建筑迎风面气流受阻，动压降低，静压增高，侧面和背风面由于产生局部涡流，静压降低，与远处未受干扰的气流相比，这种静压的升高或降低统称为风压。静压升高，风压为正，称为正压；静压下降，风压为负，称为负压。当建筑物的外围结构有两个风压值不同的开口时就会形成通风。通常，室内自然通风的形成，既有热压通风的因素，也有风压通风的原因。

被动式自然通风系统又分为无管道自然通风系统和有管道自然通风系统两种形式。无管道通风是指上述所说的，经开着的门、窗所进行的通风透气，适于温暖地区和寒冷地区的温暖季节。而在寒冷季节里的封闭房间，由于门、紧闭，故需专用的通风管道进行换气，有管道通风系统包括进气管和排气管。进气管均匀排在纵墙上，在南方，进气管通常设在墙下方，以利通风降温；在北方，进气管宜设在墙体上方，以避免冷气流直接吹到人。

在合理利用被动式自然通风的节能策略过程中，建筑师起着举足轻重的作用，没有建筑设计方案的可行性保证，采用自然通风节能是无法实现的在建筑设计和建造时，建筑开口的控制要素——洞口位置、面积大小、个数、最大开启度等已成定局；在建筑使用过程中，通风的防与控往往是通过对洞口的关闭或灵活的开度调节实现的。建筑房间的开口越大，传热也越多，建筑的气候适应性越好，但抵御气候变化的能力越差。在高寒地区的冬季，通风换气与防寒保温存在着很大的矛盾，在进行通风换气时应认真考虑解决好这一矛盾。对通风预防策略的一个方面是使建筑房间尽可能变成一个密闭空间，消除其建筑开口。例如，在寒冷地区，设置门斗过渡空间较为普遍，通过门外加门、两门错位且一开一闭增强了建筑的密闭功能；门帘或风幕的设置也是增强建筑密闭性的一种简易方式。但建筑是以人为本的活动空间，对于人流量较大的公共建筑，建筑入口通道的设计处理体现通风调控策略。

2.家庭主动式机械通风

当自然通风不能保证室内的温、湿度要求时，可启动电风扇进行机械通风。虽然空调采暖设备进入千家万户、居室装修成为时尚后，电风扇淡出了房间，机械通风的利用被大大淡化了。但实际上，风扇可以增加室内空气流动，降低体感温度。若空调、电扇切换使用，可以显著降低空调运行时间，强化夜间通风和建筑蓄冷效果。

在炎热地区，加强夜间通风对提高室内热舒适非常有效。一天中并非所有时刻室外气温都高于室内所需要的舒适温度。由于夜间的空气温度比白天更低，与舒适温度的上限（26℃）差值更大，因此加强夜间通风不仅可以保证室内舒适，而且有利于带走白天墙体的蓄热，使其充分冷却，减少次日空调运行时间，有人预测可以实现2%～4%的节能效果。故而许多人把加强夜间通风视为南方建筑节能的措施之一。但夜间温度也是变化的，泛泛谈论夜间通风不够严谨；通风时间长短、时段的选择对通风实际效果至关重要，凌晨4～6时是夜间通风的最佳时段。

目前，国内外还在研究新型置换通风。其基本特征是水平方向会产生热力分层现象。置换通风下送上回的特点决定了空气在水平方向会分层，并产生温度梯度。如果在底部送新鲜的冷空气，那么最热的空气层在顶部，最冷的空气层在底部。置换空气在水平方向汇入上升气流，由于送风量有限，在某一高度送风会产生循环。把产生循环的分界面高度称为分界高度。为了获得良好的空气品质，通风量必须满足一定要求，因此也不是任何地方都适合使用置换通风。下列情形更适合采用置换通风：

（1）层高大的房间，例如房间层高大于3m；

（2）供给空气比环境空气温度低；

（3）房间空气湍流扰动不大；

（4）污染物质比环境空气温度高或密度小。

随着空调技术的发展，出现了"置换通风末端+冷却吊顶"相结合的送风装置。置换通风末端装置+冷却吊顶形式解决了脚冷头暖的不舒适感觉，置换通风末端用来保证卫生要求的通风量和消除湿负荷，冷却吊顶可以消除垂直温度梯度对人的不适感觉，冷却吊顶的应用相对传统的空调系统有特殊意义，就是其采用了辐射换热技术，传统的混合通风，是以采用对流为主的传热方式，而冷却吊顶辐射换热的比例大大提高。

（五）室内空气质量

随着我国经济的发展和人们消费观念的变化，室内装修盛行，且装修支出越来越高，但天然有机装修材料（如天然原木）的使用越来越少。而大部分人造材料（如人造板材、地毯、壁纸、胶粘剂等）是室内挥发性有机化合物（VOC）的主要来源，尤其是空调的普遍使用，要求建筑围护结构及门、窗等有良好的密封性能，以达到节能的目的，而现行设计的空调系统多数新风量不足，在这种情况下容易造成室内空气质量的极度恶化。在这样的环境中，人们往往会出现头疼、头晕、过敏性疲劳和眼、鼻、喉刺痛等不适感，人体健康受到极大的影响。

1.室内污染源与空气污染物

室内空气污染物的来源是多方面的，室内空气污染物主要来源于室内和室外两个方面。室内来源主要有两个方面：一是人们在室内活动产生的，包括人的行走、呼吸、吸烟、烹调、使用家用电器等，可产生 SO_2、CO_2、NO_2 可吸入颗粒物、细菌、尼古丁等污染物；二是建筑材料、装修材料和室内家具中所含的挥发性有机化合物，在使用过程中可向室内释放多种挥发性有机化合物，如苯、甲苯、二甲苯、甲醛、三氯甲烷、三氯乙烯及 NH_3 等。室外来源主要是室外被污染了的空气，其污染程度会随时间不断地变化，所以其对室内的影响也处于不断变化中。

室内空气污染物中对人体危害最大的是挥发性有机化合物。其污染源主要是装修中所采用的各种材料，如油漆、有机溶剂、胶合板、涂料、粘合剂、塑料贴面和大芯板等。在室内会释放出一定浓度的有毒有害有机污染物气体，特别是在有空调的密闭房间内，由于空气得不到流通，加上人生产、生活的活动，会产生挥发性有机化合物和可吸入颗粒物等。

2.室内污染物对人体的危害

室内空气品质是一系列因素作用的结果，这些因素包括室外空气质量、建筑围护结构的设计、通风系统的设计、系统的操作和维护措施、污染物源及其散发强度等。室内空气污染一部分是外界环境污染由围护结构（门、窗等）渗入或由空调系统新风进入，其随地点、季节、时间等有较大的变化；绝大部分是由室内环境自身原因所造成的，污染程度随室内环境（如室内容积、通风量、自然清除等）和室内人员活动的不同有较大范围的变化。减少室内吸烟的人员数量和时间对减少污染程度也是非常关键的。

一般无家具的住宅的室内的污染主要来自地板、油漆、涂料等装潢材料，甲醛和苯的放散量较少，而油漆涂料在风干过程中挥发性有机化合物放散量较大。在对有人住的住宅调查中发现，因装修引起的污染正在逐步减少，取而代之的是由于新家具中的甲醛和挥发性有机化合物造成的第二次污染。在接受测试的三种有害物中，甲醛的问题最为严重，挥发性有机化合物的情况次之，苯的情况相对较好。

3.减少室内污染物的措施

（1）通风换气

预防室内环境污染，首先应尽可能改善通风条件，减轻空气污染的程度。开窗通风能使室内污染物浓度显著降低。不通风是指关闭门、窗12h，通风指开门、窗，通风时间为2h。室内甲醛浓度在通风2h后下降幅度很大，最大可达83%，最小也有36%，并且都符合国家标准。所以通风是最好、最简单的降低室内污染的有效措施。

室外空气的质量也很差，换气可能会增加污染。事实上，总的来说室外的大环境决定室内的小环境，室内小环境只在可过滤粉尘等指标上能优于室外大环境对于室外空气污染严重的情况，如果是短时间的阶段污染，可以在污染期间关闭门、窗减少交换，并向有关部门要求整改；如果是长期的危及生命安全的大气污染，只能放弃居住。除了太空舱，不可能用吸附或其他办法造一个与外界无关的小环境。

室内空气不好，买一个吸附器就行了。吸附器多是采用活性炭等物理吸附材料，对空气中的大分子污染物进行吸附以降低污染浓度的，对各类污染物基本都有效。但一般只重视买来用，而不重视换滤芯。对于活性炭而言，其吸附能力随着附着物的增加而不断下降，最终失效。失效后的滤芯如果不及时更换，甚至还会在室内空气很好时向室内反向散发污染。但滤芯更换费用高且麻烦，所以一般这样的设备最后都成了摆设。

建议住户经常保持室内通风，一般早晨开窗换气应不少于15min。写字楼和百货商场等公共场所尤其要注意增加室内新风量。学校最好利用体育课及课间10min如开窗换气。老人、孩子等免疫力比较弱的人群可适量地做些户外活动，但应避免在一些大型公共场所长时间逗留。

（2）选择合格的建筑材料和家具

要从根本上消除室内污染，必须消除污染源。除了开发商在建造房屋时要选择合格的材料之外，住户在装修房子时也要选用环保材料，找正规的装修公司装修。

大芯板、水泥和防水涂料是家庭装修中最先进场的三大基础材料，对今后装修质量的影响也很大。细木工板也是装修中最主要的材料之一，可做家具和包木门及门套、暖气罩、窗帘盒等，其防水、防潮性能优于刨花板和中密度板。

挑选大芯板时，重点看内部木材，不宜过碎，木材之间缝隙在3mm左右的板为宜。家庭装饰装修只能使用E1级的大芯板。E2级大芯板甲醛含量可能要超过E1级大芯板3倍多，所以绝对不能用于家庭装饰装修。如果大芯板散发木材的清香，说明甲醛释放量较少；如果气味刺鼻，说明甲醛释放量较多，不要购买。

另外，要对不能进行饰面处理的大芯板进行净化和封闭处理，特别是装修的背板、各种柜内板和暖气罩内等。

适度装修能有效减少装修污染，即使是合格的建材和装修材料，大量使用也会造成污染物的累积，最终造成污染物总量超标。

（3）室内盆栽

绿色植物对居室的空气具有很好的净化作用。家具和装修所产生的VOC有害物质吸附和分解速度慢，作用时间长，为创造一个良好的室内环境可以在室内摆放盆栽花木，有些绿色植物是清除装修污染的"清道夫"。绿色植物对不同的室内有害气体具有不同的吸附和分解作用，如果在室内多放一些绿色植物，其效果较为明显。

绿色植物对有害物质的吸收能力较强。多种绿色植物都能有效地吸收空气中的化学物质并将它们转化为自己的养料。在24h照明的条件下，芦荟消灭了1m³空气中所含的90%的甲醛，常青藤消灭了90%的苯，龙舌兰可吞食70%的苯、50%的甲醛和24%的三氯乙烯，垂挂绿植能吞食96%的一氧化碳、86%的甲醛。

在居室中，每10m²放置一两盆花草，就可达到清除污染的良好效果。

（4）仪器设备吸收分解

上述方法仅仅调节室内环境，虽能降低室内甲醛浓度，但还不能达到理想结果，尤其在甲醛释放初期，需要采用空气净化技术。现场治理空气净化技术主要有物理吸附技术、催化技术、空气负离子技术、臭氧氧化技术、化学中和技术、常温催化氧化技术、生物技术、材料封闭技术等。

①催化技术

以催化为主，结合超微过滤，从而保证在常温、常压下多种有害、有味气体分解成无害、无味物质，由单纯的物理吸附转变为化学吸附，不产生二次污染。目前市场上的有害气体吸附器和家具吸附宝都属于这类产品。纳米光催化技术是近几年发展起来的一项空气净化技术，如"空气清"等，它主要是利用二氧化钛的光催化性能氧化苯类、甲醛、氨气等有害气体，生成二氧化碳和水，使各种异味得以消除。该技术已经越来越受到重视，成为空气污染治理技术的研究热点。

②物理吸附

主要利用某些有吸附能力的物质吸附有害物质，而达到去除有害污染的目的。常用的吸附剂为颗粒活性炭、活性炭纤维、沸石、分子筛、多孔黏土矿石、硅胶等。对室内甲醛、苯等污染物有较好去除效果。活性炭纤维也是吸附剂中最引人注目的碳质吸附剂。在装有活性炭的花盆中栽培具有甲醛净化性能的植物，其对甲醛去除效果比单纯的活性炭吸附要好；但物理吸附的吸附速率慢，对新装修几个月的室内的甲醛的去除不明显，且吸附剂需要定时更换。

③空气负离子技术

采用负离子和光离子及纳米技术，消除室内甲醛、苯、总挥发性有机化合物（TVOC）等有害物质，如空气净化机等。通过电离空气中水分，源源不断地释放出负离子，可有效清除各种异味，并中和空气中的灰尘微粒，使之迅速沉降，有利于消除室内空气污染，如空气离子宝产品等。也有用具有明显的热电效应的稀有矿物石为原料，加入墙体材料中，在与空气接触中，电离空气及空气中的水分，产生负离子；可发生极化，并向外放电，起到净化室内空气的作用。

④臭氧氧化

利用臭氧的侵略性和掠夺性击破甲醛的分子式，使之变成二氧化碳和水，达到分解甲醛的目的，如一些空气处理臭氧机。通过氧化吸收甲醛，将甲醛分解成二氧化碳和水后去除，从而有效地清除甲醛，如装修除味剂、甲醛分解除臭剂、甲醛捕捉剂、空气消毒机、甲醛一喷净等。

臭氧发生装置具有杀菌、消毒、除臭、分解有机物的能力，但臭氧法净化甲醛效率低，同时臭氧易分解，不稳定，可能会产生二次污染物。综合各种措施，才能真正得到一个健康、舒适的人居环境。

第二节　绿色生态建筑节能技术

建筑节能是指建筑物在建造和使用过程中，采用节能型的建筑规划、设计，使用节能型的材料、器具、产品和技术，以提高建筑物的保暖隔热性能，减少采暖、制冷、照明等消耗。在满足人们对建筑舒适性需求的前提下，达到建筑物使用过程中能源利用率得以提高的目的。在建筑的规划、设计、建造和使用过程中，通过执行建筑节能标准，提高建筑围护结构热工性能，采用节能型用能系统和可再生能源利用系统，降低建筑能源消耗。

建筑节能设计的主要内容一般包括建筑围护结构的节能设计和采暖空调系统的节能设计两大部分。建筑围护结构节能设计主要包括建筑物墙体节能设计、屋面节能设计、门窗节能设计、楼地面节能设计等。接下来重点针对建筑围护结构的节能设计进行介绍。

一、建筑体型与平面设计

（一）建筑平面形状与节能的关系

建筑物的平面形状主要取决于建筑的功能及建筑物用地的形状，但从建筑热工的角度来看，过于复杂的平面形状往往会增加建筑物的外表面积，带来采暖能耗的大幅增加。因此，从建筑节能设计的角度出发，在满足建筑功能要求的前提下，建筑平面设计应注意使外围护结构表面积（A）与建筑体积（V）之比尽可能小，以减小散热面积及散热量。当然，对空调房间，应对其得热和散热情况进行具体分析。

（二）建筑长度与节能的关系

在高度及宽度一定的条件下，对南北朝向的建筑来说，增加居住建筑的长度对节能是有利的，长度小于100m，能耗增加较大。

（三）建筑平面布局与节能的关系

合理的建筑平面布局会给建筑在使用上带来极大的方便，同时也可以有效改善室内的热舒适度和有利于建筑节能。在节能建筑设计中，主要应从合理的热环境分区及设置温度阻尼两个方面来考虑建筑平面的布局。

不同的房间有不同的使用功能，因而，其对室内热环境的要求可能也存在差异。在设计中，应根据房间对热环境的要求进行合理分区，将对温度要求相近的房间相对集中布置。如对冬季室温要求稍高、夏季室温要求稍低的房间设置在建筑核心区；将冬季室温要求稍低、夏季室温要求稍高的房间设置在建筑平面中紧邻外围护结构的区域，作为核心区和室外空间的温度阻尼区，以减少供热能耗。在夏季将温湿度要求相同或接近的房间相邻布置。

为保证主要使用房间的室内热环境质量，可结合使用情况，在该类房间与室外空间之间设置各式各样的温度阻尼区。这些温度阻尼区就像是一道"热闸"，不但可以使房间外墙的传热损失减少，而且大大减少了房间的冷风渗透，从而也减少了建筑物的渗透热损失。冬季设于南向的日光间、封闭阳台、外门设置门斗等都具有温度阻尼区的作用，是冬（夏）季减少耗热（冷）的一个有效措施。

（四）建筑体形系数

建筑物体形系数是指建筑物的外表面积与外表面积所包的体积之比。体形系数是表征建筑热工特性的一个重要指标，与建筑物的层数、体量、形状等因素有关。体形系数越大，则表现出建筑的外围护结构面积大；体形系数越小，则表现出建筑外围护结构面积小。

体形系数的大小对建筑能耗的影响非常显著。体形系数越小、单位建筑面积对应的外表面积越小，外围护结构的传热损失也越小。从降低建筑能耗的角度出发，应该将体形系数控制在一个较低的水平上。但是，体形系数不只是影响外围护结构的传热损失，它还与建筑造型、平面布局、采光通风等紧密相关。体形系数过小将制约建筑师的创造性，造成建筑造型呆板、平面布局困难，甚至损害建筑功能。因此，应权衡利弊，兼顾不同类型的建筑造型，来确定体形系数。当体形系数超过规定时，则要求提高建筑围护结构的保温隔热性能，通过建筑围护结构热工性能综合判断，确保实现节能目标。

二、建筑墙体节能技术

（一）建筑外墙保温设计

外墙按其保温材料及构造类型，主要可分为单一保温材料墙体和单设保温层复合保温墙体。常见的单一保温墙体有加气混凝土保温墙体、各种多孔砖墙体、空心砌块墙体等。在单设保温层复合保温墙体中，根据保温层在墙体中的位置又可分为内保温墙体、外保温墙体和夹心保温墙体。

随着节能标准的不断提高，大多数单一材料保温墙体难以满足包括节能在内的多方面技术指标要求，而单设保温层的复合墙体由于采用了新型高效保温材料而具有更为优良的热工性能，且结构层、保温层都可充分发挥各自材料的特性和优点，既不使墙体过厚又可以满足保温节能的要求，也可满足抗震、承重以及耐久性等多方面的技术要求。

在三种单设保温层的复合墙体中，因外墙外保温系统技术合理、有明显的优越性，且适用范围广，不仅适用于新建建筑，也适用于既有建筑的节能改造，从而成为国内重点推广的建筑保温技术。

1.外墙外保温技术的优势

（1）主体结构、延长建筑物寿命

用外保温技术，由于保温层置于建筑物围护结构外侧，缓冲了因温度变化导致结构变形产生的应力，避免了雨、雪、冻、融、干、湿循环造成的结构破坏，减少了空气中有害气体和紫外线对围护结构的侵蚀。因此，外保温有效地提高了主体结构的使用寿命，减少长期维护费用。

（2）消除热桥的影响

热桥指的是在内外墙交界处、构造柱、框架梁、门窗洞等部位，形成的主要散热渠道。对内保温而言，热桥是难以避免的；而外保温既可以防止热桥部位产生结露，又可以消除热桥造成的热损失。

（3）墙体潮湿情况得到改善

一般情况下，内保温需设置隔汽层，而采用外保温时，由于蒸汽透性高的主体结构材料处于保温层的内侧，只要保温材料选材适当，在墙体内部一般不会发生冷凝现象，故无须设置隔汽层。

（4）有利于保持室温稳定

室内温差过大常常使抵抗力弱的老人或小孩患病，而外保温墙体由于蓄热能力较大的结构层在保温板内侧，当室内受到不稳定热作用时，室内空气温度上升或下降，墙体结构层能够吸引或释放热量，故有利于保持室温稳定。

（5）便于旧建筑物进行节能改造

以前的建筑物一般都不能满足节能要求，因此对旧房进行节能改造已提上议事日程。与内保温相比，采用外保温方式对旧房进行节能改造，最大的优点是无须临时搬迁，基本不影响用户的正常生活。

（6）可以避免装修对保温层的破坏

不管是买新房还是买二手房，消费者一般都需要按照自己喜好进行装修。在装修中，内保温层容易遭到破坏，外保温则可以避免发生这种问题。

（7）增加房屋使用面积

消费者买房最关心的就是房屋的使用面积。由于保温材料贴在墙体的外侧，其保温、隔热效果优于内保温，故可使主体结构墙体减薄，从而增加用户的使用面积。

外墙外保温系统是由保温层、保护层和固定材料（胶黏剂、锚固件等）构成，是安装在外墙外表面的非承重保温构造总称。国内应用最多的外墙外保温系统从施工做法上可分为粘贴式、现浇式、喷涂式及预制式等几种方式。其中粘贴式的保温材料包括模塑聚苯板（EPS板）、挤塑聚苯板（XPS板）、矿物棉板（MW板，以岩棉为代表）、硬泡聚氨酯板（PU板）、酚醛树脂板（PF板）等，在国内也被称为薄抹灰外墙外保温系统或外墙保温复合系统，这些材料中又以模塑聚苯板的外保温技术最为成熟且应用最为广泛。现浇式外墙外保温系统也称为模板内置保温板做法，既包括模板与保温板分体的，也包括模板与保温板一体的做法。喷涂式则以喷涂硬泡聚氨酯做法为主。预制式做法变化较多，主要是在工厂将保温板和装饰面板预制成一体化板，在施工现场在将其安装就位。

2.常用外墙保温技术

（1）EPS板薄抹灰外墙外保温系统

EPS板薄抹灰外墙外保温系统（以下简称EPS板薄抹灰保温系统）由EPS板保温层薄抹面层和饰面涂层构成，EPS板用胶黏剂固定在基层上，薄抹面层中满铺玻纤网。EPS板薄抹灰外保温系统在欧洲使用最久的实际工程已经接近40年，大量工程实践证明，该系统技术成熟完备可靠，工程质量稳定，保温性能优良，使用年限可超过25年。EPS板薄抹灰保温系统的基层表面应清洁，无油污、脱模剂等妨碍黏结的附着物。凸起、空鼓和疏松部位应剔除并找平。找平层应与墙体黏结牢固，不得有脱层、空鼓、裂缝，面层不得有粉化、起皮、爆灰等现象。基层与胶粘剂的拉伸黏结强度应进行检验，黏结强度不应低于0.3MPa，并且黏结界面脱开面积不应大于50%。粘贴EPS板时，应将胶粘剂涂在EPS板背面，涂胶粘剂面积不得小于EPS板面积的40%。EPS板应按顺砌方式粘贴，竖缝应逐行错缝。EPS板应粘贴牢固，不得有松动和空鼓。墙角处EPS板应交错互锁。门窗洞口四角处EPS板不得拼接，应采用整块EPS板切割成形，EPS板接缝应离开角部至少200mm。

（2）胶粉EPS颗粒保温浆料外墙外保温系统

胶粉EPS颗粒保温浆料外墙外保温系统由界面层、胶粉EPS颗粒保温浆料保温层、抗裂砂浆薄抹面层和饰面层组成。胶粉EPS颗粒保温浆料经现场拌合后喷涂或抹在基层上形成保温层。薄抹面层中应满铺玻纤网。该系统采用逐层渐变、柔性释放应力的无空腔的技术工艺，可广泛应用于不同气候区、不同基层墙体不同建筑高度的各类建筑外墙的保温与隔热。胶粉EPS颗粒保温浆料保温层设计厚度不宜超过100mm，必要时应设置抗裂分隔缝。基层表面应清洁，无油污和脱模剂等妨碍黏结的附着物，空鼓、疏松部位应剔除。胶粉EPS颗粒保温浆料宜分遍抹灰，每遍间隔时间应在24小时以上，每遍厚度不宜超过20mm。第一遍抹灰应压实，最后一遍应找平，并用大杠搓平。

保温层硬化后，应现场检验保温层厚度并现场取样检验胶粉EPS颗粒保温浆料干密度。现场取样胶粉EPS颗粒保温浆料干密度不应大于250kg/m³，并且不应小于180kg/m³。

（3）EPS板现浇混凝土外墙外保温系统

EPS板现浇混凝土外墙外保温系统（无网现浇系统）以现浇混凝土外墙作为基层，EPS板为保温层。EPS板内表面（与现浇混凝土接触的表面）沿水平方向开有矩形齿槽，内、外表面均满涂界面砂浆。在施工时将EPS板置于外模板内侧，并安装锚栓作为辅助固定件。浇灌混凝土后，墙体与EPS板以及锚栓结合为一体。EPS板表面抹抗裂砂浆薄抹面层，外表以涂料为饰面层，薄抹面层中满铺玻纤网，EPS板现浇混凝土外墙外保温系统。EPS板两面必须预喷刷界面砂浆。EPS板宽度宜为1.2m，高度宜为建筑物层高，锚栓每平方米宜设2～3个。水平抗裂分隔缝宜按楼层设置，垂直抗裂分隔缝宜按墙面面积设置，在板式建筑中不宜大于30m2，在塔式建筑中可视具体情况而定，宜留在阴角部位。混凝土一次浇筑高度不宜大于1m，混凝土需振捣密实均匀，墙面及接茬处应光滑、平整。混凝土浇筑后，EPS板表面局部不平整处宜抹胶粉EPS颗粒保温浆料修补和找平，修补和找平处厚度不得大于10mm。

（4）机械固定EPS钢丝网架板外墙外保温系统

机械固定EPS钢丝网架板外墙外保温系统（机械固定系统）由机械固定装置、腹丝非穿透型EPS钢丝网架板、掺外加剂的水泥砂浆厚抹面层和饰面层构成。以涂料做饰面层时，应加抹玻纤网抗裂砂浆薄抹面层。机械固定系统不适用于加气混凝土和轻集料混凝土基层。腹丝非穿透型EPS钢丝网架板腹丝插入EPS板中深度不应小于35mm，未穿透厚度不应小于15mm。腹丝插入角度应保持一致，误差不应大于3°。板两面应预喷刷界面砂浆。钢丝网与EPS板表面净距不应小于10mm。机械固定系统锚栓、预埋金属固定件数量应通过试验确定，并且每平方米不应小于7个。用于砌体外墙时，宜采用预埋钢筋网片固定EPS钢丝网架板。机械固定系统固定EPS钢丝网架板时应逐层设置承托件，承托件应固定在结构构件上。机械固定系统金属固定件、钢筋网片、金属锚栓和承托件应做防锈处理。

（二）建筑外墙隔热设计

建筑物外墙、屋顶的隔热效果是用其内表面温度的最高值来衡量和评价的，利于降低外墙、屋顶内表面温度的方法都是隔热的有效措施。通常，外墙、屋顶的隔热设计按以下思路采取具体措施：减少对太阳辐射热的吸收；减弱室外综合温度波动对围护结构内表面温度的影响；材料、构造利于散热；将太阳辐射等热能转化为其他形式的能量，减少通过围护结构传入室内的热量等。

1.采用浅色外饰面，减少太阳辐射热的当量温度

当量温度反映了围护结构外表面吸收太阳辐射热使室外热作用提高的程度。要减少热作用，就必须降低外表面对太阳辐射热的吸收系数。建筑墙体外饰面材料品种很多，吸收系数值差异也较大，部分材料对太阳辐射热的吸收系数P。合理选择材料和构造对外墙的隔热是非常有效的。

2.增大传热阻R与热惰性指标D值

增大围护结构的传热阻R，可以降低围护结构内表面的平均温度；增大热惰性指标D值可以大大衰减室外综合温度的谐波振幅，减小围护结构内表面的温度波幅，两者对降低结构内表面温度的最高值都是有利的。

这种隔热构造方式的特点是，不仅具有隔热性能，在冬季也有保温作用，特别适

合于夏热冬冷地区。不过，这种构造方式的墙体、屋顶夜间散热较慢，内表面的高温区段时间较长，出现高温的时间也较晚，用于办公、学校等以白天为主的建筑物较为理想。对昼夜空气温差较大的地区，白天可紧闭门窗使用空调，夜间打开门窗自然排除室内热量并储存室外新风冷量，以降低房间次日的空调负荷，也可以用于节能空调建筑。

3.采用有通风间层的复合墙板

这种墙板比单一材料制成的墙板如加气混凝土墙板构造复杂一些，但它将材料区别使用，可采用高效隔热材料，能充分发挥各种材料的特长，墙体较轻，而且利用间层的空气流动及时带走热量，减少了通过墙板传入室内的热量，且夜间降温快，特别适用于湿热地区住宅、医院、办公楼等多层和高层建筑。

4.墙面绿化

墙面绿化是利用具有吸附、缠绕、卷须、钩刺等攀缘特性的植物绿化建筑墙面的形式。早在17世纪，俄国将攀缘植物用于亭、廊绿化，后来引向建筑墙面，欧美各国也广泛应用。我国也大量应用，尤其近十几年来，不少城市将墙面绿化列为绿化评比的标准之一。

墙面绿化具有美化环境、降低污染、遮阳隔热等功能。墙面如有爬墙的植物，可以遮挡太阳辐射和吸收热量。墙面有了爬墙的植物，其外表面昼夜平均温度由35.1℃降到30.7℃，相差4.4℃之多；而墙的内表面温度相应由30.0℃降到29.1℃，相差0.9℃。由墙面附近的叶面蒸腾作用带来的降温效应，还使墙面温度略低于气温（约1.6℃）。相比之下，外侧无绿化的墙面温度反而较气温高出约出7.2℃，两者相差约8.8℃。显然，绿化对墙体温度的影响是很大的，它显著减少通过外墙和窗洞的传热量，降低室内表面温度，改善室内热舒适性或减少空调能耗。冬季落叶后，既不影响墙面得到太阳辐射热，同时附着在墙面的枝茎又成了一层保温层，会缩小冬夏两季的温差，还可使风速降低，抵御风吹雨打，因此可减少各种气候变化对建筑物的不利影响，延长外墙的使用寿命。另外，墙面绿化还可减弱城市噪声，噪声声波通过浓密的藤叶时约有26%被吸收掉。攀缘植物的叶片多有绒毛或凹凸的脉纹，能吸附大量的飘尘，可起到过滤和净化空气的作用。由于植物吸收二氧化碳，释放氧气，故有藤蔓覆盖的住宅内可获得更多的新鲜空气，改善城市热岛效应及形成良好的微气候环境。居住区建筑密集，墙面绿化对居住环境质量的改善更为重要。墙面绿化可分为三种方式，分别为墙面无辅助直接绿化法、墙面有辅助绿化法和种植箱预制装配式绿化法。

无辅助直接绿化法是最简单、最常用的墙面绿化方法，主要适用于清水砖墙等粗糙外表面的墙体绿化，绿化高度可达10m左右。其种植方式为地面种植，需要在附近建筑外墙基部砌筑人工种植槽。种植植物主要选用具有较强吸附能力的攀缘类藤蔓植物，如五叶地锦、常春藤、凌霄花等。

墙面有辅助绿化法是在无辅助直接绿化法的基础上，在建筑外墙上嵌入钢钉固定金属网来辅助绿化植物爬的墙面绿化，主要适用于涂料饰面、马赛克、面砖等较光滑外表面的墙体绿化，绿化高度可达15～20m。采用此方法进行墙体绿化时，应考虑建筑外墙侧向承载能力，在墙上嵌入钢钉的空洞缝隙应注入树脂封闭，以防水汽渗入墙体内部。

种植箱预制装配式绿化法是将建筑预制装配技术与植物人工栽培技术有机地结合在一起，绿化墙主要由承载框架和种植模块两部分组成。承载框架是绿化墙的独立支撑结构，由挂架与建筑外墙合理铰接。绿化墙实际上由多个标准化的种植板块拼装而成，每一个种植板块都是一个独立的、自给自足的植物生长单元。

三、建筑地面节能技术

采暖房屋地板的热工性能对室内热环境的质量及人体的热舒适有重要影响。底层地板和屋顶、外墙一样，也应有必要的保温能力，以保证地面温度不致太低。由于人体足部与地板直接接触传热，地面保温性能对人的健康和舒适影响比其他围护结构更直接、更明显。

体现地面热工性能的物理量是吸热指数，用 B 表示。B 值越大的地面从人脚吸热越多，也越快。地板面层材料的密度、比热容和导热系数值的大小是决定地面吸热指数 B 的重要参数。以木地面和水磨石两种地面为例，木地面的 $B = 10.5$，而水磨石的 $B = 26.8$，即使它们的表面温度完全相同，但如赤脚站在水磨石地面上，就比站在木地面上凉得多，这是因为两者的吸热指数明显不同造成的。

我国现行的《民用建筑热工设计规范》将地面划分为三类：木地面、塑料地面等属于Ⅰ类；水泥砂浆地面等属于Ⅱ类；水磨石地面则属于Ⅲ类。高级居住建筑、托儿所、幼儿园、医疗建筑等，宜采用Ⅰ类地面。一般居住建筑和公共建筑（包括中小学教室）宜采用不低于Ⅱ类的地面。至于仅供人们短时间逗留的房间以及室温高于23℃的采暖房间，则允许用Ⅲ类地面。

四、建筑屋面节能技术

屋面作为一种建筑物外围护结构所造成的室内外温差传热耗热量，大于任何一面外墙或地面的耗热量。提高屋面的保温隔热性能，对提高抵抗夏季室外热作用的能力尤其重要。这也是减少空调耗能，改善室内热环境的一个重要措施。在多层建筑围护结构中，屋面所占面积较小，能耗占总能耗的8%～10%。加强屋面保温节能对建筑造价影响不大，节能效益却很明显。

冬季保温减少建筑物的热损失和防止结露，夏季隔热降低建筑物对太阳辐射热的吸收。除传统屋面外，建筑屋面节能还包括倒置式屋面、种植屋面、蓄水屋面等，接下来进行简单介绍。

（一）倒置式屋面

所谓倒置式屋面，就是将传统屋面构造中的保温层与防水层颠倒，把保温层放在防水层的上面。倒置式屋面基本构造宜由结构层、找坡层、找平层、防水层、保温层及保护层组成。

与传统屋面相比，倒置式屋面主要有以下优点。

1.可以有效延长防水层的使用年限

倒置式屋面将保温层设在防水层上，大大减弱了防水层受大气、温差及太阳光紫外线照射的影响，使防水层不易老化，能长期保持其柔软性、延伸性等性能，有效延长使用年限。

2.保护防水层免受外界损伤

由于保温材料组成的缓冲层，使卷材防水层不易在施工中受外界机械损伤，又能衰减外界对屋面的冲击。

3.施工简单，易于维修

倒置式屋面省去了传统屋面中的隔汽层及保温层上的找平层，施工简化，更加经济。即使出现个别地方渗漏，只要揭开几块保温板就可以进行处理，易于维修。

4.调节屋顶内表面温度

屋顶最外的保护层可为卵石层、配筋混凝土现浇板或烧制方砖保护层，这些材料蓄热系数较大，在夏季可充分利用其蓄热能力强的特点，调节屋顶内表面温度，使其温度最高峰值向后延迟，错开室外空气温度最高值，有利于提高屋顶的隔热效果。倒置式屋面的保温材料可选用挤塑聚苯乙烯泡沫塑料板、硬泡聚氨酯板、硬泡聚氨酯防水保温复合板、喷涂硬泡聚氨酯及泡沫玻璃保温板等。保温材料的性能应符合下列规定：①导热系数不应大于 $0.080W/(m\cdot K)$；②使用寿命应满足设计要求；③压缩强度或抗压强度不应小于 $150kPa$；④体积吸水率不应大于 3%；⑤对于屋顶基层采用耐火极限不小于1小时的不燃烧体的建筑，其屋顶保温材料的燃烧性能不应低于B2级；其他情况，保温材料的燃烧性能不应低于B1级。

（二）种植屋面

种植屋面是指铺以种植土或设置容器种植植物的建筑屋面或地下建筑顶板。对于建筑节能来讲，种植屋面（屋顶绿化）可以在一定程度上起到保温隔热、节能减排、节约淡水资源，对建筑结构及防水起到保护作用，滞尘效果显著，同时也是有效缓解城市热岛效应的重要途径。夏季种植屋面与普通隔热屋面比较，表面温度平均要低 $6.3℃$，屋面下的室内温度相比要低 $2.6℃$，可以节省大量空调用电量。此外，建筑屋顶绿化可显著降低建筑物周围环境温度（$0.5\sim4.0℃$），而建筑物周围环境的温度每降低 $1℃$，建筑物内部空调的容量可降低 6%。不论在北方或南方，种植屋面都有保温作用。特别干旱地区，入冬后草木枯死，土壤干燥，保温性能更佳。种植屋面的保温效果随土层厚增加而增加。种植屋顶有很好的热惰性，不随大气气温骤然升高或骤然下降而大幅波动。冰岛和斯堪的那维亚半岛的种植屋面已有百年历史。

种植屋面工程由种植、防水、排水、绝热等多项技术构成。种植屋面工程设计应遵循"防、排、蓄、植"并重和"安全、环保、节能、经济、因地制宜"的原则。种植屋面不宜设计为倒置式屋面。

种植平屋面的基本构造层次：基层、绝热层、找坡（找平）层、普通防水层、耐根穿刺防水层、保护层、排（蓄）水层、过滤层、种植土层和植被层等。根据各地区气候特点、屋面形式、植物种类等情况，可增减屋面构造层次。

种植坡屋面的基本构造层次：基层、绝热层、普通防水层、耐根穿刺防水层、保护层、排（蓄）水层、过滤层、种植土层和植被层等。根据各地区气候特点、屋面形式和植物种类等情况，可增减屋面构造层次。坡度小于10%的坡屋面的植被层和种植土层不易滑坡，可按平屋面种植设计要求执行。屋面坡度大于等于20%的种植坡屋面设计应设置防滑构造，分为满覆盖种植和非满覆盖种植两种情况。

（三）蓄水屋面

蓄水屋面是在刚性防水屋面上蓄一层水，利用水蒸发时带走大量水层中的热量，从而大量消耗晒到屋面的太阳辐射热，有效地减弱了屋面的传热量和降低屋面温度，是一种较好的隔热措施，是改善屋面热工性能的有效途径。

在相同的条件下，蓄水屋面使屋顶内表面的温度输出和热流响应降低很多，且受室外扰动的干扰较小，具有很好的隔热和节能效果。对于蓄水屋面，由于一般是在混凝土刚性防水层上蓄水，既可利用水层隔热降温，又改善了混凝土的使用条件，避免了直接暴晒和冰雪雨水引起的急剧伸缩，长期浸泡在水中有利于混凝土后期强度的增长。同时由于混凝土有的成分在水中继续水化产生湿涨，使水中的混凝土有更好的防渗水性能。蓄水的蒸发和流动能及时地将热量带走，减缓了整个屋面的温度变化。另外，由于在屋面上蓄上一定厚度的水，增大了整个屋面的热阻和温度的衰减倍数，从而降低了屋面内表面的最高温度。经实测，深蓄水屋面的顶层住户的夏日温度比普通屋面要低2～5℃。

蓄水屋面又分为普通蓄水屋面和深蓄水屋面之分。普通蓄水屋面需定期向屋顶供水，以维持一定的水面高度。深蓄水屋面则可利用降雨量来补偿水面的蒸发，基本上不需要人为供水。蓄水屋面除增加结构的荷载外，如果其防水处理不当，还可能漏水、渗水。因此，蓄水屋面既可用于刚性防水屋面，也可用于卷材防水屋面。采用刚性防水层时也应按规定做好分格缝，防水层做好后应及时养护，蓄水后不得断水。采用卷材防水层时，其做法与卷材防水屋面相同，应注意避免在潮湿条件下施工。

五、建筑遮阳技术

在夏季，阳光通过建筑窗口照射房间，会造成室内过热和炫光现象。窗口阳光的直接照射将会使人感到炎热难受，以致影响工作和学习的正常进行。对空调建筑，窗口阳光的直接照射也会大大增加空调负荷，造成空调能耗过高。直射阳光照射到工作面上，会造成眩光，刺激人的眼睛。在某些房间，阳光中的紫外线往往使一些被照射的物品褪色、变质，以致损坏。为了避免上述情况，节约能源，建筑设计通常应采取必要的遮阳措施。虽然遮阳对整座建筑的防热都有效果，但是窗户遮阳则更显重要，因而应用更为广泛。多年来，遮阳这种传统高效的防热措施常常被人们忽略，但是近几年来，世界能源短缺和绿色生态理念重新赋予了建筑遮阳以新的活力。

（一）遮阳的主要功能

遮阳是防止过多直射阳光直接照射房间而设置的一种建筑构件。遮阳是历史最悠久、简便高效的建筑防热措施，无论是从古典的建筑，还是现代建筑均可以看到遮阳的广泛应用。许多遮阳既用于建筑的室内防热，同时也为室外活动提供了阴凉的空间。古代希腊和罗马建筑的柱廊和柱式门廊都具有这种功能。我国古建筑屋顶巨大的挑檐也具有明显的遮阳作用。许多著名的建筑也表现出对遮阳的重视，并且运用它创造了强烈的视觉效果。

（二）遮阳的分类

根据不同的分类方式，遮阳可以分为许多类型。依据所处位置，遮阳可以分为室内遮阳、室外遮阳和中间遮阳；依据可调节性，遮阳可以分为固定遮阳和活动遮阳；依据所用材料，遮阳可以分为混凝土遮阳、金属遮阳、织物遮阳、玻璃遮阳和植物遮阳等；依据其布置方式，遮阳可以分为水平遮阳、垂直遮阳、综合遮阳和挡板遮阳等；依据其构造和形态，遮阳可以分为实体遮阳、百叶遮阳和花格遮阳等类型。

有时很多建筑并未设置上述比较典型的遮阳，但是建筑师经过某些构造处理也可实现建筑遮阳的功能。例如将窗户深深嵌入很厚的外墙墙体内，其效果即相当于设置了一个比较窄的遮阳。

（三）遮阳的防热、节能原理

日照总共由三部分构成：太阳直射、太阳漫射和太阳反射辐射。当不需要太阳辐射采暖时，在窗户上可以安装遮阳以遮挡直射阳光，同样也可以遮挡漫射光和反射光。因此，遮阳装置的类型、大小和位置取决于所受阳光直射、漫射和反射影响部位的尺度。反射光往往是最好控制的，可以通过减少反射面来实现，最好的调节方法常常是利用植物。漫射光是很难控制的，因此常用附加室内遮阳或是采用玻璃窗内遮阳的方法。控制直射光的有效方式是室外遮阳。

遮阳与采光有时是互相影响甚至是互相矛盾的。不过，通常可以采取恰当的方式利用遮阳设计将太阳能引入室内，这样既可以提供高质置的采光，同时又减少了辐射到室内的热量。理想的遮阳装置应该能够在保温良好的视野和微风吹入窗内时，最大限度地阻挡太阳辐射。

（四）遮阳设计原则

遮阳的尺寸和类型应依据建筑的类型、气候条件和建筑场地的纬度确定。遮阳设计应该将遮阳尽可能设计成建筑的一部分，建筑各个朝向应当选择适宜的遮阳类型。根据建筑节能设计标准的要求，不同朝向的开窗面积也应该有所区别。活动遮阳比固定装置使用更方便高效，应该优先选用植物遮阳，室外遮阳比室内遮阳和玻璃遮阳更为理想。

（五）固定遮阳

固定遮阳包括水平遮阳、垂直遮阳和挡板遮阳三种基本形式。水平遮阳能够遮挡从窗口上方射来的阳光，适用于南向外窗。垂直遮阳能够遮挡从窗口两侧射来的阳光，适用于北向外窗。挡板遮阳能够遮挡平射到窗口的阳光，适用于接近于东西向外窗。

实际中可以单独选用遮阳形式或者对其进行组合，常见的还有综合、固定百叶、花格遮阳等。固定式遮阳因为构造简单、造价低、维修少等特点比活动遮阳装置使用更为广泛。然而，固定遮阳装置的效果因不能调节而受到一定影响，在某些场合不如活动遮阳装置效率高。

（六）活动遮阳

固定遮阳不可避免地会带来与采光、自然通风、冬季采暖、视野等方面的矛盾。活动遮阳可以根据使用者个人爱好及其他需求，自由地控制遮阳系统的工作状况。活动遮阳的形式包括遮阳卷帘、活动百叶遮阳等。

1.窗外遮阳卷帘

它适用于各个朝向的窗户，当卷帘完全放下的时候，能够遮挡住几乎所有的太阳辐射，这时候进入外窗的热量只有卷帘吸收的太阳辐射能量向内传递的部分。如果采用导热系数小的玻璃，则进入窗户的太阳热量非常少。此外也可以适当保持卷帘与窗户玻璃之间的距离，利用自然通风带走卷帘上的热量，也能有效减少卷帘上的热量向室内传递。

2.活动百叶遮阳

活动百叶遮阳有升降式百叶帘和百叶护窗等形式。百叶帘既可以升降，也可以调节角度，在遮阳采光和通风之间达到平衡，因而在办公楼宇及民用住宅得到了很大的应用。根据材料的不同，分为铝百叶帘、木百叶帘和塑料百叶帘。百叶护窗的功能类似于外卷帘，在构造上更为简单，一般为推拉的形式或者外开的形式，在国外得到大量的应用。

3.遮阳篷

这类产品很常见，但各自安装太显杂乱。

4.遮阳纱幕

这类产品既能遮挡阳光辐射，又能根据材料选择控制可见光的进入量，防止紫外线，并能避免眩光的干扰，适合于炎热地区。纱幕的材料主要采用玻璃纤维，耐火防腐且坚固耐久。

第三节　可再生能源与城市雨水利用技术

一、可再生能源利用技术

为了促进可再生能源的开发利用，增加可再生能源及材料供应，改善能源结构，保障能源安全，保护环境，实现经济社会的可持续发展，我国制定了《中华人民共和国可再生能源法》。

可再生能源法中所称可再生能源，是指风能、太阳能、水能、生物质能、地热能、海洋能等非化石能源。可再生能源法要求从事国内地产开发的企业应当根据规定的技术规范，在建筑物的设计和施工中，为太阳能利用提供必备条件。对于既有建筑，住户可以在不影响其质量与安全的前提下安装符合技术规范和产品标准的太阳能利用系统。虽然我国在风能、生物质能、太阳能等领域已经取得了积极的成果，同时在地热（地冷）的开发利用方面也进行了有益的探索，但由于经济、技术等原因，这些技术并没有在建筑上得到广泛全面的应用。目前发展较快、在建筑领域便于推广、应用的可再生能源主要是太阳能和地热（地冷）能。

（一）太阳能利用技术

1.我国的太阳能资源

太阳能是取之不尽，用之不竭的天然能源，我国是太阳能能源丰富的国家。全国总面积2/3以上地区年日照数大于2000小时，辐射总量在3340～8360MJ/m²，相当于110～280kg标准煤的热量。全国陆地面积每年接受的太阳辐射能约等于2.4万亿吨标准煤。如果将这些太阳能有效利用，对于减少二氧化碳排放，保护生态环境，保障经济发展过程中能源的持续稳定供应都将具有重大意义。

2.太阳能利用原理

太阳能利用的基本形式分为被动式和主动式。被动式的工作机理主要是"温室效应"，它是一种完全通过建筑朝向和周围环境的合理布置、内部空间和外部形体的巧妙处理以及材料、结构的恰当选择、集取、蓄存、分配太阳热能的建筑，如被动式太阳房。主动式即全部或部分应用太阳能光电和光热新技术为建筑提供能源。应用比较广泛的太阳能利用技术有以下几种：

（1）太阳能热水系统

应用太阳能集热器可组成集中式或分户式太阳能热水系统为用户提供生活热水，目前在国内该技术最成熟，应用最广泛。太阳能热水器理论上是一次投资，使用不花钱。实际上这是不可能的，因为无论任何地方，每年都有阴云雨雪天气以及冬季日照不足天气。在此气候下主要靠电加热制热水（也有一些产品是靠燃气加热），每年平均有25%～50%以上的热水需要完全靠电加热（地区之间不尽相同，阴天多的地区实际耗电量还要大）。此外，敷设在太阳能热水器室外管路上的"电热防冻带（只在北方地区有）"，也要消耗大量电能。因此，选用时应综合考虑。

（2）太阳能光电系统

应用太阳能光伏电池、蓄电、逆变、控制、并网等设备，可构成太阳能光电系统。光电电池的主要优点是：可以与外装饰材料结合使用，运行时不产生噪声和废气；光电板的质量很轻，他们可以随时间按照射的角度转动；同时太阳能光电板优美的外观，具有特殊的装饰效果，更赋予建筑物鲜明的现代科技色彩。

光电池和建筑围护结构一体化设计是光电利用技术的发展方向，它能使建筑物从单纯的耗能型转变为供能型。产生的电能可独立存储，也可以并网应用。并网式适合于已有电网供电的用户，当产生的电量大于用户需求时，多余的电量可以输送到电网，反之可以提供给用户。

光电技术产品还有太阳能室外照明灯、信息显示屏、信号灯等。目前光电池面临的一大难题是成本较高，但随着应用的增加，会大幅度降低生产成本。我国已经开展了晶硅高效电池、非晶硅和多晶硅薄膜电池等光电池以及光伏发电系统的研制，并建成了千瓦级的独立和并网的光伏示范项目。

建筑的太阳能光电利用在充分利用太阳能的同时，改善了建筑室内环境和外部形象，节省了常规能源的消耗，同时还减少了CO_2等有害气体排放，对保护环境也有突出贡献。太阳能光电利用的效益评价决不能仅仅局限于眼前的经济效益，应该充分考虑这种改造对未来所产生的社会和环境效益（后者甚至比前者更重要）。应充分认识太阳能光电利用的战略意义。

（3）太阳墙采暖通风技术

太阳墙采暖通风技术的原理是建筑把"多余"的太阳能收集起来加热空气，再由风机通过管道系统将加热的空气送至北向房间，达到采暖通风的效果。太阳墙系统由集热和气流输送两部分系统组成，房间是蓄热器。集热系统包括垂直墙板、遮雨板和支撑框架。气流输送系统包括风机和管道。太阳墙板材覆于建筑外墙的外侧，上开有大量密布的小孔，与墙体的间距由计算决定，一般在200mm左右，形成的空腔与建筑内部通风系统的管道相连，管道中设置风机，用于抽取空腔内的空气。

（二）地能利用原理与技术

土壤温度的变化随着深度的增加而减小，到地下15m时，这种变化可忽略。土壤温度一年四季相对稳定，地能利用技术就是利用地下土壤温度这种稳定的特性，以大地作为热源（也称地能，包括地下水、土壤或地表水），以土壤作为最直接最稳定的换热器，通过输入少1的高位能源（如电能），经过热泵机组的提升作用，将土壤中的低品位能源转换为可以直接利用的高品位能源。

1.地能利用原理

地能利用原理就是通过热泵机组将土壤中的低品位能源转换为可以直接利用的高品位能源，就可以在冬季把地能作为热泵供暖的热源，把高于环境温度的地能中的热能取出来供给室内采暖；在夏季把地能作为空调的冷源，把室内的热能取出来释放到低于环境温度的地能中，以实现冬季向建筑物供热、夏季提供制冷，并可根据用户的要求随时提供热水。

2.地源热泵技术

地源热泵是地能利用的一种常见方式，它是利用地下浅层地热源资源（也称地能，包括地下水、土壤或地表水等）既可制热又可制冷的高效节能空调系统。地源热泵通过输入少量的高品位能源（如电能），实现低温位热能向高温位转移，地能分别在冬季作为热泵供暖的热源和夏季空调的冷源。在冬季，把地能中的热取出来，提高温度后供给室内采暖；在夏季，把室内热量取出来，释放到地能中去。由于系统采取了特殊的换热方式，使之具有传统空调无法比拟的高效节能优点。

土壤埋管地源热泵通过埋设在土壤中的高效传热管及管内流动的循环液与大地换热从而对建筑物进行空气调节的技术。冬季通过热泵提取大地中低位热能并将其转化提高到50Y左右，对建筑物供暖；夏季通过热泵将建筑物内的热量排放在土壤中，使冷却水温度下降，从而对建筑物供冷。土壤提供了一个绝好的免费能量存储源泉。

（1）地下水热泵系统

地下水的应用因其存在不可避免的污染问题而在我国受到严格的限制，且易抽难灌，因此其推广势难持久。

（2）地表水热泵系统

在10m或更深的湖中，可提供10T的直接制冷，比地下埋管系统投资要小，水泵能耗较低，可靠性高，维修要求低、运行费用低。在温暖地区，湖水可做热源。

3.地源热泵应用方式

根据应用的建筑物对象，地源热泵可分为家用和商用两大类；按输送冷热量方式可分为集中系统、分散系统和混合系统。家用系统是指用户使用自己的热泵、地源和水路或风管输送系统进行冷热供应，多用于小型住宅、别墅等户式空调。

（1）集中系统

热泵布置在机房内，冷热量集中通过风道或水路分配系统送到各房间。

（2）分散系统

用户单独使用自己的热泵机组调节空气。一般用于办公楼、学校、商用建筑等，此系统可将用户使用的冷热量完全反应在用电上，便于计量，适用于目前的独立热计量要求。

（3）混合系统

将地源和冷却塔或加热锅炉联合使用作为冷热源的系统，混合系统与分散系统非常类似，只是冷热源系统增加了冷却塔或锅炉。南方地区冷负荷大、热量荷低，夏季适合联合使用地源和冷却塔，冬季只使用地源。北方地区热负荷大、冷负荷低，冬季适合联合使用地源和锅炉，夏季只使用地源。这样可减少地源的容量和尺寸，节省投资。分散系统或混合系统实质上是一种水环路热泵空调系统形式。

二、城市雨水利用技术

（一）城市雨水利用的意义

降雨是自然界水循环过程的重要环节，雨水对调节和补充城市水资源量、改善生态环境起着极为关键的作用。雨水对城市也可能造成一些负向影响，比如雨水常常使道路泥泞，间接影响市民的工作和生活；排水水不畅时，也可造成城市洪涝灾害等。因此，城市雨水往往要通过城市排水设施来及时、迅速地排除。

雨水作为自然界水循环的阶段性产物，其水质优良，是城市中十分宝贵的水资源。通过合理的规划和设计，采取相应的工程措施，可将城市雨水充分利用。这样不仅能在一定程度上缓解城市水资源的供需矛盾，而且还可有效地减少城市地面水径流量，延滞汇流时间，减轻排水设施的压力，减少防洪投资和洪灾损失。城市雨水利用就是通过工程技术措施收集、储存并利用雨水，同时通过雨水的渗透、回灌补充地下水及地面水源，维持并改善城市的水循环系统。

（二）城市雨水利用设施

1.雨水收集系统

雨水收集系统是将雨水收集、储存并经简易净化后供给用户的系统。依据雨水收集场地的不同，分为屋面集水式和地面集水式两种。屋面集水式雨水收集系统由屋顶集水场、集水槽、落水管输水管、简易净化装置（粗滤池）、储水池和取水设备组成。地面集水式雨水收集系统由地面集水场、汇水渠、简易净化装置（沉砂池、沉淀池粗滤池）、储水池和取水设备组成。

2.雨水收集场

（1）屋面集水场

坡度往往影响屋面雨水的水质。因此，要选择适当的屋面材料，选用黏土瓦、石板、水泥瓦、镀锌铁皮等材料，而不宜收集草皮屋顶、石棉瓦屋顶、油漆涂料屋顶的水，因为草皮中会积存大量微生物和有机污染物，石棉瓦在水冲刷浸泡下会析出对人体有害的石棉纤维，有些油漆和涂料不仅会使水有异味，在雨水作用下还会溶出有害物质。

（2）地面集水场

地面集水场是按用水量的要求在地上单独建造的雨水收集场。为保证集水效果，场地宜建成有一定坡度的条形集水区，坡度不小于1∶200。在低处修建一条汇水渠，汇集来自各条形集水区的降水径流，并将水引至沉沙池。汇水渠坡度应不小于1∶400。

3.雨水储留方式。

（1）城市集中储水

城市集中储水是指通过工程设施将城市雨水径流集中储存，以备处理后用于城市杂用水或消防等方面的工程措施。

（2）分散储水

分散储水是指通过修筑小水库、塘坝、水窖（储水池）等工程设施，把集流场所拦蓄的雨水储存起来，以备利用。

4.雨水简易净化

（1）屋面集水式的雨水净化

除去初期雨水后，屋面集水的水质较好，因此采用粗滤池净化，出水消毒后便可使用。

（2）地面集水式的雨水净化

地面集水式雨水收集系统收集的雨水一般水量大，但水质较差，要通过沉砂、沉淀、混凝、过滤和消毒处理后才能使用。实际应用时可根据原水水质和出水水质的要求对上述处理单元进行增减。

5.雨水渗透

雨水渗透是通过人工措施将雨水集中并渗入补给地下水的方法。雨水渗透可增加雨水向地下的渗入量，使地下水得到更多的补给量，对维持区域水资源平衡，尤其对地下水严重超采区控制地下水水位持续下降具有十分积极的意义。渗透设施对涵养雨水和抑制暴雨径流的作用十分显著，采用渗透设施通常可使雨水流出率减少到1/6。根据设施的不同，雨水渗透方法可分为散水法和深井法两种。散水法是通过地面设施（如渗透检查井、渗透管、渗透沟、透水地面或渗透池等）将雨水渗入地下的方法。深井法是将雨水引入回灌并直接渗入含水层的方法，对缓解地下水位持续下降具有十分积极的意义。雨水渗透设施主要包括以下几种：

（1）多孔沥青及混凝土地面。

（2）草皮砖。草皮砖是带有各种形状空隙的混凝土铺地材料，开孔率可达20%～30%。

（3）地面渗透池。当有天然洼地或贫瘠土地可利用，且土壤渗透性能良好时，可将汛期雨水集于洼地或浅塘中，形成地下渗透池。

（4）地下渗透池。地下渗透池是利用碎石空隙、穿孔管、渗透渠等储存雨水的装置，它的最大优点是利用地下空间而不占用日益紧缺的城市地面土地。由于雨水被储存于地下蓄水层的孔隙中，因而不会滋生蚊蝇，也不会对周围环境造成影响。

（5）渗透管。渗透管一般采用穿孔管材或用透水材料（如混凝土管）制成，横向埋于地下，在其外围填埋砾石或碎石层。汇集的雨水通过透水壁进入四周的碎石层，并向四周土壤渗透。渗透管具有占地少、渗透性好的优点，便于在城市及生活小区设置，可与雨水管系统、渗透池及渗透井等综合使用，也可单独使用。

（6）回灌井。回灌井是利用雨水人工补给地下水的有效方法，主要设施有管井、大口井、竖井等及管道和回灌泵、真空泵等。目前国内的深井回罐方法有真空（负压）、加压（正压）和自流（无压）三种方式。

（三）雨水利用中的问题及解决途径

1.大气污染与地面污染

空气质量直接影响着降雨的水质。我国严重缺水的北方城市，大气污染已是普遍存在的环境问题。这些城市的雨水污染物浓度较高，有的地方已形成酸雨。这样的雨水降落至屋面或地面，比一般的雨水更容易溶解污染物，从而导致雨水利用的处理成本增加。地面污染源也是雨水利用的严重障碍。雨水溶解了流经地区的固体污染物或与液体污染物混合后，形成了污染的雨水径流。当雨水中含有难以处理的污染物时，雨水的处理成本将成倍增加，影响雨水的利用。改善城市水资源供需矛盾是一个十分宏大的系统工程，它涉及自然、环境、生态、经济和社会等各个领域。它们之间相辅相成，缺一不可。要重视大气污染和地表水污染的防治，根治地面固体污染源。

2.屋面材料污染

屋面材料对屋面初期雨水径流的水质影响很大。目前我国城市普遍采用的屋面材料（如油毡、沥青）中有害物的溶出量较高。因此，要大力推广使用环保材料，以保证利用雨水和排出雨水的水质。

3.降水量的确定

降雨过程存在着季节性和很大的随机性，因此雨水利用工程设计中必须掌握当地的降雨规律，否则集水构筑物、处理构筑物及供水设施将无法确定。降雨径流量的大小主要取决于次降雨量、降雨强度、地形及下垫面条件（包括土壤型、地表植被覆盖、土壤的入渗能力及土壤的前期含水率等）。

4.雨水渗透工程的实施

雨水渗透工程是城市雨水补给地下水的有效措施。在工程设计与实施中，要注意渗透设施的选址、防止渗透装置堵塞和避免初期雨水径流的污染等问题。

第四节　污水再利用与建筑节材技术

一、污水再利用技术

随着全球工农业的飞速发展，用水量及排水量正逐年增加，而有限的地表水和地下水资源又不断被污染，加上地区性的水资源分布不均匀和周期性干旱，导致淡水资源日益短缺，水资源的供需矛盾呈现出越来越尖锐的趋势。在这种形势下，人们不得不在天然水资源（地下水、地表水）之外，通过多种途径开发新的水资源。主要途径有：海水淡化；远距离跨区域调水，以丰补缺，改变水资源分布不均的自然状况；污水处理利用。相比之下，污水处理利用比较现实易行，具有普遍意义。

（一）污水再利用的意义

1.缓解水资源短缺

由于全球性水资源危机正威胁着人类的生存和发展，世界上很多国家和地区已对城市污水处理利用做出总体规划，把经适当处理的污水作为一种新水源，以缓解水资源的紧缺状况。因此，我国推行城市污水资源化，把处理后的污水作为第二水源加以利用，是合理利用水资源的重要途径，可以减少城市新鲜水的取用量，减轻城市供水不足的压力和负担，缓解水资源的供需矛盾。

2.合理使用水资源

城市用水并非都需要优质水，只需满足所需要的水质要求即可。以生活用水为例，其中用于烹饪、饮用的水只占5%左右，而对于占20%～30%的不同人体直接接触的生活杂用水则并无过高的水质要求。为了避免市政、娱乐、景观、环境用水过多而占用居民生活所需的优质水，水质要求较低的应该提倡采用污水处理后满足要求的再用水，即原则上不将高一级水质的水用于低一级水质要求的场合，这应是合理利用水资源的基本原则。

3.提高水资源利用的效益

城市污水和工业废水的水质相对稳定，易于收集，处理技术也较成熟，基建投资比远距离引水经济得多，并且污水回用所收取的水费可以使污水处理获得有力的财政支持，水污染防治得到可靠的经济保证。另外，污水处理利用减少了污水排放量，减轻了对水体的污染，可以有效地保护水源，相应降低取自该水源的水处理费用。

4.环境保护的重要措施

污水处理利用是对污水的回收利用，而且污水中很多污染物需要在同时回收。

（二）城市污水回用及可行性

城市污水回用包括两种方式：隐蔽回用和直接回用。隐蔽回用一般是指上游污水排入江河，下游取用；或者一地污水回渗地下，另一地回用。直接回用则是指对城市污水加以适当处理后直接利用。污水直接回用一般需要满足三个基本要求：水质合格、水量合用和经济合理。

1.经济效益可行性

城市污水处理一般均建在城市周围，在许多城市，污水经过二级处理后可就近回用于城市和大部分工农业部门，无须支付再生费用，以二级处理出水为原水的工业净水厂的治水成本一般低于甚至远低于以自然水为原水的自来水厂，这是因为取水距离大大缩短，节省了水资源费、远距离输水费和基建费。无论基建费用还是运行成本，海水淡化费用都超过污水回用的处理费用，城市污水回用在经济上有较明显的优势。

2.环境效益可行性

城市污水具有量大、集中、水质水量稳定等特点，污水进行适度处理后回用于工业生产，可使占城市用水量50%左右的工业用水的自然取水量大大减少，使城市自然水耗量减少30%以上，这将大大缓解水资源的不足，同时减少向水域的排污量，在带来可观的经济效益的同时也带来相当大的环境效益。

（三）污水再利用类型和途径

1.作为工业冷却水

国外城市污水在工业主要是用于对水质要求不高但用水量大的领域。我国工业用水的重复利用率很低，与世界发达国家相比差距很大。近年来，我国许多地区开展了污水回用的研究与应用，取得了不少好经验。在城市用水中，大多数为工业用水，而工业用水中很多部分可用作水质要求不很高的冷却水，将适当处理后的城市污水作为工业用水的水源，是缓解缺水城市供需矛盾的途径之一。工业用水户的位置一般比较集中，且一年四季连续用水，因而是城市污水处理厂出水的稳定受纳体。根据生产工艺要求、水冷却方式和循环水的散热形式，循环冷却水系统可分为密闭式和开放式两种。水在使用过程中不可避免地都会带来一定的污染物。因此，回用水的水质情况是比较复杂的，回用水的水质指标应该包括给水和污水两方面的水质指标。

2.作为其他工业用水

对于多种多样的工业，每种工艺用水的水质要求和每种废水排出的水质各有不同，必须在具体情况具体分析的基础上经调查研究确定。一般工业部门愿意接受饮用水标准的水，有时工业用水水质要比饮用水水质要求更严格。在这种情况下，工厂要按要求进行补充处理。再利用污水在其水质在满足不同的工业用水要求的情况下，可以广泛应用于造纸、化学、金属加工、石油、纺织工业等领域。

3.作为生活杂用水

生活杂用水包括景观、城市绿化、建筑施工、洗车、扫除洒水、建筑物厕所冲洗等场合。随着城市污水截流干管的修建，原有的城市河流湖泊常出现缺水断流现象，影响城市美观与居民生活环境。再生水回用于景观水体要注意水体的富营养化问题，以保证水体美观。要防止再生水中存在病原菌和有些毒性有机物对人体健康和生态环境的危害。

4.作为农田灌溉水

以污水作灌溉用水在世界各地具有悠久的历史，在19世纪后半期的欧洲发展最快。随着人口增加和工农业的发展，水资源紧缺日趋严峻农业用水尤为紧张，污水农业回用在世界上，尤其是缺水国家和发达国家日益受到重视。多年来，在广大缺水地区，水成为农业生产的主要制约因素。污水灌溉曾经成为解决这一矛盾的重要举措。

从国外和我国多年实行污水灌溉的经验可见，用于农业特别是粮食、蔬菜等作物灌溉的城市污水，必须经过适当处理以控制水质，含有毒有害污染物的废水必须经过必要的点源处理后才能排入城市的排水系统，再经过综合处理达到农田灌溉水质标准后才能引灌农田。总之，加强城市污水处理是发展污水农业回用的前提，污水农业回用必须同水污染治理相结合才能取得良好的成绩。城市污水农业回用较其他方面回用具有很多优点，如水质要求、投资和基建费用较低，可以变为水肥资源，容易形成规模效益。可以利用原有灌溉渠道，不需要管网系统，既可就地回用，也可以处理后储存。

5.作为地下回灌水

污水处理后向地下回灌是将水的回用与污水处置结合在一起最常用的方法之一。许多地区已经采用处理后污水回灌来弥补地下水的不足，或补充作为饮用水源水。例如上海和其他一些沿海地区，由于工业的发展和人口的增加使地下水水位下降，从而导致咸水入侵。污水经过处理后另一种可能的用途是向地下回灌再生水后，阻止咸水入侵。污水经过处理后还可向地下油层注水。国外很多油田和石油公司已经进行了大量的注水研究工作，以提高石油的开采量。

（四）污水处理技术

由于污水再生利用的目的不同，污水处理的工艺技术也不同。水处理技术按其机理可分为物理法、化学法、物理化学法和生物化学法等，污水再生利用技术通常需要多种工艺的合理组合，对污水进行深度处理，单一的某种水处理工艺很难达到回用水水质要求。

1.物理方法

无论是生活污水还是工业废水都含有相同数量的漂浮物和悬浮物质，通过物理方法去除这些污染物的方法即为物理处理。常用的处理方法有以下几种：①筛滤截留法：主要是利用筛网、格栅、滤池与微滤机等技术来去除污水中的悬浮物；②重力分离法：主要有重力沉降和气浮分离方法。重力沉降主要是依靠重力分离悬浮物；气浮是依靠微气泡粘附上浮分离不易沉降的悬浮物，目前最常用的是压力溶气及射流气浮；③离心分离法：不同质量的悬浮物在高速旋转的离心力场作用下依靠惯性被分离。主要使用的设备有离心机与旋流分离器等；④高梯度磁分离法：利用高梯度、高强度磁场分离弱磁性颗粒；⑤高压静电场分离法：主要是利用高压静电场改变物质的带电特性，使之成为晶体从水中分离；或利用高压静电场局部高能破坏微生物（如藻类）的酶系统，杀死微生物。

2.化学方法

化学方法是采用化学反应处理污水的方法，主要有以下几种：①化学沉淀法：以化学方法析出并沉淀分离水中的物质；②中和法：用化学法去除水中的酸性或碱性物质，使其pH值达到中性附近；③氧化还原法：利用溶解于废水中的有毒有害物质在氧化还原反应中能被氧化或还原的性质，将其转化为无毒无害的新物质；④电解法：

电解质溶液在电流的作用下，发生电化学反应的过程称为电解。利用电解的原理来处理废水中的有毒物质的方法称为电解法。

3.物理化学法

主要有：①离子交换法：以交换剂中的离子基团交换去除废水中的有害离子；②萃取法：以不溶水的有机溶剂分离水中相应的溶解性物质；③气提与吹脱法：去除水中的挥发性物质，如低分子、低沸点的有机物；④吸附处理法：以吸附剂（多为多孔性物质）吸附分离水中的物质，常用的吸附剂是活性炭；⑤膜分离法：利用隔膜使溶剂（通常为水）与溶质或微粒分离。

4.生物法

生物法包括活性污泥法、生物膜法、生物氧化塘、土地处理系统和厌氧生物处理法等。

二、建筑节材技术

建筑材料工业高能耗、高物耗、高污染，是对不可再生资源依存度非常高、对天然资源和能源资源消耗大、对大气污染严重的行业，是节能减排的重点行业。钢材、水泥和砖瓦砂石等建筑材料是建筑业的物质基础。节约建筑材料，降低建筑业的物耗、能耗，减少建筑业对环境的污染，是建设资源节约型社会与环境友好型社会的必然要求。因此，做好原材料的节约对降低生产成本和提高企业经济效益有十分现实意义的工作。

（一）建筑节材技术途径

我国建筑业材料消耗数量越来越大，这反过来也表明我国建筑节材的潜力巨大。就目前可行的技术而言，建筑节材技术可以分为三个层面：建筑工程材料应用方面的节材技术、建筑设计方面的节材技术、建筑施工方面的节材技术。

1.建筑工程材料应用方面

在建筑工程材料应用技术方面，建筑节材的技术途径是多方面的，例如尽量配制轻质高强结构材料，尽量提高建筑工程材料的耐久性和使用寿命，尽可能采用包括建筑垃圾在内的各种废弃物，尽可能采用可循环利用的建筑材料等。近期内较为可行的技术包括以下几种：

（1）可取代黏土砖的新型保温节能墙体材料的工程应用技术，例如外墙外保温技术、保温模板一体化技术等。该类技术可以节约大量的黏土资源，同时可以降低墙体厚度，减少墙体材料消耗量。

（2）散装水泥应用技术。城镇住宅建设工程限制使用包装水泥，广泛应用散装水泥；水泥制品如排水管、压力管、水泥电杆、建筑管桩、地铁与隧道用水泥构件等全部使用散装水泥。该类技术可以节约大量的木材资源和矿产资源，减少能源消耗量，同时可以降低粉尘及二氧化碳的排放量。

（3）采用商品混凝土和商品砂浆。例如商品混凝土集中搅拌，比现场搅拌可节约水泥10%，且可使砂、石材料的损失减少5%~7%。

（4）轻质高强建筑材料工程应用技术，例如高强轻质混凝土等。高强轻质材料不仅本身消耗资源较少，而且有利于减轻结构自重，可以减小下部承重结构的尺寸，从而减少材料消耗。

（5）以耐久性为核心特征的高性能混凝土及其他高耐久性建筑材料的工程应用技术。采用高耐久性混凝土及其他高耐久性建筑材料可以延长建筑物的使用寿命，减少维修次数，所以在客观上避免了建筑物过早维修或拆除而造成的巨大费。

2.建筑设计技术方面

（1）设计时采用工厂生产的标准规格的预制成品或部件，以减少现场加工材料所造成的浪费。这样一来，势必逐步促进建筑业向工厂化产业化发展。

（2）设计时遵循模数协调原则，以减少施工废料量。

（3）设计方案中尽量采用可再生原料生产的建筑材料或可循环再利的建筑材料，减少不可再生材料的使用率。

（4）设计方案中提高高强钢材使用率，以降低钢材消耗量。

（5）设计方案中要求使用高强混凝土，提高散装水泥使用率，以降低混凝土消耗量，从而降低水泥、砂石的消耗量。

（6）对建筑结构方案进行优化。例如某设计院在对50层的南京新华大厦进行结构设计时，采用结构设计优化方案可节约材料达20%。

（7）建筑设计尤其是高层建筑设计应优先采用轻质高强材料，以减小结构自重和材料用量。

（8）建筑的高度、体量、结构形态要适宜，过高、结构形态怪异，为保证结构安全性往往需要增加某些部位的构件尺寸，从而增加材料用量。

（9）采用有利于提高材料循环利用效率的新型结构体系，例如钢结构、轻钢结构体系以及木结构体系等。随着我国"住宅产业化"步伐的加快以及钢结构建筑技术的发展，钢结构建筑将逐渐走向成熟，钢结构建筑必将成为我国建筑的重要组成部分。

（10）设计方案应使建筑物的建筑功能具备灵活性、适应性和易维护性，以便使建筑物在结束其原设计用途之后稍加改造即可用作其他用途，或者使建筑物便于维护而尽可能延长使用寿命。与此类似，在城市改造过程中应统筹规划，不要过多地拆除尚可使用的建筑物，应该维修或改造后继续加以利用，尽量延长建筑物的服役期。

3.建筑施工技术方面

（1）采用建筑工业化的生产与施工方式，建筑工业化的好处之一就是节约材料，与传统现场施工相比可减少许多不必要的材料浪费，提高施工效率的同时也减少施工的粉尘和噪声污染。

（2）采用科学严谨的材料预算方案，尽量降低竣工后建筑材料剩余率。

（3）采用科学先进的施工组织和施工管理技术，使建筑垃圾产生量占建筑材料总用量的比例尽可能降低。

（4）加强工程物资与仓库管理，避免优材劣用、长材短用、大材小用等不合理现象。

（5）大力推行一次装修到位，减少耗材、耗能和环境污染。目前，提供毛坯房的做法已经满足不了市场的需求，也不适应社会化大生产发展趋势。住宅的二次装修不仅造成质量隐患、资源浪费、环境污染，而且也不利于住宅产业现代化的发展。提供成品住宅，实现住宅装修一次到位，将是建筑业的发展主流。

（6）尽量就地取材，减少建筑材料在运输过程中造成的损坏及浪费。我国社会经济可持续的科学发展面临着能源和资源短缺的危机，所以社会各行业必须始终坚持节约型的发展道路，共建资源节约型和环境友好型社会。建筑业作为能源和资源的消耗大户，更需要大力发展节约型建筑，我国建筑节材潜力巨大、技术可行、前景广阔。

（二）建筑节材技术的发展趋势

1.建筑结构体系节材

（1）有利于材料循环利用的建筑结构体系

目前，广泛采用的现浇钢筋混凝土结构在建筑物废弃之后将产生大量建筑垃圾，造成严重的环境负荷。钢结构在这方面有着突出的优势，材料部件可重复使用，废弃钢材可回收，资源化再生程度可达90%以上。我国应积极发展和完善钢结构及其围护结构体系的关键技术，发展钢结构建筑，提高钢结构建筑的比例，建立钢结构建筑部件制造产业，促进钢结构建筑的产业化发展。

除了钢结构以外，木结构以及装配式预制混凝土建筑都是有利于材料循环利用的建筑结构体系。随着城市建设中旧混凝土建筑物拆除量的增加和环境保护要求的提高，再生混凝土的生产及应用也将逐步成为建筑业节约材料、循环利用建筑材料的重要方式。

（2）建筑结构监测及维护加固关键技术

建筑结构服役状态的监测及结构维护、加固改造关键技术对于延长建筑物寿命具有重要意义，因而对建筑节材也具有重要促进作用。这些技术主要包括结构诊断评估技术、复合材料技术、加固施工技术，特别是碳纤维玻璃纤维粘贴加固材料与施工技术。

（3）新型节材建筑体系和建筑部品

当代绿色节能生态建筑的发展将不断催生新型节材建筑体系和建筑部品。应针对我国目前建筑业发展的实际情况，加强自主创新，积极开发和推广新型的节材建筑体系和建筑部品，建立建筑节材新技术的研究开发体系和推广应用平台，加快新技术新材料的推广应用。

2.节材技术

（1）高强、高性能建筑材料技术

高强材料（主要包括高强钢筋、高强钢材、高强水泥、高强混凝土）的推广应用是建筑节材的重要技术途径，这需要建筑设计规范与有关技术政策的促进。围护结构材料的高强轻质化不仅降低了围护结构本身的材料用量，而且可以降低承重结构的材料用量。高强度与轻质是一个相对的概念，高强轻质材料制备技术不仅体现在对材料本体的改型性，而且也体现在材料部品结构的轻质化设计。例如，水泥基胶凝材料的发气和引气技术，替代实心黏土砖的各种空心砖、砌块和板材的孔洞构造设计以及其他复合轻质结构等。在围护结构中应用新型轻质高强墙体材料是建筑围护结构发展的趋势。

（2）提高材料耐久性和建筑寿命的技术

材料耐久性的提高和建筑物寿命的显著提高可以产生更大的节约效益。采用先进的材料制备技术，将工业固体废物加工成混凝土性能调节材料和性能提高材料，制备绿色高性能混凝土及其建筑制品将成为广泛应用的材料技术。这种高性能建筑材料的制备和应用，利用了大量的工业废渣，原材料丰富且减少了环境污染。所以，诸如高耐久性高性能混凝土材料、钢筋高耐蚀技术、高耐候钢技术及高耐候性的防水材料、墙体材料、装饰装修材料等，将为提高建筑寿命提供支撑，成为我国建筑节材的战略技术途径之一。

（3）有利于节材的建筑优化设计技术

优化设计包括结构体系优化、结构方案优化等。开展优化设计工作，需要制定鼓励发展和使用优化技术的政策文件和技术规范，指导工程设计人员建立各种结构形式的优选方案。通过对经济、技术、环境和资源的对比分析，提出优化设计报告方案，是节约资源、纠正不良设计倾向的重要环节。在设计技术的优化方面，应该在保证结构具有足够安全性和耐久性的基础上，充分兼顾结构体系及其配套技术对建筑物各生命阶段能源、资源消耗的影响及对环境的影响，充分遵循可持续发展的原则，力求节约，避免或减少不必要或华而不实的建筑功能设计和建筑选型。

（4）可重复使用和资源化再生的材料生态化设计技术

循环经济理念将逐步成为建筑设计的指导原则，建筑材料制品的设计和结构构造将考虑建筑物废弃后建筑部件的可拆卸、可重复使用和可再生利用问题。此外，对建筑材料的选择和加工以及建筑产品的设计将尽量考虑废弃后的可再生性，尽量提高资源利用率。国家也将制定或完善鼓励建筑业使用各种废弃物的优惠政策，促进建筑垃圾的分类回收和资源化利用的规模化、产业化发展，降低再生建材产品的成本，促进推广应用。

（5）建筑部品化及建筑工业化技术

集约化、规模化和工厂化生产及应用是实现建筑工业化的必由之路，建筑构配件的工厂化、标准化生产及应用技术更能体现发展节能省地型建筑要求的技术政策。从我国发展的实际情况来看，钢结构构件、建筑钢筋的工厂化生产及其现代化配送关键技术，高尺寸精度的预制水泥混凝土和水泥结构制品结构构件，墙板、砌块的生产及应用关键技术以及装配式住宅产业化技术等可能先得到发展和突破。

3.管理节材

（1）工程项目管理技术

开发先进的工程项目管理软件，建立健全管理制度，提高项目管理水平，是减少材料浪费的重要和有效途径。先进的工程项目管理技术将有助于加强建筑工程原材料消耗核算管理，严格设计、施工生产等流程管理规范，最大限度地减少现场施工造成的材料浪费。

（2）建筑节材相关标准规范

建筑节材相关标准规范是决定材料消耗定额的技术法规，提高相关标准规范的水平和开展制修订工作将有利于淘汰建筑业中高耗材的落后工艺、技术、产品和设备。政府将加强建筑节材相关标准规范的制修订工作，提高材料消耗定额管理水平，加大有关建筑节材技术标准规范制修订的投入，制定更加严格的建筑节材相关标准和评价指标体系，建立强制淘汰落后技术与产品的制度，制定鼓励以节材型产品代替传统高耗材产品的政策措施。同时，也将开展建筑节材示范工程建设，促进建筑节材工作。

（三）循环再生材料与技术

1.建筑废弃物的再生利用

废气混凝土是建筑业排出量最大的废弃物。一些国家在建筑废弃物利用方面的研究和实践已卓有成效。废弃混凝土用于回填或路基材料是极其有限的，但作为再生集料用于制造混凝土、实现混凝土材料的循环利用是混凝土废弃物回收利用的发展方向。将废弃混凝土破碎作为再生集料既能解决天然集料资紧张的问题，利于集料产地环境保护，又能减少城市废弃物的堆放占地和环境污染问题，实现混凝土生产的物质循环闭路化，保证建筑业的长久可持续发展。很多国家都建立了以处理土废弃物为主的加工厂，生产再生水泥和再生骨料。

我国城市的建筑废弃物日益增多，一些城建单位对建筑废弃物的回收利用做了有益的尝试，成功地将部分建筑垃圾用于细骨料、砌筑砂浆、内墙和顶棚抹灰、混凝土垫层等。一些研究单位也开展了用城市垃圾制取烧结砖和混凝土砌块技术，并且具备了推广应用的水平。虽然针对垃圾总量来看，利用率还很低，但毕竟有了较好的开端，为促进垃圾处理产业化、降低建材工业对自然资源的大量消耗积累了经验。

2.危险性废料的再生利用

水泥回转窑是非常好的处理危险废物的焚烧炉。水泥回转窑燃烧温度高，物料在窑内停留时间长，又处在负压状态下运行，工况稳定。对各种有毒性、易燃性、腐蚀性、反应性的危险废弃物具有很好的降解作用，不向外排放废渣，焚烧物中的残渣和绝大部分重金属都被固定在水泥熟料中，不会产生对环境的二次污染。同时，这种处置过程是与水泥生产过程同步进行的，处置成本低，因此这是是一种合理的处置方式。

可燃性废弃物的种类主要有工业溶剂、废液（油）和动物骨粉等。我国从20世纪90年代开始，利用水泥窑处理危险废物的研究和实践，并已取得一定的成绩。

3.利用其他废料制造建筑材料

（1）利用废塑料

在废塑料中加入作为填料的粉煤灰、石墨和碳酸钙，采用熔融法制瓦。产品的耐老化性、吸水性、抗冻性都符合要求抗折强度（14～19MPa）。用废塑料制建筑用瓦是消除"白色污染"的一种积极方法，以粉煤灰作瓦的填料可实现废物的充分利用。利用废聚苯乙烯经加热消泡后，可重新发泡制成隔热保温板材。将消泡后的聚苯乙烯泡沫塑料加入一定剂量的低沸点液体改性剂、发泡剂、催化剂、稳定剂等经加热使可发性聚苯乙烯珠粒预发泡，然后在模具中加热制得具有微细密闭气孔的硬质聚苯乙烯泡沫塑料板。该板可以单独使用，也可在成型时与陶粒混凝土形成层状复合材料，亦可成型后再用薄铝板包敷做成铝塑板。在北方采暖地区，该法所生产的聚苯乙烯泡沫塑料保温板具有广泛用途和良好的发展前景。

（2）利用生活垃圾

利用生活垃圾制造的烧结砖质轻强度可达到垃圾减量化处理的目的，减少污染，又可形成环保产业，提高效益。

（3）利用废玻璃

废玻璃回收利用的途径主要包括制备玻璃混凝土、建筑墙体材料生产、建筑装饰材料生产和泡沫玻璃生产等四种。玻璃混凝土指在沥青或水泥混凝土中将废玻璃替代部分集料而成的混凝土。废玻璃替代部分集料不仅使废弃资源得到最大化利用，而且使工程造价大大降低，可节约费用20%～30%。废玻璃可替代黏土制备砖、砌块等建筑墙体材料，玻璃可作为助熔剂进而降低砖的烧结温度，增加砖的强度，提高砖的耐久性，同时可以减少化石能源的消耗。废玻璃可以制作玻璃马赛克等建筑装饰材料，废玻璃也可用于生产泡沫玻璃。泡沫玻璃是指玻璃体内充满无数气泡的一种玻璃材料，具有良好的隔热、吸声、难燃等特点。

（4）废旧轮胎的利用

全球每年因汽车报废产生的体废弃物达上千万吨，其中废旧汽车轮胎是一类较难处理的有机固体废弃物。目前大量的利用是在建材方面，如废旧橡胶集料混凝土、废旧橡胶沥青混凝土等。

第五章 基于绿色生态理念的建筑规划环境设计

第一节 绿色生态规划设计的场地选择及设计

一、绿色建筑的规划设计的基础

绿色建筑的规划设计不能将眼光局限在由壁体材料围合而成的单元建筑之内，而应扩大环境控制的外延，从城市设计领域着手实施环境控制和节能战略。为实现优化建筑规划设计的目的，首先应掌握相当的基础资料，解决以下若干基本问题。

（一）城市气候特征

掌握城市的季节分布和特点、当地太阳辐射和地下热资源、城市中风流改变情况和现状，并熟悉城市人的生活习惯和热舒适习俗。

（二）小气候保护因素

研究城市中由于建筑排列、道路走向而形成的小气候改变所造成的保护或干扰因素，对城市用地进行有关环境控制评价的等级划分，并对建筑开发进行制约。

（三）城市地形与地表特征

建筑节能设计尤其注重自然资源条件的开发和应用，摸清城市特定的地形与地貌。城市的地形（坡地等）及植被状况、地表特征都是挖掘"能源"的源泉。

（四）城市空间的现状

城市所处的位置及其建筑单元所围合成的城市空间会改变当地的城市环境指标，进而关系到建筑能耗。

在掌握相关因素后，城市设计要从多种制约因素中综合选择对城市环境控制和节能带来益处的手段和方法，通过合理组织城市硬环境，正确运用技术措施和方法，使城市能够创造出合理的舒适环境和聚居条件。

二、场地选择

在选择建设用地时应严格遵守国家和地方的相关法律法规，保护现有的生态环境和自然资源，优先选择已开发、具有城市改造潜力的地区，充分利用原有市政基础设施，提高其使用效率。

合理选用废弃场地进行建设，通过改良荒地和废地，将其用于建设用地，提高土地的价值，有效地利用现有的土地资源，提高环境质量。对已被污染的废弃地进行处理并达到有关标准。

场地建设应不破坏当地文物、自然水系、湿地、基本农田、森林和其他保护区。在建设过程中应尽可能维持原有场地的地形、地貌，这样既可以减少用于场地平整所带来的建设投资的增加，减少施工的工程量，也避免了因场地建设对原有生态环境景观的破坏。

三、场地安全

绿色建筑建设地点的确定是决定绿色建筑外部大环境是否安全的重要前提。绿色建筑的选址应避开危险源。

建设项目场地周围不应存在污染物排放超标的污染源，包括油烟未达标排放的厨房、车库、超标排放的燃煤锅炉房、垃圾站、垃圾处理场及其他工业项目等。否则，会污染场地范围内大气环境，影响人们的室内外工作、生活。

住区内部无排放超标的污染源，污染源主要是指：易产生噪声的学校和运动场地，易产生烟、气、尘、声的饮食店、修理铺、锅炉房和垃圾转运站等。在规划设计时应采取有效措施避免超标，同时还应根据项目性质合理布局或利用绿化进行隔离。

第二节　绿色生态规划的光、声、水、风环境设计

一、生态规划设计的光环境设计

绿色建筑的光环境，显示出建筑的材质、色彩与空间，是造型的主要手段。光和色彩的巧妙运用不仅能获得意境不凡的艺术效果，而且是绿色建筑创作的一个重要的有机组成部分。绿色建筑光环境的被动式设计是创造全新建筑形象和形态的重要设计方法。

光环境设计既是科学，又是艺术，同时也要受经济和能源的制约。光环境的内涵很广，它指的是由光（照度水平和分布，照明的形式和颜色）与颜色（色调、色饱和度、室内颜色分布、颜色显现）在室内建立的同房间形状有关的生理和心理环境。

人对光环境的需求与他从事的活动有密切关系。在进行生产、工作和学习的场

所，优良的照明可振奋人的精神，提高工作效率和产品质量，保障人身安全与视力健康。因此，充分发挥人的视觉效能是营建这类光环境的主要目标。而在休息娱乐和公共活动的场合，光环境的首要作用则在于创造舒适优雅、活泼生动或庄重严肃的特定环境气氛。光可以对人的精神状态和心理感受产生积极的影响。

光环境除了对绿色建筑具有视觉效能外，还具有热工效能。换句话说，绿色建筑中光的作用在营造良好照明环境的同时，还可给建筑带来能源。

二、生态规划设计的声环境设计

声景观已成为环境学的新兴研究领域之一，主要研究声音、自然和社会之间的相互关系。声景观根据声音本身所具有的体系结构和特性，利用科学和美学的方法将声音所传达的信息与人们所生活的环境、人的生理及心理要求、人和社会的可接受能力、周围环境对声音的吸收能力等诸多因素有机地连接起来，使得这些因素达到一个平衡，创造并充分利用声音的价值，发挥声音的作用，建立声音的价值评价体系，并据此去主动设计声音。

声景观的营造是运用声音的要素，对空间的声环境进行全面的设计和规划，并加强与总体景观的协调。声景观的营造是对传统意义上声学设计的一次全面升华，它超越了物质设计和发出声音的局限，是一种思想与理念的革新。传统以视觉为中心的物质设计理念，在引入了声景观的理念后，把风景中本来就存在的听觉要素加以明确地认识，同时考虑视觉和听觉的平衡与协调，通过五官的共同作用来实现景观和空间的诸多表现。

声景观的营造理念首先扩大了设计要素的范围，包含了大自然的声音、城市各个角落的声音、带有生活气息的声音，甚至是通过场景的设置，唤起人们记忆或联想的声音等内容。声景观营造的模式需因场合而异，可以在原有的声景观中添加新的声要素；可以去除声景观中与总体环境不协调、不必要、不被希望听到的声音要素；对于地域和时代具有代表性的声景观名胜等的声景观营造，甚至可以按原状保护和保存，不做任何更改和变动。

声景观通过声音的频谱特征、声音的时域特征、声音的空间特征以及声音的情感特征对人加以影响。声音是客观存在的，但它的直接感受主体是人，应注意声音对人的生理、心理、行为等各方面的影响以及人对声音的需求程度。根据声音的影响和需求程度来共同决定声音的价值，人对声音的需求程度决定声音的基本价值。声景观的内核是以人为本，好的声景观应能够达到人的心理、生理的可接受程度。

人们对声景观的需求程度较为丰富。例如，当人们在休息的时候或者处于安静状态的时候，要求声音越小越好，保持宁静的状态。但人在精神处于紧张状态的时候，如果周围的环境过于安静，则会增加精神上的压力，这时候反而需要适当的舒缓音乐来放松神经，或者需要相对强烈一些的声音来与内心的紧张产生共鸣，由此来掩蔽心理上的紧张。此外，任何声音都是通过某些具体的物质产生，这就要求声音能够有效传达声源的某些信息，让声音成为事物表达自身特征的标志之一通过此标志，人们可以认识到发声物体的某些方面的性能。在人们认识到声音某些性能的同时，声音也应满足人们在某些方面不同程度的需求。这些需求不是静止的，它随着历史、文化的差异而不同，随着社会的发展而发展。

三、生态规划设计的水环境设计

水环境是绿色建筑的重要组成部分。在绿色建筑中，水环境系统是指在满足建筑用水水量、水质要求的前提下，将水景观、水资源综合利用技术等集成为一体的水环境系统。它由小区给水、管道直饮水、再生水、雨水收集利用、污水处理与回用、排水、水景等子系统有机地组合，有别于传统的水环境系统。

水环境规划是绿色建筑设计的重要内容之一，也是水环境工程设计与建设的重要依据，它是以合理的投资和资源利用实现绿色建筑水环境良好的经济效益、社会效益及环境效益的重要手段，符合可持续发展的战略思想。通过建筑内与建筑外给水排水系统、雨水系统，保障合格的供水和通畅的排水。同时建筑场地景观水体、大面积的绿地及区内道路也需要用水来养护与浇洒。这些系统和设施是绿色建筑的重要物质条件。因此，水环境系统是绿色建筑的具体内容。

绿色建筑水资源状况与建筑所在区域的地理条件、城市发展状况、气候条件、建筑具体规划等有密切关系。绿色建筑的水资源来自以下几个方面。

自来水资源来自城市水厂或自备水厂，在传统建筑中自来水为水环境主要用水来源，生活、生产、绿化、景观等用水均由自来水供应，耗用量大。

生活、工业产生的污废水在传统建筑中一般直接排入城市市政污水管网，该部分水资源可能没有得到有效利用。事实上部分生活废水、生产废水的污染负荷并不高，经适当的初级处理后便可作为水质要求不高的杂用水水源。

随着水资源短缺矛盾越来越突出，部分城市对污水厂出水进行深度处理，使出水满足生活或生产杂用水的标准，便于回收利用，这种水称为市政再生水。建筑单位也可对该区域内的污废水进行处理，使之满足杂用水质标准，即建筑再生水。因此，在条件可行的前提下，绿色建筑中应充分利用该部分非传统水资源。

传统建筑区域及场地内的雨水大部分由管道输送排走，少量雨水通过绿地和地面下渗。随着建筑区域内不透水地面的增加，下渗雨水量减少，大量雨水径流外排。绿色建筑中应尽量利用这部分雨水资源。雨水利用不仅可以减少自来水水资源的消耗，还可以缓和洪涝、地下水下降、生态环境恶化等现象，具有较好的经济效益、环境效益和社会效益。

在某些特殊位置的建筑，靠近河流、湖泊等水资源或地下水资源丰富，如当地政策许可，可考虑该部分水资源的利用。

总之，绿色建筑水环境设计应对存在的所有水资源进行合理规划与使用，结合城市水环境专项规划以及当地水资源状况，考虑建筑及周边环境，对建筑水环境进行统筹规划，这是建设绿色建筑的必要条件。而后制定水环境系统规划与设计方案，增加各种水资源循环利用率，减少市政供水量（主要指自来水）和污水排放量（包含雨水）。

四、生态规划设计的风环境设计

绿色建筑的风环境是绿色建筑特殊的系统，它的组织与设计直接影响建筑的布局、形态功能。建筑的风环境同时具备热工效能和减少污染物质产生量的功能，起到节能和改善室内环境的作用，但是两者有时会产生矛盾。

同城市和建筑中的噪声环境、日照环境一样，风环境也是反映城市规划与建筑设计优劣的一个重要指标。风环境不仅和人们的舒适、健康有关，也和人类安全密切相关。建筑设计和规划如果对风环境因素考虑不周，会造成局部地区气流不畅，在建筑物周围形成旋涡和死角，使得污染物不能及时扩散，直接影响人的生命健康。作为一种可再生能源，自然通风在建筑和城市中的利用可以减少不必要的能量消耗，降低城市热岛效应，因而具有非常重要的价值和意义。

城市中的风环境取决于两个方面的因素：其一是气象与大区域地形，例如在沿海地区、平原地区或山谷地区，每年受到的季风情况等，这一因素是城市建设人员难以控制的；其二是小区域地形，例如城市建筑群的布置、各建筑的高度和外形、空旷地区的位置与走向等。这些因素影响了城市中的局部风环境，处理得不好，会使某些重要区域的风速大大增加或者造成风的死角，而这一因素是城市规划人员可以控制的。研究风环境的规划问题，实际上就是在给定的大区域风环境下，通过城市建筑物和其他人工构筑物的合理规划，得到最佳小区域地形，从而控制并改善有意义的局部风环境。

风环境的规划主要有两个目标：一方面要保证人的舒适性要求，即风不能过强；另一方面要维持空气清新，即通风量不能太小。

在建立风环境的舒适性准则时，一般涉及以下两个指标：第一是各种不舒适程度的风速，第二是这种不舒适风速出现的频度。只有引起某种程度的让人感到不适的风速出现频度大于人可接受的频度时，才认为该风环境是不舒适的。其他参数，例如湍流强度，尽管也可以影响人的舒适度，但在风环境规划时一般可以不考虑。另外，值得指出的是，各种风环境的舒适性准则是带有很大主观性的，需要通过实验与调查才能建立，因而各国学者所提出的舒适性准则也有很大不同。

室外风速过高的问题经常出现在高层建筑附近或者风的通道上，这也是绝大多数规划中遇到的问题。但现实中也存在通风不足的情况，在高密度地区，例如中国香港地区，当地建筑密度过高以致整个城市基本没有通风。特别是"非典"疫情后，这一问题引起了广大市民和政府的高度重视，并投入了大量资金解决这一问题。针对这一问题提出了"城市针灸法"，期望在城市中建立若干风走廊，在未来的建筑设计中进行风环境设计。另一个在实际中常常遇到的问题是街道通风。由于街道上往往有大量交通工具排放的有毒物质，设计中如果风向与街道垂直则会在街道形成风影区，使有毒物质滞留在街道中，对附近居民造成影响。

第三节　绿色生态规划的道路系统设计

一、生态道路交通系统的设计理念

绿色建筑的生态道路交通系统，是绿色建筑及场地周边人、车、自然环境之间的关系问题。从场地道路的本质来看，人的安全是其设计的首要原则。居民的活动大多以步行方式为主，而非机动交通、道路的设置也相应区别于城市道路。我们纵观场地道路交通系统的发展进程，从雷德伯恩模式、交通安宁理论到人车共享理论都是对居民的安全保障所做出的努力和一系列改善住区步行环境的政策和措施。

二、生态道路系统设计的原则

（一）整体原则

无论是生态建设还是生态规划都十分强调宏观的整体效应，所追求的不是局部地区的生态环境效益的提高，而是谋求经济、社会、环境三个效益的协调统一与同步发展，并有明显的区域性和全局性。

（二）开放原则

城市道路上的交通污染只通过道路本身来消纳是难以办到的，需要通过道路所处的自然环境和地形特征，结合道路广场、景区绿地，打破"路"的界限，将其往周边作扇形展开，使其更具扩散性，进而降低道路上的废气含量。

（三）交通便利便捷原则

在信息时代，除了实现办公网络化外，还应通过规划手段来实现公交网络化和土地综合利用，以减少交通量和提高交通运行能力，同时还应全面提高人们的交通意识，以此来建设一个有序、便捷的交通系统。

（四）生态原则

由于城市道路用地上的自然地貌被破坏而重新人工化，故须重新配置植物景观，在配置时，应将乔、灌、草等植物进行多层次的错综栽植，以加强循环、净化空气、保持水土，从而创造一个温度和湿度适宜、空气清新的环境。

三、生态道路系统的路网层级

生态路网系统的设计是指在生态平衡理论、生态控制论理论以及生态规划设计原理的指导下,通过相互依存、相互调节、相互促进的多元、多层次的循环系统,使道路系统处在最优状态。它涉及多个领域,应该通过完整的综合设计来完成,从其涉及的对象和地理范围大致可分为三个层次,即区域级、分区级和地段级。

(一) 区域级的生态道路系统设计

区域层次上的生态道路网设计,应提前做好生态调查,并将其作为路网规划设计工作的基础,做到根据生态原则利用土地和开发建设,协调城市内部结构与外部环境在空间利用、结构和功能配置等方面与自然系统的协调。

(1) 城市的一定区域范围内存在许多职能不同、规模不同、空间分布不同,但联系密切、相互依存的区域地块。各城镇间存在物流、人流、信息流等,这些都通过交通运输、通信基础设施来承载。其中最重要的就是道路交通,它必定穿越大量自然区域,造成对自然环境的破坏。因此,各城镇之间的道路联系必须从整个区域的自然条件来考虑。如何充分利用特定的自然资源和条件,建立一个环境容量优越的道路网系统,这不仅是区域的问题,也是城市的问题。

(2) 通过路网的有机组织,创造一个整体连贯而有效的自然开敞绿地系统,使道路上的环境容量得以延伸。为此在土地布局和路网规划时,应该在各绿地间有意识地建立廊道和憩息地,结合城市开敞空间、公园及相关绿色道路网络设计,使绿色道路、水系与公园相互渗透,形成良好的绿地系统。

(3) 自然气候的差异对城市路网格局的影响也很大。热带和亚热带城市的布局可以开敞通透一些,有意识地组织一些符合夏季主导风向的道路空间走廊和适当增加有庇护的户外活动的开敞空间;也可利用主干道在郊区交汇处设置楔形的绿化带系统把风引入城市,起到降温和净化空气的作用。而寒带城市则应采取相对集中的城市结构和布局,以利于加强冬季的热岛效应,降低基础设施的运行费用。

(二) 分区级的生态道路系统设计

分区级的生态道路系统,应该侧重强调发展公共交通系统和加强土地的综合利用。前者在于提高客运能力,后者在于减少交通量。若两者能充分发挥各自的优点,就会达到减少交通污染的目的。

(1) 大力发展公共交通系统,为了实现生态道路网系统,应尽量鼓励人们使用公共交通系统。我国政府已经颁布了城市公交优先的政策,许多城市都开始建设先进的快速公交、地铁系统等。同时,公交运营管理制度也正在不断改善,居民出行乘坐公交比重逐步提高,不仅会使城市形态和生态改观,而且将大量节约城市道路用地,进一步改善城市绿化环境。

(2) 所谓土地综合利用,就是在城市布局时,把工作、居住和其他服务设施结合起来，综合地予以考虑，使人们能够就近入学、工作和享用各种服务设施，缩短人们每天的出行距离需求，减少出行所依靠的交通工具，提高道路环境的清洁度。国外经常提及的完全社区、紧凑社区等正是这类社区的代表。这种土地综合利用规划，经常与城市交通规划结合在一起，有助于形成以公共交通系统为导向的交通模式。

（三）地段级的生态道路系统设计

在地段级这一层次上，主要是道路的生态设计。它是上两个层次的延续，应该充分利用道路这一多维空间进行设计，使道路上的污染尽可能在其中消纳和循环。

（1）改变传统做法，建设透水路面。很多道路采用透气性、渗水性很低的混凝土路面，使地下水失去了来源，热岛效应恶化。而采用高新技术与传统混凝土路面技术的有机结合，使建设透水路面技术变得更成熟。若慢车道和人行道能采用这种路面，将有效改善生态环境。

（2）改变传统桥面做法，建设防滑降噪路面，即采用透水沥青面层，形成优良的表面防滑性能和一定的降噪效果，降低环境及噪声污染，改善居住环境。

四、步行空间的创造

（一）宜人的步行空间对绿色道路交通系统的功能性及社会性意义

居民生活区的道路往往是居民活动聚集的地方，在适当位置设置行人步行专区，可以大幅度减少车辆对人和环境的压力，同时也减少行人对车辆交通的影响。在环境方面，可以在一定程度上减少空气、视觉、听觉污染，使居民能充分享受城市生活的乐趣；在经济方面，有利于改善和增进商业活动，吸引游客或顾客，并提供更多的就业机会；在社会效益方面，步行空间可以提供步行、休息、游乐、聚会的公共开放空间，增进人际交流、地区认同感与自豪感，在潜移默化中提高市民的素质。

（二）步行空间中人的行为特征

人的行为在步行环境中具有一些值得注意的特征，只有细致考虑这些因素的影响，才能深入地了解步行空间的人性化设计。人的行为规律是步行环境设计的基础，在步行环境中，人的行为从动作特征上来说分为动态行为与静态行为。从行为者的主观意愿来分，可分为必要性活动行为与自发性活动行为。不同的行为提出了不同的空间需求。

动态行为包括有目的通行、无明确目的散步、购物、游戏活动等。这些活动要求步行空间能提供宽松的环境、便捷的路线，以满足必要性的活动要求。同时为了吸引人们的各种自发性活动，步行空间又应为人们提供丰富的空间与生活体验。

静态行为包括逗留、小坐、观看、聆听、交谈等一系列固定场所行为。逗留与小坐是人在室外的步行活动中的一项重要内容。"可坐率"已成为衡量公共环境质量的一项重要指标。它不仅为行人提供了劳累时休息的场所，还为人们进一步的交谈、观看等活动创造了条件。除提供可坐的各种设施以外，它们的位置与布局也至关重要。一方面要考虑朝向与视野，能观看各种活动与景观；另一方面又应考虑座位应具有良好的个体空间与安全感。

（三）地块步行空间规划的设计思想

总的来说，地块步行空间规划设计需以"以人为本"为设计思想，具有安全性便利性、景观性与可识别性等主要特征。

1.安全性与安定性原则

安全性主要是指通行活动的安全；安定性是指人的活动不受干扰，没有噪声和其他公害的干扰。其中最关键的一点是对汽车交通进行有效的组织和管理。从对车辆的管理程度与方式可以分为以下三种步行区。

（1）完全行人步行区

是指人车完全分离，禁止车辆进入，专供人行的空间。从人车分离的方法看可以分为平面分离与立体分离。平面分离是指除紧急消防及救难等用途外，其余车辆绝对禁止进入步行区。立体分离指的是高架步行空间和地下步行空间，它保证了步行空间的无干扰性，丰富了城市景观，同时有助于缓解地块内部的用地紧张。

（2）半行人步行区

这种形式的步行区或以时间段来管理机动车辆进入，或在空间上进行限制和管理，实行人车共存。在人车共存空间通过设置隔离墩、隔离绿带、栏杆等限制物件对空间进行有效的控制和管理，保证步行者活动的自由和安全，同时兼顾交通运输的需求。

（3）公交车专行道步行区

即小轿车等机动车辆不得驶入，但公交车或专用客运车辆可以驶入。

2.方便性原则

步行空间的设计应充分满足人在步行环境中的各种活动要求。就动态行为而言，步行空间应具有适宜的街道尺度、适中的步行距离、有边界的步行路线及合适的路面条件；应根据步行区域人流量的调查与预测来确定步行空间尺度，避免过于拥挤而产生压迫感以及过于空旷而缺乏生气；并应同时考虑婴儿车、轮椅等步行交通的特殊要求，保证行人通行的流畅。调查表明，对大多数人而言，在日常情况下乐意行走的距离是有限的，一般为400～500m。对于目的性很强的步行活动来说，走捷径的愿望非常执着；而对目的性不强的逛街者来说，一览无遗的路线又会令人觉得索然无味，这就要求在路线变化与便捷之间合理地平衡，进行最佳的设计。对于静态行为，主要是能够提供良好的休息空间，在布局设计上应通盘考虑场地的空间与功能质量。每个小憩之处都应具有相宜的具体环境，并置于整个步行空间的适宜之处，如凹处、转角处能提供亲切、安全和具有良好的微气候的休息空间。此外，步行空间的设计还应考虑根据气候和环境条件，设置避雨遮阳设施、亭台廊架等。

3.良好的景观与可识别性的原则

一个成功的步行环境设计应当富有个性且十分吸引人,这样的步行环境又必须具有良好的空间景观,空间结构富有特色且易于识别。步行空间与周围城市环境应有和谐亲切的关系。步行空间的景观营造应从宏观与微观两个层次进行深入设计。从宏观层次看,应充分利用城市环境的地形、地貌、道路与建筑环境营造出丰富的天际轮廓线与曲折多变的街景空间;从微观层次上,要善于利用绿化、小品、水体、材质等进行空间组织,营造出亲切宜人的微观环境。此外,在空间及景观设计上应尽可能引入独特的文化特色,增强步行空间的文化品位和可识别性。

第四节　绿色生态规划的绿化环境设计

一、绿色建筑植物系统的基本概念

植物系统是生态系统的重要组成部分,它是绿色植物通过光合作用,将太阳能从地球生态系统之外传输到地球生态系统之中,推动地球生态系统生生不息的能量流动与物质循环。植物系统的结构在很大程度上也决定了生态系统的形态结构,植物不仅为动物和微生物的生存提供了物质和能量,而且在空间的分布上也为动物和微生物提供了不同的栖息场所,植物系统在地上和地下的成层性生长为动物和微生物的生存创造了丰富的植物异质空间微生境。生态系统的服务功能包括大气组成的调节、气候的调节、自然灾害的控制、水量调节、水资源保持、控制侵蚀、土壤形成与保持、营养元素循环和废物治理、遗传、生物量控制、栖息地、食物生产原材料生产、基因资源、娱乐和文化等,每一项服务功能的发挥都少不了植物系统的作用。植物系统改变周围环境的能力对生态系统各个方面也产生了深刻影响。植物系统的健康生长不仅受外界环境因素的支配,它本身也影响和改变着外界环境,在相互的作用过程中植物系统最终创造出了自己的群落环境,从而为群落内动物和微生物的生存提供了合适环境。植物对环境的改造作用是生态系统达到稳定状态和生态系统结构复杂分化趋于更加稳定的基础;植物系统在一定程度上体现了生态系统的景观特征,因此,可以说植物系统构建的好坏决定了整个生态系统的生态结构和功能以及其稳定性与景观特点的好坏。

但同时城市发展对植物系统也产生很大的影响。城市的发展使适宜植物生存的自然环境减少,城市地面的硬化阻断了与自然土壤的交流,湿地面积减小,而且残存的水流被限制,废物与污染物聚集,缺乏作为捕食者的动物物种,进而导致城市生物多样性降低,使城市生态系统结构表现出"倒金字塔形"的特点。维持城市生态系统所需要的大量营养物质和能量不得不从系统外的其他生态系统输入,而产生的各种废物也不能靠城市生态系统内部的分解者有机完成其物质分解和归还过程,必须靠人类通过各种措施加以处理，给整个地球环境造成越来越多的负担。

城市发展对城市生态系统的破坏，可以通过植物系统的恢复来逐渐改善。一方面，城市的发展大大改变了植物的适宜生境，减少了植物的数量和多样性分布大大降低了城市植物系统的服务功能；而另一方面，却又迫切强烈要求要增加城市内的植物系统的数量和质量。当代最突出的问题是人类环境的恶化，要求城市规划必须着重于环境的综合设计。绿色建筑植物系统的研究与设计应用必将成为近期城市绿化发展的主流。

绿色建筑植物系统指的是绿色建筑场地与建筑本体上的植物系统，是一种特殊形式的植物系统。它与其他并行的绿地的植物系统同样可以作为城市生态系统中的最基本要素，共同组成城市的生态安全框架，逐渐改善城市非生物生境，使整个城市的生态系统趋于合理。绿色建筑植物系统除具有一般生态系统的服务功能中的绝大多数功能外，还具有一些特殊的服务功能。它可以为建筑提供新风环境，实现建筑节能，综合起来可概括出如下一些主要功能。

（一）绿色建筑植物系统的生态功能

自然气候可以通过住区环境和建筑的具体规划与设计来调节。对于居住环境，古时候人们已经发现了城市和单体建筑的形态与环境性能之间的关系，试图通过设计改善建筑室内与周边的热环境。

当今有更多的技术可以调节建筑的室内外环境，其中最为生态的依然是植物系统，植物系统能够改善建筑环境的空气质量，除尘降温、增湿防风、蓄水防洪，实现建筑的进一步节能，维系绿色建筑生态系统的平衡，在改善建筑生态环境中起到主导和不可替代的作用。其主要体现在以下几个方面。

1.植物能遮挡阳光，降低温度，实现建筑节能，降低对外界能源的消耗

"绿色空调"植物系统可遮挡夏日直射的阳光，减少辐射，通过蒸发吸热作用降低温度，过滤和冷却自然风，成为自然环境和室内环境的生态调节器。由于树冠大小不同，叶片的疏密度、质地不同，不同树种的遮阴能力也不同，遮阴能力越强，降低辐射热的效果越显著。

2.降噪滞尘

在闹市区，建筑周围的树木可起到良好的声屏障作用。密排设置在噪声源与接收点之间时树木枝叶通过与波发生共振吸收一部分声能，另外，树叶与树枝之间的间隙可像多孔吸声材料一样吸收一部分声能。快车道上的汽车噪声，在穿过12m宽的悬铃木树冠达到其后的三层楼窗户时，与同距离的空地相比，噪声减弱量为3～5dB。乔灌木结合的厚密树林减噪声的效果最佳。较好的隔声树种是雪松、龙柏、水杉、悬铃木、梧桐、云杉等。

植物枝叶能吸附空气中的悬浮颗粒，有明显的减尘作用。尘埃中不但含有土壤微粒，还含有细菌和其他金属性粉尘、矿物粉尘等，会影响人的身体健康。树木的枝叶

可以阻滞空气中的尘埃，使空气更加清洁。各种树的滞尘能力差别很大，桦树比杨树的滞尘能力大2.5倍，针树比杨树大30倍。一般而言，树冠大而浓密、叶面多毛或粗糙以及分泌有油脂或黏液的树有较强的滞尘能力。此外，草坪也有明显的滞尘作用。据日本的资料显示，有草坪的地方其空气中滞尘量仅为裸露土地含尘量的1/3

3.植物具有吸收多种有毒气体、净化空气的能力

叶片吸收SO_2后在叶片中形成亚硫酸和毒性极强的亚硫酸根离子，亚硫酸根离子能被植物本身氧化，转变成为毒性是其1/30的硫酸根离子，所以能达到解毒作用而使其不受害或减轻受害。不同种类的植物其吸收有害气体的能力是不同的，一般落叶树的吸硫能力强于常绿阔叶树，更强于针叶树。如一般的松林每天可从$1m^3$空气中吸收20mg的SO_2，每公顷柳杉林每年可吸收720kg SO_2，每公顷垂柳在生长季节每月能吸收10kg SO_2。植物还具有吸收苯、甲醛等有害气体的能力。盆栽的室内植物也能去除空气中的挥发性有机化合物，可减少室内空气污染，它们是许多微量污染物的代谢渠道。

4.植物能分泌杀菌素，对人有保健功能

在植物园、公园附近或森林中生活的人们很少生病，很大的一个原因是植物能分泌杀菌素和杀虫素，这是在20世纪30年代被科学家证实的。人们对于花卉有益于人的健康的认识在中国有很悠久的历史。我国皇家园林和寺庙园林中种植有大量松柏树，空气新鲜，人们生活在这种环境里能健康长寿。松树林中的空气对人类呼吸系统有很大好处，松树和杉树能杀死螺状菌，桃树、杜鹃花能杀死黄色葡萄球菌等。

5.植物具有释放有益挥发物的能力

植物的花和果实主要通过花瓣以及腺体释放具有一定香气的植物挥发物，它与人体健康密切相关。人体通过嗅闻不同组分的香气达到治病和调节生理的功能。例如，玫瑰、茉莉、柠檬、甜橙等散发的香气具有调理功能。

6.植物具有增加空气中负氧离子含量、调节人身心的功能

空气中负氧离子对调节人的身体状况有重要作用。负氧离子除了能够使人感到精神舒畅，还有调节神经系统和促进血液循环的作用；可以改善心肌功能，增强心肌营养，促进人体新陈代谢，提高免疫能力；可以降低血压、治疗神经衰弱、肺气肿、冠心病等，对人体有预防疾病、增进健康和延年益寿的功能，被称为"空气维生素或生长素"。

7.植物具有防火防灾的功能

有些植物不易燃烧，可以起到有效的防火作用。

8.植物能够过滤净化污水

植物系统具有过滤净化雨水和建筑生活污水的功能。

（二）植物系统的心理学作用与保健功能

种植绿色植物的庭院对人的心理影响是相当大的。夏天，植物葱郁的青绿色可令

人心绪宁静，感觉凉爽，从而提高工作效率。人在绿色环境中的脉搏比在闹市中每分钟减少4~8次，有的甚至减少14~18次。因而在建筑中可充分利用植物产生的色彩心理效应，提高室内的舒适度。

在园艺治疗的发展研究中发现，观赏自然窗景时有较低的脉搏频率，在有窗植物栽植设置的环境中有最低的状态焦虑值。这表明植物的绿色会带给人们安宁的情绪，从视觉感官和心理上可以消除精神的疲劳。

（三）植物系统具有良好的景观功能和文化功能

植物是景观构成中不可缺少的要素之一，是造园四大要素中唯一具有生命的最富自然秉性的元素。由于植物的点缀而使园林焕发勃勃生机，所谓"庭园无石不奇，无花木则无生气"。历来中外园林首先都是给人带来植物美感的享受，如欧洲的园林，不论花园还是林园，顾名思义都是以植物为造景的主要手段。

植物蒙天地孕育、雨露滋润，最具有自然的灵性，文人雅士常常借以言志，寄托感情，寻求植物特性与自身品格的契合，进而比德于物，如竹子的"高风亮节"、莲花的"出淤泥而不染"、松竹梅被誉为"岁寒三友"等。在园林中，植物以其姿态、色彩、香味、季相、光影、声响等方面的属性发挥着景象结构的作用，可以产生独特的意境。

植物具有独特的自然美，是构成景观美和意境美的基础，主要体现在以下六个方面。

1.姿态

植物由干、枝、冠组成。自然界中的树形千姿百态，然而不同种类总有其相对固定的形态，如垂柳的婀娜多姿，松柏的苍雅古拙，碧竹的清秀优雅，紫藤的柔劲蜿蜒等，构成园林景观空间的不同形态与格调，并且从植物的选配上可体会到中国山水画的审美标准。

2.色彩

其主要体现为叶色与花色的变化。植物的叶色多种多样，有浅绿色、黄绿色、深绿色、黄色、橘红色、红色、紫色等，绚丽多彩；花色更具有魅力，每当花开季节，百花争艳，姹紫嫣红，令人陶醉。在中国传统园林中，常常利用植物的色彩强化建筑主题，渲染建筑空间的气氛。

3.芳香

植物的芳香清新宜人，使人倍感爽朗。香无形无迹，往来飘浮，因而颇具抽象美与动态美。园林花木以不同类型的芳香，幽幽地传达自然亲情，以无形的存在说明自然的真实与美妙。植物的芳香最能慰藉人的心灵，是诱发幽思、抒发情怀的最佳媒介。

4.季相

植物是景观中最富变化的组成部分，其自身在一年四季生长过程中不断变幻着形态、色彩，呈现出不同的生物特征。其构成的景色也随着季节的变化而变化，表现出季相的更替。因此，在设计中应把植物的季相变化作为景观应时而变的因素加以考虑，使春夏秋冬四时之景不同：春发嫩绿，夏披浓荫，秋叶胜似春花，冬季则有枯木寒林的画意。

5. 光影

植物犹如滤光器，日光、月光经过树冠的筛滤形成深浅斑驳的光影变化，月移花影，蕉荫当窗，梧荫匝地，槐荫当庭，景色无不适人，可以产生感人的意境。

6. 声响

其主要是指由于自然界中的风雨影响，使植物枝叶产生的声响，给人以听觉的感受。传统园林中借助植物表现风雨，借听天籁，增添诗意，使空间感觉千变万化，别具风味。

总之，植物与建筑配合体现了自然美与人工美的和谐统一。建筑与植物的密切结合，是我国建筑的一个优良传统，无论是居住、宗教、宫廷还是园林建筑群，植物都与建筑浑然一体。

二、绿色建筑场地植物系统的设计与组织

绿色建筑场地植物系统设计与组织的主要目的是在生态规划、城市规划、城市设计的指导下，依据绿色建筑系统的功能要求，选择主导因子，对绿色建筑系统场地进行植物功能需求分析，选择具有不同功能的适宜植物系统进行设计与配置，来满足绿色建筑系统场地的不同功能需求。

植物系统在绿色建筑系统场地中的配置应用可以为绿色建筑提供良好的生态效益和景观功能。尽管植物系统在单体绿色建筑和生态社区场地中的组织形式不尽相同，在高层建筑和低层建筑场地中也各有特点，但也存在一些共性的设计。

建筑把室内组成了一个特殊的生态系统，该系统可以不受外界环境的限制，组成一个独立的生态系统。但场地系统则受环境影响大，除遵循一般性原则外，还需要遵循下列一些基本原则。

（一）绿色建筑场地植物系统配置的原则

1. 植物系统的地带性原则

由于城市所在的地理位置、土壤结构和气候条件不同，周边的自然植被和植物群落差别也很大，在植物品种、色彩配置上，也有内涵和外在的差别。故在绿色建筑系统选择植物时应因地制宜、因需选种、因势赋形，充分体现浓郁的地方特色；并在注重乡土植物应用的基础上，适度应用外来树种，丰富发展良好景观。

2. 群落配置的结构与层次性原则

植物的个体美以及季节变化可以组成植物的群体美，群落的季相变化。不同植物在植物群落中占据着相同、相似或不同的生态位，乔、灌、草、藤本、地被等各类植

物复层混交组成的群落系统能够发挥植物系统的最大功能。植物群落结构是变化的，不同年龄个体组成的种群以及群落具有更强的适应性。因此，国外绿化通常采用不同树龄的苗木。

3.生态恢复和生态重建相结合的原则

生态系统的恢复与重建，实际上是在人为控制或引导下的生态系统演变过程。因此，生态恢复设计必须遵从生态学的基本原理，根据生境条件不同和目的不同，采取不同的具体步骤。在生境条件恶劣，特别是土壤状况不良的地段，要想加强生态演替的自然进程，首先种一批长得快、要求低的先锋性物种，将地表快速覆盖上植物，改善土壤排水、固氮，刺激土壤微生物生长，给后期物种提供较好的微环境，之后种植生长周期长、耐阴的物种，该物种最终能完全替代先锋性植物。对土壤条件较好或生境改善以后的场地，可以直接利用当地的乡土树种在短时间内依据生态学原则建立适应当地气候、土壤稳定的顶极群落类型。对场地水体区域来说，因为不存在缺少水分这一限制植物生长的主导因子，所以容易采用人工生态恢复的途径；但对有一定程度污染的水体还要注意首先引入抗污染和净化能力强的水生植物，然后再让其自然演替或加以适当的人工干预，以加快其生态演替。

（二）绿色建筑场地植物系统的设计方法

在现有的不同植被条件下以及在绿色建筑的重建与改建的过程中，植物系统的设计不尽相同。由于建筑师常面临的问题是一般生态条件下进行的绿色建筑的生态化设计，因此，这里主要讨论绿色建筑系统场地植物系统重建的设计方法。任何一个植被系统及其生态系统都具有多项综合功能，但在现实中往往单一植被功能或几项功能的需求更加突出，发挥植物系统的最佳综合功能，特别是充分发挥其最大单项服务功能，是绿色建筑系统场地植物系统设计的最主要的目的。

1.防污配置

植物具有良好的净化大气的能力，如果绿色建筑系统周围存在一定程度的大气污染区域，则该绿色建筑系统设计首先应考虑选择吸收有害气体强的植物种类，构建适宜的植物净化系统。

2.滞尘配置

滞尘主要包括防止地表尘土飞扬，加速飘浮粉尘降落，阻挡含尘气流向建筑物的扩散和侵袭，将粉尘污染限制在一定范围内。为获得最大的滞尘效果，要注意合理的布局和适宜的配置结构。

3.植物系统与绿色建筑场地风环境的组织

结合绿色建筑系统的具体特点，根据建筑所处的纬度，特别是所处气候带特点，参考风向类型，进行植物系统的合理配置，可以在不同的季节为建筑系统提供良好的新风环境。结合建筑的门窗位置设计、场地和绿化，借助树木形成的空气流动可以帮助建筑室内通风。夏季因植物本身有水分蒸发，会形成一个气流上升的低压区，这时就会引导空气过来填补，气流的流动就自然而然形成了风。不同的植物形态对通风的影响各不相同，密集的灌木丛如果紧靠建筑物，就会增加空气的温度和湿度，并且会因为它的高度刚好能阻挡室外的凉风进入室内，严重影响夏季通风。

（三）绿色建筑场地植物系统的景观设计

植物与建筑的配置是自然美与人工美的结合。若处理得当，则植物丰富的自然色彩、柔和多变的线条、优美的姿态及风韵都能增添建筑的美感，使之产生一种生动活泼，具有季节变化的感染力及一种动态的均衡构图，使建筑与周围的环境更为协调。通过植物系统的景观设计，充分利用植物系统的色彩、姿态、芳香、声响、光影、季相变化等要素，为绿色建筑系统提供良好的视觉效果和舒适的感受、宜人的户外活动与交往空间，并通过调和建筑创造良好的景观环境。

1.创造景观的种植方式

根据场地绿化的功能分区，既可采用中心植、对植、列植等规则式的种植方式，也可采用孤植、丛植、群植、林植和散点植等自然式的种植方式来栽植树木；既可以将花草配置成花坛、花境，也可以配置成花丛和花群等各种形式，有时在场地中还存在多种形式的垂直绿化等。

2.加强植物生物多样性

利用丰富的植物种类创造优美景观。众多植物种类不应杂乱无序地堆砌，要注意植物材料的和谐与统一。种类不宜太多，又要避免单调，力求以植物材料形成特色，使统一中有变化。各组团、各类绿地在统一基调的基础上，各有特色树种。

3.光大传统园林艺术

我国古代非常注意植物与建筑的调和与烘托。如充分利用门的造型，以门为框，通过植物配置，与路、石等进行精细的艺术构图，不但可以入画，而且可以扩大视野，延伸视线。

第六章　基于绿色生态理念的建筑运营管理

第一节　绿色生态建筑运营管理概念

绿色物业，绿色运营，已成为当前我国绿色建筑发展的迫切需求。而且，在一座绿色建筑的整个生命周期内，运营管理是保障绿色建筑性能，实现节能、节水、节材与保护环境的重要环节。因此，在绿色建筑的发展过程中，必须要做好相关的运营管理。

一、绿色生态建筑运营管理的含义

绿色生态建筑运营管理在传统物业服务的基础上进行提升，在给排水、燃气、电力、电信、保安、绿化、保洁、停车、消防与电梯等的管理以及日常维护工作中，坚持"以人为本"和可持续发展的理念，从建筑全寿命周期出发，通过有效应用适宜的高新技术，实现节地、节能、节水、节材与保护环境的目标。

建筑运营管理是对建筑运营过程的计划、组织、实施和控制，通过物业的运营过程和运营系统来提高绿色建筑的质量，降低运营成本、管理成本以及节省建筑运行中的各项消耗（含能源消耗和人力消耗）。

通常工程项目在竣工验收后才启动运营管理工作。而绿色建筑则要求运营管理者在建筑全寿命周期都积极参与，从建筑规划设计阶段开始确定其运营管理策略与目标，并在运营实施时不断进行改进。同时，绿色建筑运营要求处理好使用者、建筑和环境三者之间的关系，实现绿色建筑各项设计指标。

建筑运营中，绿色的实现是一个循环周期，经历从测量数据、数据可视化、效果评估、数据分析、设计改善方案到实施改善方案各个环节，然后再回到测量数据，开始第二个循环。建筑物的功能会有调整，负荷是一个随机过程，设备系统有一个渐进的老化过程，在每一次循环中总会发现各类情况与问题，需要将其进行优化改善，才能提升建筑物与设备系统的性能。

在绿色建筑中，所有运营管理着重点都是为实现"四节一环保"，即为实现"节能、节材、节水、节地、环保"这一目标而相互协作。

二、绿色生态建筑运营管理的内容

绿色生态建筑的运营管理，通常包括以下几方面的内容。

（一）建筑及建筑设备运行管理

一个环保绿色的建筑不仅要提供健康的室内空气，而且对热、冷和潮湿环境提供防护。和较好的室内空气品质一样，合适的热湿环境对建筑使用者的健康、舒适性和工作效率也是非常重要的，且又由于在保证对建筑使用者的健康、舒适性和工作效率的同时，还要考虑建筑及建筑设备运行时是否节能减排，由此可以确定建筑及建筑设备运行管理要具体从以下几方面着手。

1.室内环境参数管理

室内环境参数管理，具体包括以下几方面的内容。

（1）合理确定室内温湿度和风速

通常认为20℃左右是人们最佳的工作温度；25℃以上人体开始出现一些变化（皮肤温度升高，接下来就出汗，体力下降以及以后发生的消化系统等发生变化）；30℃左右时，开始心慌、烦闷；50℃的环境里人体只能忍受1h。确定绿色建筑室内标准值的时候，可以在国家《室内空气质量标准》的基础上做适度调整。随着节能技术的应用，我们通常把室内温度，在采暖期控制在16℃左右。制冷时期，由于人们的生活习惯，当室内温度超过26℃时，并不一定开空调，通常人们有一个容忍限度，即在29℃时，人们才开空调，所以在运行期间，通常我们把室内空调温度控制在29℃。

空气湿度对人体的热平衡和湿热感觉有重大的作用。通常在高温高湿的情况下，人体散热困难，使人感到透不过气，若湿度降低，会感到凉爽。低温高湿环境下虽说人们感觉更加阴凉，如果降低湿度，会感觉到加温，人体会更舒适。

室内风速对人体的舒适感影响很大。当气温高于人体皮肤温度时，增加风速可以提高人体的舒适度，但是如果风速过大，会有吹风感。在寒冷的冬季，增加风速使人感觉更冷，但是风速不能太小，如果风速过小，人们会产生沉闷的感觉。

（2）合理控制室内污染物

在对室内污染物进行控制时，可具体采取以下几项措施。第一，采用回风的空调室内应严格禁烟。

第二，采用污染物散发量小或者无污染的"绿色"建筑装饰材料、家具，设备等。

第三，养成良好的个人卫生习惯。

第四，定期清洁系统设备，及时清洗或更换过滤器等。

第五，监控室外空气状况，对室外引入的新风系统应进行清洁过滤处理。

第六，提高过滤效果，超标后能及时对其进行控制。

第七，对复印机室和打字室、餐厅、厨房、卫生间等产生污染源的地方进行处理，避免建筑物内的交叉污染。必要时在这些地方进行强制通风换气。

（3）合理控制新风量

根据卫生要求建筑内每人都必须保证有一定的新风量。但新风量取得过多，将增加新风耗能量。所以新风量应该根据室内允许 CO_2 浓度和根据季节季候及时间的变化以及空气的污染情况，来控制新风量以保证室内空气的新鲜度。一般根据气候的分区的不同，在夏热冬暖地区主要考虑的是通风问题，换气次数控制在 0.5 次/h，在夏热冬冷地区则控制在 0.3 次/h，寒冷地区和严寒地区则应控制在 0.2 次/h。通常新风量的控制是智能控制，根据建筑的类型、用途、室内外环境参数等进行动态控制。

2.建筑门窗管理

绿色建筑是资源和能源的有效利用、保护环境，亲和自然、舒适、健康、安全的建筑，然而实现其真正节能，通常就是利用建筑自身和天然能源来保障室内环境品质。基本思路是使日光、热、空气仅在有益时进入建筑，其目的是控制阳光和空气于恰当的时间进入建筑，以及储存和分配热空气和冷空气以备需要。手段则是通过建筑门窗的管理，实现其绿色的效果。

（1）利用门窗控制室内的热量和采光等

太阳通过窗口进入室内的阳光一方面增加进入室内的太阳辐射，可以充分利用昼光照明，减少电气照明的能耗，也减少照明引起的夏季空调冷负荷，减少冬季采暖负荷；另一方面增加进入室内的太阳辐射会引起空调日射冷负荷的增加。因此，为了更好地利用门窗控制室内的热量和采光等，可以借助以下几项有效的举措。

第一，利用建筑外遮阳。为了取得遮阳效果的最大化，遮阳构件有可调性增强、便于操作及智能化控制的趋向。有的可以根据气候或天气情况调节遮阳角度；有的可以根据居住者的使用情况（在或不在），自动开关，达到最有效的节能。具体形式有遮阳卷帘、活动百叶遮阳、遮阳篷、遮阳纱幕等。

第二，利用窗口内遮阳。窗帘的选择，主要是根据住户的个人喜好来选择面料和颜色的，很少顾及节能的要求。相比外遮阳，窗帘遮阳更灵活，更易于用户根据季节天气变化来调节适合的开启方式，不易受外界破坏。内遮阳的形式有百叶窗帘、百叶窗、拉帘、卷帘等。材料则多种多样，有布料、塑料、金属、竹、木等。内遮阳也有不足的地方。当采用内遮阳的时候，太阳辐射穿过玻璃，使内遮阳帘自身受热升温。这部分热量实际上已经进入室内，有很大一部分将通过对流和辐射的方式，使室内的温度升高。

第三，利用玻璃自遮阳。玻璃自遮阳利用窗户玻璃自身的遮阳性能，阻断部分阳光进入室内。玻璃自身的遮阳性能对节能的影响很大，应该选择遮阳系数小的玻璃。

遮阳性能好的玻璃常见的有吸热玻璃、热反射玻璃、低辐射玻璃。这几种玻璃的遮阳系数低，具有良好的遮阳效果。值得注意的是，前两种玻璃对采光有不同程度的影响，而低辐射玻璃的透光性能良好。此外，利用玻璃进行遮阳时，必须是关闭窗户的，会给房间的自然通风造成一定的影响，使滞留在室内的部分热量无法散发出去。所以，尽管玻璃自身的遮阳性能是值得肯定的，但是还必须配合百叶遮阳等措施，才能取长补短。

第四，利用通风窗技术。将空调回风引入双层窗夹层空间，带走由日照引起的中间层百叶温度升高的对流热量。中间层百叶在光电控制下自动改变角度，遮挡直射阳光，透过散射可见光。

（2）利用门窗控制自然通风

自然通风是当今绿色建筑中广泛采用的一项技术措施，其可以在过渡季节提供新鲜空气和降温，也可以在空调供冷季节利用夜间通风，降低围护结构和家具的蓄热量，减轻第二天空调的启动负荷。因此，在绿色建筑的管理中，要注意通过对门窗的有效控制来实现减少能耗、降低污染的目的。

3.建筑设备运行管理

建筑设备运行管理，具体包括以下几方面的内容。

（1）做好设备运行管理的基础资料工作

基础资料工作是设备管理工作的根本依据，基础资料必须正确齐全。利用现代手段，运用计算机进行管理，使基础资料电子化，网络化，活化其作用。设备的基础资料包括以下几个方面。

第一，设备的原始档案，即基本技术参数和设备价格；质量合格证书；使用安装说明书；验收资料；安装调试及验收记录；出厂、安装、使用的日期。

第二，设备卡片及设备台账。设备卡片将所有设备按系统或部门、场所编号。按编号将设备卡片汇集进行统一登记，形成一本企业的设备台账，从而反映全部设备的基本情况，给设备管理工作提供方便。

第三，设备技术登记簿。在登记簿上记录设备从开始使用到报废的全过程。包括规划、设计、制造、购置、安装、调试、使用、维修、改造、更新及报废，都要进行比较详细的记载。每台设备建立一本设备技术登记簿，做到设备技术登记及时准确齐全，反映该台设备的真实情况，用于指导实际工作。

第四，设备系统资料。建筑的物业设备都是组成系统才发挥作用的，因此除了设备单机资料的管理之外，对系统的资料管理也必须加以重视。系统的资料包括竣工图、系统图（即把各系统分割成若干子系统，并用文字对系统的结构原理、运作过程及一些重要部件的具体位置等作比较详细的说明，使人一目了然）。

（2）合理匹配设备，实现经济运行

合理匹配设备是建筑节能的关键。匹配不合理，不仅运行效率低下，而且设备损失和浪费都很大。在合理匹配设备方面，以下几个方面要特别予以注意。

第一，要注意按照前后工序的需要，合理匹配各工序各工段的主辅机设备，使上下工序达到优化配置和合理衔接，实现前后工序能力和规模的和谐一致，避免因某一工序匹配过大或过小而造成浪费资源和能源的现象。

第二，要注意在满足安全运行、启动、制动和调速等方面的情况下，选择好额定功率恰当的电动机，避免选择功率过大而造成的浪费和功率过小而电动机动过载运行，缩短电机寿命的现象。

第三，要合理配置办公、生活设施，比如空调的选用，要根据房间面积选择合适的空调型号和性能，否则功率过大造成浪费，功率过小又达不到效果。

第四，要合理选择变压器容量。由于使用变压器的固定费用较高且按容量计算，而且在启用变压器时也要根据变压器的容量大小向电力部门交纳增容费。因此，合理选择变压器的容量也至关重要。

（3）合理利用和管理设备，实现最优化利用能量

节能减排的效率和水平很大程度上取决于设备管理水平的高低。加强设备管理是不需要投资或少投资就能收到节能减排效果的措施。在设备管理上，以下几方面要特别予以注意。

第一，要把设备管理纳入经济责任制严格考核，对重点设备指定专人操作和管理。

第二，要做到在不影响设备使用效果的情况下科学合理地使用，根据用电设备的性能和特点，因时因地因物制宜，做到能不用的尽量不用，能少用的尽量少用，在开机次数、开机时间等方面灵活掌握，严格执行主机停、辅机停的管理制度。

第三，要注意削峰填谷，例如蓄冷空调。针对建筑的性质和用途以及建筑冷负荷的变化和分配规律来确定蓄冷空调的动态控制，完善峰谷分时电价，分季电价，尽量安排利用低谷电。特别是大容量的设备要尽量放在夜间运行。

第四，要有针对性地采取切实可行的措施挖潜降耗，坚决杜绝白昼灯、长明灯、长流水等浪费能源的现象，提高节能减排的精细化管理水平。

（4）对设备进行动态更新，确保设备能力能最大限度发挥要实现节能减排

必须下决心尽快淘汰那些能耗高、污染大的落后设备和工艺。在这一过程中，以下几方面要特别予以注意。

第一，要根据实际情况，对设备实行梯级利用和调节使用，逐步把节能型设备从开动率高的环节向使用率低的环节动态更新，把节能型设备用在开动率高的环节上，更换下的高能耗的设备用在开动率低的环节上。这样，换下来的设备用在开动率低的环节后，虽然能耗大，效率低，但由于开动的次数少，反而比投入新设备的成本还低。

第二，要注意对闲置设备按照节能减排的要求进行革新和改造，努力盘活这些设

备并用于运行中。

第三，要注意单体设备节能向系统优化节能转变，全面考虑工艺配套，使工艺设备不仅在技术设备上高起点，而且在节能上高起点。

（二）物业管理

由于绿色建筑的运营管理主要是通过物业来实施的，因此在绿色建筑的运营管理中，物业管理是一项不可或缺的内容。绿色建筑的物业管理不但包括传统意义上的物业管理中的服务内容，还包括对节能、节水、节材、保护环境与智能化系统的管理、维护和功能提升。同时，绿色建筑的物业管理需要很多现代科学技术支持，如生态技术、计算机技术、网络技术、信息技术、空调技术等，需要物业管理人员拥有相应的专业知识，能够科学地运行维修、保养环境、房屋、设备和设施。同时，要想真正提升绿色建筑的物业服务的水平与质量，要特别注意以下几个方面。

1.要不断提升物业管理部门的资质与能力

物业管理部门通过 ISO 14001 环境管理体系认证，是提高环境管理水平的需要。ISO 14001 是环境管理标准，它包括环境管理体系、环境审核、环境标志、全寿命周期分析等内容，旨在指导各类组织取得表现正确的环境行为。

此外，物业管理部门需要有一套完整规范的服务体系和一支专业精干的业务队伍，应根据建筑设备系统的类型、复杂性和业务内容的不同，配备专职或兼职人员进行管理。管理人员和操作人员必须经过培训和绿色教育，经考核合格后才可上岗。唯有通过专业化的分工和严明的制度管理，才能提高绿色建筑的运营管理水准。

2.要制定科学可行的操作管理制度

这里所说的操作管理制度主要指的是节能、节水、节材等资源节约与绿化的操作管理制度，可再生能源系统，雨废水回用系统的运行维护管理制度，绿化管理制度，垃圾管理制度，建筑、设备、系统的维护制度等。

3.要开展有效的绿色教育与宣传

在建筑物长期的运行过程中，物业管理人员的意识与行为，直接影响绿色建筑的目标实现。绿色教育需要针对建筑能源系统、建筑给排水系统、建筑电气系统等主要建筑设备的操作管理人员，进行绿色管理意识和技能的教育；也需要针对建筑使用者，如办公人员、商场和旅馆的游客、学校的学生等，进行行为节能的宣传。

首先，应定期对使用暖通空调系统的用户进行使用、操作、维护等有关节能常识的宣传，最大可能地减少浪费现象。

其次，现在很多绿色建筑的使用者并不知道自己所生活、工作的楼宇，获得过某种绿色认证，这样在意识上就很难形成自主的绿色观，在行为上也很难参与到绿色建筑中来。作为物业管理人员有义务指导业主或租户了解建筑物所采用的绿色技术及使用方法，一方面使大家学习掌握节能环保技巧，另一方面培养大家的绿色建筑主人翁精神。可向使用者提供绿色设施使用手册。

最后，需要明确"管理人员的科学管理+用户的行为节能=绿色建筑的成功运营"的思路。比如在办公建筑中，物业必须让入驻的公司了解他们的行为与建筑物的节能效果是密切相关的，作为入驻公司的管理者也必须让员工了解同样的道理。成功的绿色建筑在于运营，在于管理，在于建筑物内所有人对绿色建筑的共识、共鸣和共同行动。

4.要建立科学的资源管理激励机制

具有并实施资源管理激励机制，管理业绩与节约资源、提高经济效益挂钩。管理是运行节能的重要手段，然而，在过去往往管理业绩不与节能、节约资源情况挂钩。绿色建筑的运行管理要求物业在保证建筑的使用性能要求以及投诉率低于规定值的前提下，实现物业的经济效益与建筑用能系统的耗能状况、用水和办公用品等的情况直接挂钩。

（三）绿化管理

为使居住与工作环境的树木、花园及园林配套设施保持完好，让人们生活在一个优美、舒适的环境中，必须加强绿化管理。绿化管理贯穿于绿色建筑的规划、施工及养护等整个过程，它是保证工程质量、维护建设成果的关键所在。此外，区内所有树木，花坛，绿地、草坪及相关各种设施，均属于管理范围。具体来说，在开展绿色建筑的绿化管理时，可具体从以下几方面着手。

1.要制定绿化管理制度并认真执行

绿化管理制度主要包括对绿化用水进行计量，建立并完善节水型灌溉系统；规范杀虫剂、除草剂、化肥、农药等化学药品的使用，有效避免对土壤和地下水环境的损害。

2.要采用无公害病虫害防治技术

病虫害的发生和蔓延，将直接导致树木生长质量下降，破坏生态环境和生物的多样性，因而要注意对病虫害进行防治。在这一过程中，绿色管理还要注意采用无公害病虫害防治技术，具体可从以下几方面着手。

第一，加强病虫害预测预报。做好病虫害的预测预报工作，可以有效控制病虫害的传播、扩散。

第二，要增强病虫害防治工作的科学性：要坚持生物防治和化学防治相结合的方法，科学使用化学农药，大力推广生物制剂、仿生制剂等无公害防治技术，提高生物防治和无公害防治比例，保证人畜安全，保护有益生物，防止环境污染，促进生态可持续发展。

第三，要对化学药品实行有效的管理控制，保护环境，降低消耗。

第四，对化学药品的使用要规范，要严格按照包装上的操作说明进行使用。

第五，对化学药品的处置，应依照固体废物污染环境防治法和国家有关规定执行。

第六，要增强病虫害防治工作的科学性，要坚持生物防治和化学防治相结合的方法，科学使用化学农药，大力推行生物制剂、仿生制剂等无公害防治技术，提高生物防治和无公害防治的比例，保证人畜安全，保护有益生物，防止环境污染，促进生态可持续发展。

3.要切实提高树木的成活率

在对绿色建筑进行绿化管理时，要及时进行树木的养护、保洁、修理工作，使树木生长状态良好，保证树木有较高的成活率。同时，在绿色建筑的绿化管理过程中，绿化管理人员需要了解植物的生长习性，种植地的土壤、气候水源水质等状况，根据实际情况进行植物配置，以减少管理成本，提高苗木成活率。此外，要对行道树、花灌木、绿篱定期修剪，对草坪及时修剪。及时做好树木病虫害预测、防治工作，做到树木无暴发性病虫害，保持草坪、地被的完整，保证树木较高的成活率，老树成活率达98%，新栽树木成活率达85%以上。发现危树、枯死树木，及时处理。

（四）垃圾管理

城市垃圾的减量化、资源化和无害化，是发展循环经济的一个重要内容。发展循环经济应将城市生活垃圾的减量化、回收和处理放在重要位置。近年来，我国城市垃圾迅速增加，城市生活垃圾中可回收再生利用的物质多。循环经济的核心是资源综合利用，而不光是原来所说的废旧物资回收。过去我们讲废旧物资回收，主要是通过废旧物资回收利用来缓解供应短缺，强调的是生产资料，如废钢铁、废玻璃、废橡胶等的回收利用。而循环经济中要实现减量化、资源化和无害化的废弃物，重点是城市的生活垃圾。因此，在开展绿色建筑的运营管理时，必须要做好垃圾管理工作。具体来说，可从以下几方面着手进行垃圾管理。

1.要制定科学合理的垃圾收集、运输与处理规划

首先，要考虑建筑物垃圾收集、运输与处理整体系统的合理规划。如果设置小型有机厨余垃圾处理设施，应考虑其布置的合理性及下水管道的承载能力。

其次，物业管理公司应提交垃圾管理制度，并说明实施效果。垃圾管理制度包括垃圾管理运行操作手册、管理设施、管理经费、人员配备及机构分工、监督机制、定期的岗位业务培训和突发事件的应急反应处理系统等。

2.要配置合理的垃圾容器

垃圾容器一般设在居住单元出入口附近隐蔽的位置，其外观色彩及标志应符合垃圾分类收集的要求。垃圾容器分为固定式和移动式两种，其规格应符合国家有关标准。垃圾容器应选择美观与功能兼备，并且与周围景观相协调的产品，要求坚固耐用，不易倾倒。一般可采用不锈钢、木材、石材、混凝土、GRC、陶瓷材料制作。

3.要保持垃圾站（间）的清洁

垃圾站（间）是收集垃圾的中途站，也是物料回收的中转站。垃圾站（间）的清洁程度，直接影响整个生活或办公区域的卫生水平。因此，重视垃圾站（间）的景观

美化及环境卫生问题，才能提升生活环境的品质。

垃圾站（间）设置冲洗和排水设施，存放垃圾需要做到及时清运、不污染环境、不散发臭味。出现存放垃圾污染环境、散发臭味的情况时，要及时解决，不拖延，不推卸责任。

4.要做好垃圾的分类回收工作

在建筑运行过程中会产生大量的垃圾，包括建筑装修、维护过程中出现的土、渣土、散落的砂浆和混凝土、剔凿产生的砖石和混凝土碎块，还包括金属、竹木材、装饰装修产生的废料、各种包装材料、废旧纸张等。对于宾馆类建筑还包括其餐厅产生的厨房垃圾等，这些众多种类的垃圾，如果弃之不用或不合理处理将会对城市环境产生极大的影响。因此，在建筑运行过程中需要根据建筑垃圾的来源、可否回用性质、处理难易度等进行分类，并通过分类的清运和回收使之分类处理或重新变成资源。

垃圾分类收集有利于资源回收利用，便于处理有毒有害的物质，减少垃圾的处理量，减少运输和处理过程中的成本。在具体开展这项工作时，以下几方面应特别予以注意。

第一，要明白垃圾分类是个复杂、长期的系统工作，其主要困难在于以下几个方面：缺乏环保意识；宣传力度不够；分类设施不全；部门规划不利。

第二，要避免已分类回收的垃圾到垃圾站又重新混合，这是不少分类小区存在的问题。

第三，要重心前移，加强前端管理实现垃圾减量化是最根本的办法，重心不要只围着环卫作业，工作重心是社区，以社区为平台，将垃圾分类收集、分类存放、分类运输、分类加工、分类处理等工作落实好，才是抓点子，才能抓出成效。

5.要注意单独收集可降解垃圾

可降解垃圾指可以自然分解的有机垃圾，包括纸张、植物、食物、粪便、肥料等。垃圾实现可降解，大大减少了对环境的影响。

这里所说的可降解垃圾主要是指有机厨余垃圾。由于生物处理对有机厨房垃圾具有减量化、资源化效果等特点，因而得到一定的推广应用。有机厨房垃圾生物降解是多种微生物共同协同作用的结果，将筛选到的有效微生物菌群，接种到有机厨余垃圾中，通过好氧与厌氧联合处理工艺降解生活垃圾，引起外观霉变到内在质量变化等方面变化，最终形成二氧化碳和水等自然界常见形态的化合物。降解过程低碳节能符合节能减排的理念。有机厨余垃圾的生物处理具有减量化、资源化、效果好等特点，是垃圾生物处理的发展趋势之一。但其前提条件是实行垃圾分类，以提高生物处理垃圾中有机物的含量。

第二节　绿色生态建筑的运营管理成本分析

一、绿色建筑增量成本的概念

绿色建筑的增量成本定义是指建筑建造应符合《绿色建筑评价标准》，因采用室外节约用地、能源、材料节约利用、室内环境质量和运营管理技术优化而增加的成本。由此得到：绿色建筑增量成本=绿色建筑成本-基础成本-间接成本减量。

绿色建筑的关键就是通过合理的规划和设计与先进的建筑技术来协调服务质量与建造成本增量之间的矛盾，并对增量成本的总量进行控制。而要控制增量成本，我们需要先研究增量成本的影响因素。

绿色建筑增量成本内容可以分为软成本、绿色建筑技术成本和认证成本三大类。软成本主要指绿色建筑过程中的软技术成本，包括设计性成本、分析性成本、管理成本、调试成本等。

绿色建筑技术成本主要为设计性成本，为绿色建筑技术应用过程中产生的附加资金内容。认证成本主要指用于绿色建筑体系认证过程中的成本，主要指专家评审费用。

二、建筑生命周期营运成本概述

现代工程实践证实，凡是人工系统都需要进行全生命期的成本分析，在项目启动前对其制造、建设成本、运行成本、维护成本及销毁处置成本进行估计，并在实施中保证各阶段所需的费用。这是一个科学的论证与运作过程，在我们积极推进智慧城市建设的今天，更要做好其全生命期的成本分析，使得各项决策更为科学。

全生命期成本分析源自生命周期评价LCA，是资源和环境分析的一个组成部分。

人的生命总是有限的，人类创造的万事万物也有其生命期。一种产品从原材料开采开始，经过原料加工、产品制造、产品包装、运输和销售，然后由消费者使用、回收和维修，再利用、最终进行废弃处理和处置，整个过程称为产品的生命期，是一个"从摇篮到坟墓"的全过程。

绿色建筑自然也不例外，绿色建筑的各类绿色系统是由各类产品、设备、设施与智能化软件组成，同样具有全生命期的特征，它们都要经历一个研制开发、调试、测试、运行、维护、升级、再调试、再测试、运行、维护、停机、数据保全、拆除和处置的全过程。

生命周期造价管理主要是由英美的一些工程造价界的学者提出创立的。后在英国皇家测量师协会的直接组织和推动下，进行了广泛深入的研究和推广，发展至今，逐步形成了一种较完整的现代化工程造价管理理论和方法体系。其基础在于确定工程建设的全生命周期成本。

　　某个工程从概念设计到制造，直到使用寿命结束时所需要投入成本的总和称为全生命周期成本。因此从经济学的角度看，全生命周期成本的计算始于工程的开始，终结于工程寿命的完结。于此同时，下一个延续的成本过程将开始。在此过程中，需要找到一种对所有可能发生的成本费用组合的优化，以确定前期需要的经济预算，这也是生命周期成本分析的目的。

三、绿色建筑增量成本控制方法

　　我国绿色建筑技术应用差别较大，还没有形成完善的技术体系，各项技术算法千差万别。为了提升对绿色建筑技术增量成本分析的有效性和科学性，在对其计算的过程中我国形成了基础增量成本计算模型。该计算模型中主要包括：

（一）绿色建筑增加技术措施成本

　　部分成本主要指绿色建筑建设过程中增加的工程成本，指从工程施工初期到施工完成中绿色技术导致的额外成本投入。

（二）强化型技术措施成本

　　该部分成本主要指技术效率成本增量及技术成本效益内容，多为施工过程中的机组投入成本及设备投入成本；

（三）交互影响产生的成本

　　该部分成本主要指绿色建筑中技术相互影响导致的成本负荷，上部分成本可以为正也可以为负，系统中的各项成本交互产生设备初投资。

四、减少绿色建筑增量成本的措施

（一）采用被动式节能技术

　　被动式建筑节能设计是建筑节能设计方法的一种，其设计理念是在满足生活舒适度需要的情况下，尽量减小能源设备的装机功率（如空调、采暖等）和使用时间，它主要依靠大自然的力量和条件来保证和维持建筑内热湿环境和通风状况。

（二）可再生资源的利用

　　可再生资源的利用能够节省大量资源，并且没有任何的对环境的污染。可以建造太阳能热水器建筑一体化系统和空气源热泵热水器系统。太阳能热水器是太阳能热利用最成熟的方式，可以实现大规模的应用。推广太阳能热水器的使用能大幅度缓解由于热水消耗量的增加而引起的能源供应压力和环境压力。而空气源热泵技术是基于逆卡诺循环原理建立起来的一种节能、环保制热技术。空气源热泵热水系统通过自然能获取低温热源，经系统高效集热整合后成为高温热源，用来供应热水，整个系统集热效率甚高。

五、绿色建筑生命周期营运成本分析

绿色建筑生命周期营运成本依据研究阶段的不同，包括决策设计成本、施工建设成本、使用维护成本、回收报废成本四个部分。

（一）决策设计成本

决策设计成本包括决策和设计两个部分。决策成本包括策划项目、调查市场、收集信息、可行性研究、优选方案、筹措资金等决策阶段所花费的费用，同时还包括重大方案、管理、研究试验等在设计阶段所耗费的成本。投资决策阶段成本的控制是绿色建筑生命周期营运成本控制的源头，直接关系着绿色建筑生命周期营运成本的高低。

（二）施工建设成本

施工建设成本是指在绿色建筑项目建设施工过程中产生的成本费用，包括人工费、材料费、设备购置费、管理费用以及各种税费等。

（三）使用维护成本

使用维护成本是在绿色建筑使用阶段产生的费用，与传统建筑相比，绿色建筑的优势往往也体现为其使用期持续时间长、使用维护成本更低。

（四）回收报废成本

回收报废成本是指绿色建筑在使用中已经达到其耐用期限，要对其进行回收报废，这个过程所产生的成本就是它的回收报废成本。

六、绿色建筑生命周期营运成本的优势

坚持动态成本管理的模式，通过快速的成本信息传输和成本决策机制，实现既定的经营目标并管理未来的经营目标，促使保持经营成本与风险成本的相对优势、战略地位得以相对提高。绿色建筑全寿命周期动态的成本管理方法和传统建筑动态的成本管理方法的主要区别在于绿色建筑成本数据的不准确和缺乏，因此需要通过加强绿色建筑成本数据信息的收集和反馈工作，在传统建筑动态成本管理方法的基础上改进，从而于提高绿色建筑全寿命周期成本管理绩效。

绿色建筑技术虽然会在一定程度上导致建筑成本上升，但是其带来的绿色收益价值远远高于上述成本，对我国绿色环保体系的构建及建筑价值的发展具有至关重要的作用。研究绿色建筑的增量成本和营运成本，并制定相应的减少增量成本和营运成本的措施，是加快推进绿色建筑在我国广泛应用的最佳途径。只有切实快速的推进绿色建筑的普及和应用，才能使我国的可持续发展战略真正落到实处。

第三节　绿色建筑运营水平提高的对策

中国的绿色建筑经过多年的工程实践，建设业内对此已积累了大量的经验教训，各类绿色技术的应用日益成熟，绿色建筑建设的增量成本也从早期的盲目投入，逐步收敛到一个合理的范围。近年来已有许多专业文献，总结工程项目的建设成果，对于各类绿色技术的建设成本，给出了充分翔实的数据。

绿色建筑技术分为两大类：被动技术和主动技术。所谓被动绿色技术，就是不使用机械电气设备干预建筑物运行的技术，如建筑物围护结构的保温隔热、固定遮阳、隔声降噪、朝向和窗墙比的选择、使用透水地面材料等。而主动绿色技术则使用机械电气设备来改变建筑物的运行状态与条件，如暖通空调、雨污水的处理与回用、智能化系统应用、垃圾处理、绿化无公害养护、可再生能源应用等。被动绿色技术所使用的材料与设施，在建筑物的运行中一般养护的工作量很少，但也存在一些日常的加固与修补工作。而主动绿色技术所使用的材料与设施，则需要在日常运行中使用能源、人力、材料资源等，以维持有效功能，并且在一定的使用期后，必须进行更换或升级。

一、绿色建筑运营管理的主体分析

物业管理方、业主方与政府机构构成了绿色建筑运营管理的主体。物业管理方扮演的角色是管理的主要执行者，也就是绿色建筑运营管理的主体方。物业管理企业在参与运营管理时的动因是多方面的，例如企业的知名度、企业的业务范围，但是，利益仍是主要动力。对于绿色建筑物业管理企业来说，其在进行运营管理时成本相对较高，所以大多数物业管理企业将绿色建筑视为工作中的负担。要想进一步增强绿色建筑运营管理水平，应根据绿色建筑管理企业的需求，构建相应的激励机制，并明确绿色建筑管理体系的责任与地位。

业主方是接受物业管理企业服务的主要对象，是绿色建筑运营管理的直接受益者，在绿色运营管理中发挥着重要作用。业主参与到绿色建筑运营管理中可以为管理工作提供动力，还可以有效地节约能源并提升经济效益与环境效益。因为在节约能源与环境保护的过程中，仅依靠物业管理企业是不够的，更需要业主的参与、配合，以达到最初的预定目标。

在绿色运营管理的过程中，政府机构大多是从宏观的层面进行管理，对绿色运营管理的发展起到引领的作用。政府在进行管理时应建立起完善的法律法规与相关政策，为绿色运营管理创建良好的外部环境，同时还应对绿色建筑物业管理企业的资质、人员的专业水平等进行严格审核，提升绿色建筑运营管理的服务质量。政府机构在进行绿色建筑运营管理的过程中，还应重点关注其社会效益与环保效益，将绿色物业管理模式作为绿色建筑运营管理的基础，激励推动绿色运营物业管理企业的发展，这样在一定程度上能降低绿色建筑运营管理的推广难度。

二、绿色建筑运营管理现状

（一）节约资源与环境保护的现状

在绿色建筑运行阶段，节约资源并进行环境保护主要是为了实现绿色运营管理的预期目标。从建筑全生命周期角度来看，绿色建筑在运行阶段的能耗比公共建筑能耗少。建筑行业相关专家通过对绿色建筑运行阶段碳排放量的数据采集、计算模式后发现，绿色住宅建筑与公共建筑中碳排放总量比较相似，但是在进行建筑建造与拆除的过程中碳的总排放量相对较少。在对建筑能耗水平进行评价时，应先提升绿色建筑项目的节能运行效果。

因此，住房和城乡建设部门也将绿色建筑运营管理中涉及的内容进行了细致的划分，主要包括建筑暖通空调系统、建筑照明系统、建筑动力系统的节能效率，以及可再生资源的再利用率和节能管理维护等。此外，为了确保获得的节能数据是真实有效的，应配备符合标准的能源计量设备并对各项能耗相对较大的系统进行能耗单独计量，如电梯、照明等。

在水资源节约方面，参照国内绿色建筑行业的发展需求与近年来绿色建筑工程的经验，在工程进行阶段应从节水系统、节水设备、非传统水源利用方面进行统一的管理。在管理的过程中，应对水系统规划效果进行考察并对节水设备的安全情况进行检验，同时还应对非传统水源的使用效率等进行管理。在管理的过程中，应对平均日用水量、雨污分流情况、景观水体的补充、节水设备的运行情况、绿化技术效果及非传统水源利用率等指标进行重点管理，还应对实际用水的消耗量进行分析与记录，做好节水定额值的比较，以此判断节水措施的好坏以及节水设备是否可正常运行。可以采取一些有效的节水措施，例如，在绿化方面采用喷灌、滴灌等节水器具；将雨水回渗利用，雨水排至室外散水，室外地面雨水一部分经土壤渗透净化后涵养地下水及室外草场和树木灌溉。

环境保护方面，其主要目的是对绿色建筑的室内声光环境进行控制，以及对室外绿化、垃圾的投放与处理进行管理。在控制室内空气质量时，应加强管控手段并结合设备系统进行联动反馈，对其进行专门的调控，做好设备系统的维护工作以保证设备系统可以正常运转、优化设备功能。在进行室外垃圾处理的过程中，应根据建筑的特点与使用功能，制订出垃圾分类、管理与收集制度，做好垃圾站点的清运、清洁与回收记录，为消费者创造良好、舒适的生活工作环境。

（二）绿色建筑运营经济政策方面

在进行绿色建筑运营管理时，政府部门制订了一系列推动绿色建筑运营管理的经济政策。同时，各地区也应根据自身经济发展的要求制订出适合本地区发展的经济激励政策，主要包括政府财政补贴政策、减免费用政策、信贷激励政策及税收优惠政策等相关的鼓励政策。

1.政府财政补贴政策

从某些城市的绿色建筑运行情况来看，获得绿色建筑运行标识的建筑项目会得到政府财政补贴奖励。相关的建设部门与财政部门应根据地区要求制订出相关的财政制度及管理规定，对取得绿色建筑标识的建筑单位进行评级，制订相应级别（一星级、二星级、三星级）的补贴金额标准。

2.减免费用政策

我国一部分省市为获得绿色建筑标识的项目制订了减免费用的政策。实施减免费用政策可以有效推动绿色建筑运营管理的发展。

3.信贷激励政策

与普通建筑相比，绿色建筑在建设过程中需要的建设成本、运行成本相对较高，回收投资的时期也相对较长。因此，一些地区为了进一步推动绿色建筑的发展放宽了信贷政策，并根据项目制订出相关的优惠政策。这些政策的推动下扩大了信贷机构在绿色建筑方面的发展规模，还提升了开发商与消费者建设、购买绿色建筑的积极性。

4.税收优惠政策

还有些地区为了支持鼓励绿色建筑运营管理，制订了相关的评价标准，使绿色建筑管理企业可享受相关的税收优惠政策。为进一步推动绿色建筑运营管理的发展，还可以制订出加快绿色建筑运营管理的制度，规定绿色建筑在投入使用后可以获得代表二星级、三星级标准的绿色建筑运营标识，并根据政策享受税收优惠。

三、提升绿色建筑运营管理水平的措施

第一，应对绿色建筑运营管理者的任务与职责进行明确。物业管理机构在获得绿色设计认证建筑后，确保绿色建筑的正常运行并明确设计目标责任，在得到绿色运营认证后，应给予物业管理企业相应的精神奖励与经济奖励。

第二，对绿色建筑运营增加的成本进行认定。绿色建筑在建设的过程中会增加一定的成本，同时也会增加其运行的成本。因此，建议已获得绿色运营标识认证的建筑物根据星级标准来收取相应的物业管理费用，并对绿色建筑运行增量成本进行弥补，在机制上使物业管理企业得到相应的回报，提升物业管理企业的经济效益。

第三，建设者应根据成本对绿色建筑进行设计与建设。建设者不能不惜成本地建设绿色建筑，所以应在满足绿色目标与用户需求的基础上尽可能地降低运营成本。

第四，利用信息化、智能化体系做好绿色建筑运营管理数据的分析。在构建信息管理平台与智能控制平台后积累的数据信息、成本信息及收益信息等可以有效地反映出绿色建筑的实际效益。

第五，优化设备管理与保养。运行管理应确保其能满足特定的功能要求，并根据

设施设备状态建立并实施设备设施运行管理制度；建立并实施上述系统中的主要用能设备的管理制度，宜将经济运行要求纳入相关的管理制度，确保设备处于正常运行状态；建立并保持建筑本体及主要用能系统、主要用能设备的档案以及运行、维护、维修记录；建立并实施能源贮存管理制度；优化维护保养；保护保温层，防止能源传导。

在绿色建筑运营管理的重要阶段，其消耗的总能耗高达75%。因而，要想真正实现绿色建筑预期的目标与预期的价值应将绿色运营作为重要的阶段。在绿色建筑运用阶段，人是绿色建筑运营管理的核心。但是，在实际管理的过程中，管理的主体却缺乏对建筑绿色性能目标的关注与绿色运营的意识，在一定程度上阻碍了绿色建筑的发展。

要想实现绿色建筑的管理目标，首先，应利用建筑企业与绿色建筑管理单位分析出绿色建筑运营管理的策略。其次，物业管理企业与业主群体也应运用合理的运行策略选择收益策略。但是，从目前的实际情况来看，只有均衡物业管理企业与业主间的关系才能保证绿色运营管理的发展。在引入政府补贴行为后，物业管理企业应提供相关的绿色运营服务策略，业主也应选择合理的绿色运营策略来支持绿色运营管理，以满足绿色运营管理策略的要求。所以，在进行绿色运营管理的过程中，政府应充分发挥调控作用并给予一定的财政补贴、建立市场准入制度与标准等政策；在政策鼓励与经济奖励的作用下，物业管理企业与业主应不断增加环境保护意识，在此基础上提升物业管理企业的收益，还应提升绿色运营管理的力度，为绿色建筑运营管理的发展提供动力，实现绿色运营管理的预期目标与实际价值。

第四节 绿色生态建筑运营的智能化管理技术

一、绿色生态建筑的运营管理技术

建筑的全寿命周期可分为两个阶段，即建造阶段和使用阶段。相对2~3年的设计建造过程而言，建筑在建成后会有一个相对漫长的使用期。建筑的设计使用寿命一般为50~70年，设计使用寿命到期后，还可以通过检测、加固等手段延长建筑的使用寿命。人类历史长河中有些重要的、古老的建筑，其寿命已长达上百年甚至上千年，因此建筑的使用期在建筑的全寿命周期中占据了绝大部分的时间段，这一阶段建筑对资源的消耗、对环境的影响是值得人们关注的。

一般建筑的运营管理主要是指工程竣工后建筑使用期的物业管理服务。物业服务的常规内容包括给排水、燃气、电力、电信、保安、绿化、保洁、停车、消防与电梯管理以及共用设施设备的日常维护等。绿色建筑运营管理是在传统物业服务的基础上进行提升，要求坚持"以人为本"和可持续发展的理念，从关注建筑全寿命周期的角度出发，通过应用适宜技术、高新技术，实现节地、节能、节水、节材与保护环境的目标。

一般建筑的运营管理往往是与规划设计阶段脱节的，工程竣工后，才开始考虑运营管理工作。而绿色建筑运营管理的策略与目标应在规划设计阶段就有所考虑并确定下来，在运营阶段实施并不断地进行维护与改进。

绿色建筑运营管理与一般的物业服务相比有以下三个特点。

（1）采用建筑全寿命周期的理论及分析方法，制定绿色建筑运营管理策略与目标，最大限度地节约资源（节能、节地、节水、节材）、保护环境和减少污染。

（2）应用适宜技术、高新技术，实施高效运营管理。

（3）为人们提供健康、适用和高效的生活与工作环境。

二、运营管理与建筑全寿命周期

运营管理是绿色建筑全寿命周期中的重要阶段。全寿命周期的概念已在经济、环境、技术、社会等领域广泛应用。"全寿命周期"形象地解释为包含了孕育、诞生、成长、衰弱和消亡的全过程。

建筑全寿命周期是指建筑从建材生产、建筑规划、设计、施工、运营管理，直至拆除回用的整个历程。运用建筑全寿命周期理论进行评估，对建筑整个过程合起来分析与统计，消耗的资源与能源应最少，对环境影响应最低，且拆除后废料应尽量回用。

全球环境问题的日益严重，已威胁着人类的可持续发展。目前，人们的环境意识普遍提高，全寿命周期评价获得了前所未有的发展机遇，人们越来越重视对建筑的全寿命周期的评价。建材的获取、生产、施工和废弃过程中都会对生态环境，如大气、水资源、土地资源等造成污染。以工程项目为对象，利用数据库技术，对工程项目全寿命周期各环节的环境负荷分布进行研究，可计算出该项目全寿命周期中耗能和造成的大气污染等参数，为工程项目节能、生态设计提供基础性数据。

如果从全寿命周期角度来计算绿色建筑的成本，将建筑规划、设计、施工、运营管理，直至拆除、回用的整个历程的成本称为绿色建筑全寿命周期成本。

初投资最低的建筑并不是全寿命周期成本最低的建筑。为了提高绿色建筑性能可能会增加初投资，但如果能大大节约长期运行费用，进而降低建筑全寿命周期建筑成本，并取得明显的环境效益，那么这就是比较理想的绿色建筑。建筑全寿命周期评估模式的出现，带来了规划、设计、施工及运营管理模式革命性的变化。

（一）高新技术与运营管理

高新技术是指对人类社会的生产方式、生活方式和思维方式产生巨大影响的重大技术，它是对当代科学技术领域里带有方向性的最新、最先进的若干技术的总称。生产薯片的工厂应用了大量的高新技术，使其薯片生产过程完全实现了自动化，但不能说它是高新技术企业。而生产计算机芯片的工厂，是研究与生产当代信息技术领域里的核心产品，因此，属于高新技术企业。不过，高新技术中的"高"与"新"是相对于常规技术和传统技术而言，因此，它并不是一成不变的概念，而是带有一种历史的、发展的、动态的性质。今天的高新技术，也许到明天就成为常规技术了。

绿色建筑运营管理应用的高新技术主要是信息技术。信息技术简单地说，是能够用来扩展人的信息功能的技术，主要是指利用计算机和通信手段实现信息的收集、识别、提取、变换、存储、传递、处理、检索、检测、分析和利用等技术。计算机技术、通信技术、传感技术和控制技术是信息技术的四大基本技术，其中计算机技术和通信技术是信息技术的两大支柱。从这种意义上讲，数字化技术、软件技术、数据库技术、地理信息系统、遥感技术、智能技术等均属于信息技术。

如在规划设计中应用地理信息系统（GIS）技术、虚拟现实（VR）技术等工具，通过建立三维地表模型，对场地的自然属性及生态环境等进行量化分析，用于辅助规划设计。在建筑设计与施工中采用计算机辅助设计（CAD）

计算机辅助施工（CAC）技术和基于网络的协同设计与建造等技术等。通过应用信息技术，进行精密规划、设计，精心建造和优化集成，实现与提高绿色建筑的各项指标。

又如，在规划中应用虚拟现实技术。首先用计算机建立某个区域，甚至于一个城市的一种逼真的虚拟环境。使用者可以用鼠标、游戏杆或其他跟踪器，任意进入其中的街道、公园、建筑，感受一下周边的环境。但虚拟现实不是一种表现的媒体，而是一种设计工具。比如，盖一个住宅小区之前，虚拟现实可以把建筑师的构思变成看得见的虚拟物体和环境，来提高规划的质量与效率。另外，还可进行日照的定量分析，现在的软件技术已经可以计算出一年中某一天任一套住宅的日照情况。虚拟现实技术用于展示城市规划，根据城市的当前状况和未来规划，可以将城市现在和将来的情况展示在普通市民面前，让公众参与评价、提升城市建设水平。

再如，应用网络化协同设计与建造技术。一个工程项目的建设涉及业主设计、施工、监理、材料供应商、物业服务以及政府有关部门，如供水、供电、供燃气、绿化、消防等部门。建设周期一般要半年到3年甚至更长。建设过程中浪费严重，各国建筑业都在试图改变工程项目建设中的粗放型管理，并为此制定一系列的法律条文和规章制度，以提高质量、减少投资。随着信息技术发展特别是互联网通信技术和电子商务的发展，西方发达国家已开始将振兴建筑业、塑造顶尖建筑公司寄希望于工程项目协同建设系统对每一个工程项目建设提供一个网站，该网站专用于该工程项目建设，其生命周期同于该项目的建设周期。该网站应具有业主、设计、施工、监理、智能化、物业服务等分系统，通过电子商务连接到建筑部件、产品、材料供应商，同时具有该项目全体参与者协同工作的管理功能模块，包括安全运行机制、信息交换协议与众多分系统接口等。该项目建设过程中所有的信息包括合同法律文本、CAD图纸、订货合同、施工进度、监理文件等均在该网站上，还提供施工现场实时图像。该网站完全与工程项目建设在信息上同步，因此，也可称为动态网站。

用于工程项目建设的动态网站地提供有两种方式：一种是大型建筑企业自己建设具有上述功能的网站，供自身使用，其缺点是功能上受限，一般局限于自身使用分系统与固定的建筑产品及材料供应商；另一种是由第三方建立网站，以出租动态网站方式提供，这种方式提供工程项目协同建设系统功能强，且建筑产品与材料供应商多。

还有建设数字化工地。数字化工地是运用三维建模技术，结合施工现场的信息采集、传输、处理技术，对施工进度、施工技术、工程质量、安全生产、文明施工等方面进行实时监控管理，在此基础上对各个管理对象的信息进行数字化处理和存档，以此促进工作效率和管理水平的提高。同时，通过互联网或专线网络进行远程监控管理，以实现建设主管部门、业主方、设计方、监理方对工程施工的实时监控，做到第一时间发现，第一时间处置，第一时间解决。目前，数字化工地只是做到在施工现场，如在塔吊顶部、现场大门、围墙、生活区等安装视频监控系统，实现了对施工现场进行全方位实时监控，但与真正意义上的"数字化工地"还有很大的差距。

（二）"以人为本"与可持续发展

人类认识和改造自然的最终目标，是为人类自身创造良好的生活条件和可持续发展的环境。在过去相当长的时期内，人类以科学技术为手段，大量地向大自然索取不可再生的资源，无穷尽地满足不断增长的物质财富需要，造成了环境的严重破坏。这种发展模式，在一定程度上破坏了人类赖以生存的基础，使人类改造自然的力量转化为毁害人类自身的力量。

绿色建筑的运营使用，就是要改变这样一种状况，摒弃有害环境、浪费电、浪费水、浪费材料的行为。"以人为本"的绿色运营管理，就是要营造出既与自然融合，又有益于人类自身生活与工作的空间。

（三）环境友好的运营管理

从全寿命周期来说，运营管理是保障绿色建筑性能，实现节能、节水、节材与保护环境的重要环节。运营管理阶段应该处理好业主、建筑和自然三者之间的关系，它既要为业主创造一个安全、舒适的空间环境，同时又要减少建筑行为对自然环境的负面影响，做好节能、节水、节材及绿化等工作，实现绿色建筑各项设计指标。

绿色建筑运营管理的整体方案应在项目的规划设计阶段确定，在工程项目竣工后正式使用之前，建立绿色建筑运营管理保障体系。应做到各种系统功能明确、已建成系统运行正常，且文档资料齐全，保证物业服务企业能顺利接手。对从事运营管理的物业服务公司的资质及能力要求也非常明确，只有达到这种水平才能做到：即使更换物业服务公司，也不会影响运营管理的工作。

目前，绿色建筑的运营管理工作正在引起人们的重视。运营管理主要是通过物业服务工作来体现的，必须克服绿色建筑的建设方、设计方、施工方和物业服务方在工作上存在着的脱节现象。建设方在建设阶段应较多地考虑今后运营管理的总体要求，甚至于一些细节；物业服务方应在工程前期介入，保证项目工程竣工后运营管理资料的完整。我们应该认识到，目前部分物业企业的服务观念还没树立起来，不少物业服务人员没有受过专业培训，对掌握绿色建筑的运营管理，特别是智能化技术有困难。另外，还存在一些认识误区，认为只要设备设施无故障，能动起来就行了，导致许多大楼空调过冷或过热、电梯时开或时停，管道滴漏现象普遍。因此，绿色建筑运营管理体系的建设尤为重要。

绿色建筑运营管理要求物业服务企业通过 ISO14001 环境管理体系认证，这是提高环境管理水平的需要。加强环境管理，建立 ISO14000 环境管理体系，有助于规范环境管理，可以达到节约能源、降低资源消耗、减少环保支出、降低成本的目的，达到保护环境、节约资源、改善环境质量的目的。

环境管理按其涉的范围可以有不同的层次，如地区范围内的环境管理、小区范围内的环境管理等。绿色建筑的环境管理体系应围绕绿色建筑对环境的要求展开环境管理，管理的内容包括制定该绿色建筑环境目标、实施并实现环境目标所要求的相关内容、对环境目标的实施情况与实现程度进行评审并予以保持等。

环境管理体系分为五部分，完成各自相应的功能：

（1）环境目标是组织环境管理的宗旨与核心，可以参考规划设计方案，并以文件的方式表述出环境管理的意图与原则。

（2）提出明确的环境管理方案。

（3）实施与运行。

（4）检查和纠正措施。对由重大环境影响的活动与运行的关键特性进行监测，及时发现问题并及时采取纠正与预防措施解决问题。

（5）管理评审，确保环境管理体系的持续适用性、有效性和充分性，达到持续满足 ISO14001 标准的要求。

绿色建筑环境管理体系应包括人文环境建设与管理、节能管理、节水管理、节材管理、环境绿化美化、绿化植物栽培、环境绿化管理、环境污染与防治、环境卫生管理等。

制定并实施资源管理激励机制，管理业绩与节约资源、提高经济效益挂钩，是环境友好行为的有效激励手段。过去的物业管理往往管理业绩不与节能、节约资源情况挂钩。绿色建筑的运行管理要求物业在保证建筑的使用性能要求以及投诉率低于规定值的前提下，实现物业的经济效益与绿色建筑相关指标挂钩，如建筑用能系统的耗能状况、用水量和办公用品消耗等情况。

（四）节能、节水与节材管理

建筑在使用过程中，需要耗费能源用于建筑的采暖、空调、电梯、照明等，需要耗水用于饮用、洗涤、绿化等，需要耗费各种材料用于建筑的维修等，管理好这些资源消耗，是绿色建筑运营管理的重点之一。在《绿色建筑技术导则》中，对绿色建筑运营管理的有关资源管理提出了技术要求：第一，节能与节水管理。制定节能与节水的管理机制；实现分户、分类计量与收费；节能与节水的指标达到设计要求。第二，耗材管理。建立建筑、设备与系统的维护制度；减少因维修带来的材料消耗；建立物业耗材管理制度，选用绿色材料。

1.管理措施

首先，节能与每个人的行为都是相关联的，节能应从每个人做起。物业服务企业应与业主共同制定节能管理模式，建立物业内部的节能管理机制。正确使用节能智能化技术，加强对设备的运行管理，进行节能管理指标及考核，使节能指标达到设计要求。

目前，节能已较为广泛地采用智能化技术，且效果明显。主要的节能技术如下。

（1）采用楼宇能源自动管理系统

特别是公共建筑。主要的技术为：通过对建筑物的运行参数和监测参数的设定，建立相应的建筑物节能模型，用它指导建筑楼宇智能化系统优化运行，有效地实现建筑节能管理。其中：

①能源信息系统（EIS），是信息平台，集成建筑设计、设备运行、系统优化、节能物业服务和节能教育等信息。

②节能仿真分析系统（ESA），利用ESA给出设计节能和运行节能评估报告，对建筑节能的精确模型描述，提供定量评估结果和优化控制方案。

③能源管理系统（EMS），可由计算机系统集中管理楼宇设备的运行能耗。

（2）采暖空调通风系统（HVAC）节能技术

从需要出发设置HVAC，利用控制系统进行操作；确定峰值负载的产生原因和开发相应的管理策略；限制在能耗高峰时间对电的需求；根据设计图、运行日程安排和室外气温、季节等情况建立温度和湿度的设置点；设置的传感器具有根据室内人数变化调整通风率的能力。提供合适的可编程的调节器，具有根据记录的需求图自动调节温度的能力；防止过热或过冷，节约能源10%～20%；根据居住空间，提供空气温度重新设置控制系统。

（3）建筑通风、空调、照明等设备自动监控系统技术

公共建筑的空调、通风和照明系统是建筑运行中的主要能耗设备。为此，绿色建筑内的空调通风系统冷热源、风机、水泵等设备应进行有效监测，对关键数据进行实时采集并记录；对上述设备系统按照设计要求进行可靠的自动化控制。对照明系统，除在保证照明质量的前提下尽量减小照明功率密度设计外，可采用感应式或延时的自动控制方式实现建筑的照明节能运行。

在物业服务中，设备运行管理是管理过程中的重要一环，是支撑物业服务活动的基础。物业服务环境是一个相对封闭的环境，往往小区和大厦建造标准越高，与外部

环境隔离的程度就越大，对系统设备运行的依赖性就越强。设备运行成本，特别在公共建筑物业服务中占有相当大的比重。

根据水的用途，按照"高质高用、低质低用"的用水原则，制定节水方案和节水管理措施，树立节水从每个人做起的意识。物业服务企业应与业主共同制定节水管理模式，建立物业内部的节水管理机制。对不同用途的用水分别进行计量，如绿化用水建立完善的节水型灌溉系统。正确使用节水计量的智能技术，加强对设备的运行管理指标的考核，使节水指标达到设计要求。建立建筑、设备、系统的日常维护保养制度；通过良好的维护保养，延长使用寿命，减少因维修带来的材料消耗。建立物业耗材管理制度，选用绿色材料（耐久高效、节能、节水、可降解、可再生、可回用和本地材料）。

2.分户计量

在我国的严寒、寒冷地区，冬季建筑的采暖能耗是建筑最大的一项能源费用支出，由于长期以来采用的是按建筑面积收取采暖费的办法，节约建筑采暖能耗一直缺乏市场的动力。为此，采用集中采暖制冷方式的新建民用建筑应当安设建筑物室内温度控制和用能计量设施，逐步实行基本冷热价和计量冷热价共同构成的两部制用能价格制度。

分户计量是指每户的电、水、燃气以及采暖等的用量能分别独立计量，做到明明白白消费，使消费者有节约的动力。目前，住宅建设中早已普遍推行的"三表到户"（即以户为单位安装水表、电表和燃气表），实行分户计量，居民的节约用电、水、燃气意识大大加强。但公共建筑，如写字楼、商场类建筑，按面积收取电、天然气、采热制冷等的费用的现象还较普遍。按面积收费，往往容易导致用户不注意节约，是浪费能源、资源的主要缺口之一。绿色建筑要求耗电、冷热量等必须实行分户分类计量收费。因此，绿色建筑要求在硬件方面，应该能够做到耗电和冷热量的分项、分级记录与计量，方便了解分析公共建筑各项耗费的多少、及时发现问题所在和提出资源节约的途径。

每户可通过电表、水表和燃气表的读数得出某个时间段内电、水和燃气的耗用量，进行计量收费，这是大家都十分熟悉的。然而，对集中供暖，做到谁用热量谁付费，用多少热量交多少钱，进行分户计量收费就不那么简单了。世界上不少国家已经有了成功的经验。据报道，东欧国家已经在实践中证明，采用热计量收费可节约能源20%～30%。住户可以自主决定每天的采暖时间及室内温度，如果外出时间较长，可以调低温度，或将暖气关闭，从而节省能源的消耗。目前我国正在逐步推广供暖分户计量。

3.远传计量系统

虽然水、电、燃气甚至供热实现了一户一表，但由于入户人工抄表工作量大、麻烦、干扰居民日常生活，而且易发生抄错、抄漏的情况。更重要的是人工抄表方式和

IC卡表得到的数据总是滞后的。从现代数字化管理的要求出发，希望我们能得到一个区域，甚至整个城市耗水、耗电、耗燃气的动态实时数据，便于调度、控制，且易发现问题，真正做到科学管理。为了彻底解决这些问题，提高计量的准确性、及时性，就必须采用一种新的计量抄表方法——多表远传计量系统。在保证计量精度的基础上，将其计量值转换为电信号，经传输网络，把计量数值实现远传到物业或有关管理部门。

（五）环境管理

环境管理按其涉及的范围可以有不同的层次，如地区范围内的环境管理、小区范围内的环境管理等。应围绕绿色建筑对环境的要求，展开环境管理。管理的内容包括制定该绿色建筑环境目标、实施并实现环境目标所要求的相关内容、对环境目标的实施情况与实现程度进行评审等。

在新建小区中配置有机垃圾生化处理设备，采用生化技术（是利用微生物菌，通过高速发酵、干燥、脱臭处理等工序，消化分解有机垃圾的一种生物技术）快速地处理小区的有机垃圾部分，达到垃圾处理的减量化、资源化和无害化。其优点是：①体积小，占地面积少，无须建造传统垃圾房；②全自动控制，全封闭处理，基本无异味、噪声小；③减少垃圾运输量，减少填埋土地占用，降低环境污染。在细菌发酵的过程中产生的生物沼气在出口处收集并储存起来，可以直接作为燃料或发电。

21世纪垃圾发电将成为与太阳能发电、风力发电并驾齐驱的无公害新能源。2t垃圾燃烧所产生的热量，相当于1t煤燃烧的能量。我国已有不少城市建立了垃圾场焚烧发电厂。

三、绿色生态建筑的智能化技术

（一）住宅智能化系统

绿色住宅建筑的智能化系统是指通过智能化系统的参与，实现高效的管理与优质的服务，为住户提供一个安全、舒适、便利的居住环境，同时最大限度地保护环境、节约资源（节能、节水、节地、节材）和减少污染。居住小区智能化系统由安全防范子系统、管理与监控子系统、信息网络子系统和智能型产品组成。

居住小区智能化系统是通过电话线、有线电视网、现场总线、综合布线系统、宽带光纤接入网等组成的信息传输通道，安装智能产品，组成各种应用系统，为住户、物业服务公司提供各类服务平台。小区内部信息传输通道可以采用多种拓扑结构（如树型结构、星型结构或多种混合型结构）。

1.管理与监控系统的模块组成

（1）自动抄表装置；

（2）车辆出入与停车管理装置；

（3）紧急广播与背景音乐；

（4）物业服务计算机系统；

（5）设备监控装置。

2.通信网络系统的功能模块组成

（1）电话网；

（2）有线电视网；

（3）宽带接入网；

（4）控制网；

（5）家庭网。

3.智能型产品的功能模块

（1）节能技术与产品；

（2）节水技术与产品；

（3）通风智能技术；

（4）新能源利用的智能技术；

（5）垃圾收集与处理的智能技术；

（6）提高舒适度的智能技术。

　　绿色住宅建筑智能化系统的硬件较多，主要包括信息网络、计算机系统、智能型产品、公共设备、门禁、IC卡、计量仪表和电子器材等。系统硬件首先应具备实用性和可靠性，应优先选择适用、成熟、标准化程度高的产品。这个理由是十分明显的，因为居住小区涉及几百户甚至上千户住户的日常生活。另外，由于智能化系统施工中隐蔽工程较多，有些预埋产品不易更换。小区内居住有不同年龄、不同文化程度的居民，因此，要求操作尽量简便，具有高的适用性。智能化系统中的硬件应考虑先进性，特别是对建设档次较高的系统，其中涉及计算机、网络、通信等部分的属于高新技术，发展速度很快，因此，必须考虑先进性，避免短期内因选用的技术陈旧，造成整个系统性能不高，不能满足发展而过早淘汰。另外，从住户使用来看，要求能按菜单方式提供功能，这要求硬件系统具有可扩充性。从智能化系统总体来看，由于住户使用系统的数量及程度的不确定性，要求系统可升级，具有开发性，提供标准接口，可根据用户实际要求对系统进行拓展或升级。所选产品具有兼容性也很重要，系统设备优先选择按国际标准或国内标准生产的产品，便于今后更新和日常维护。

　　系统软件是智能化系统中的核心，其功能好坏直接关系到整个系统的运行。居住小区智能化系统软件主要是指应用软件、实时监控软件、网络与单机版操作系统等，其中最受关注的是居住小区物业服务软件。对软件的要求是：应具有高可靠性和安全性；软件人机界面图形化，采用多媒体技术，使系统具有处理声音及图像的功能；软件应符合标准，便于升级和更多的支持硬件产品；软件应具有可扩充性。

（二）安全防范系统

　　安全防范子系统是通过在小区周界、重点部位与住户室内安装安全防范的装置，并由小区物业服务中心统一管理，来提高小区安全防范水平。它主要有住宅报警装置、访客对讲装置、周界防越报警装置、视频监控装置、电子巡更装置等。

1.访客可视对讲装置

家里来了客人，只要在楼道入口处，甚至于小区出入口处按一下访客可视对讲室外主机按钮，主人通过访客可视对讲室内机，在家里就可看到或听到谁来了，便可开启楼寓防盗门。

2.住宅报警装置

住户室内安装家庭紧急求助报警装置。家里有人得了急病、发现了漏水或其他意外情况，可按紧急求助报警按钮，小区物业服务中心收到此信号，立即来处理。物业服务中心还应实时记录报警事件。

依据实际需要还可安装户门防盗报警装置、阳台外窗安装防范报警装置、厨房内安装燃气泄漏自动报警装置等。有的还可做到一旦家里进了小偷，报警装置会立刻打手机通知住户。

3.周界防越报警装置

周界防范应遵循以阻挡为主、报警为辅的思路，把入侵者阻挡在周界外，让入侵者知难而退。为预防安全事故发生，应主动出击，争取有利的时间，把一切不利于安全的因素控制在萌芽状态，确保防护场所的安全和减少不必要的经济损失。

小区周界设置越界探测装置，一旦有人入侵，小区物业服务中心将立即发现非法越界者，并进行处理，还能实时显示报警地点和报警时间，自动记录与保存报警信息。物业服务中心还可采用电子地图指示报警区域，并配置声、光提示。小区周界防越报警装置原理图可与视频监控装置联动，这时一旦有人入侵，不但有报警信号，且报警现场的图像也同步传输到管理中心，而且该图像已保存于计算机中，便于处理或破案。

4.视频监控装置

根据小区安全防范管理的需要，对小区的主要出入口及重要公共部位安装摄像机，也就是"电子眼"，直接观看被监视场所的一切情况。可以把被监视场所的图像、声音同时传送到物业服务中心，使被监控场所的情况一目了然。物业服务中心通过遥控摄像机及其辅助设备，对摄像机云台及镜头进行控制；可自动/手动切换系统图像；并实现对多个被监视画面长时间的连续记录，从而为日后对曾出现过的一些情况进行分析，为破案提供辅助。

同时，视频监控装置还可以与防盗报警等其他安全技术防范装置联动运行，使防范能力更加强大。特别是近年来，数字化技术及计算机图像处理技术的发展，使视频监控装置在实现自动跟踪、实时处理等方面有了更长足的发展，从而使视频监控装置在整个安全技术防范体系中具有举足轻重的地位。

5.电子巡更系统

小区范围较大，保安人员多，如何保证24h不间断巡逻，这就得靠安装电子巡更系统。该系统只需要在巡更路线上安装一系列巡更点器，保安人员巡更到各点时用巡更棒碰一下，将巡更到该地点的时间记录到巡更棒里或远传到物业服务中心的计算机中，实现对巡更情况（巡更的时间、地点、人物、事件）的考核，随着社会的发展和科技的进步，人们的安全意识也在逐渐提高。以前的巡逻主要靠员工的自觉性，巡逻人员在巡逻的地点上定时签到，但是这种方法又不能避免一次多签，从而形同虚设。电子巡更系统有效地防止了人员对巡更工作的不负责的情况，有利于进行有效、公平合理的监督管理。

电子巡更系统分在线式、离线式和无线式三大类。在线式和无线式电子巡更系统是在监控室就可以看到巡更人员所在巡逻路线及到达的巡更点的时间，其中无线式可简化布线，适用于范围较大的场所。离线式电子巡更系统巡逻人员手持巡更棒，到每一个巡更点器，采集信息后，回物业服务中心将信息传输给计算机，就可以显示整个巡逻过程。相比于在线式电子巡更系统，离线式电子巡更系统的缺点是不能实时管理，优点是无须布线、安装简单。

（三）管理与监控子系统

管理与监控子系统主要有自动抄表装置、车辆出入与停车管理装置、紧急广播与背景音乐、物业服务计算机系统、设备监控装置等。

1.车辆出入与停车管理装置

小区内车辆出入口通过IC卡或其他形式进行管理或计费，实现车辆出入、存放时间记录、查询区内车辆存放管理等。车辆出入口管理装置与小区物业服务中心计算机联网使用，小区车辆出入口地方安装车辆出入管理装置。持卡者将车驶至读卡机前取出IC卡在读卡机感应区域晃动，值班室电脑自动核对、记录，感应过程完毕，发出"嘀"的一声，过程结束，道闸自动升起。

2.自动抄表装置

自动抄表装置的应用须与公用事业管理部门协调。在住宅内安装水、电、气、热等具有信号输出的表具之后，表具的计量数据将可以远传至供水、电、气、热相应的职能部门或物业服务中心，实现自动抄表。应以计量部门确认的表具显示数据作为计量依据，定期对远传采集数据进行校正，达到精确计量。

住户可通过小区内部宽带网、互联网等查看表具数据。

3.紧急广播与背景音乐装置

在小区公众场所内安装紧急广播与背景音乐装置，平时播放背景音乐，在特定分区内可播业务广播、会议广播或通知等。在发生紧急事件时可作为紧急广播强制切入使用，指挥引导疏散。

4.物业服务计算机系统

物业公司采用计算机管理，也就是用计算机取代人力，完成烦琐的办公、大量的数据检索、繁重的财务计算等管理工作。物业服务计算机系统基本功能包括物业公司管理、托管物业服务、业主管理和系统管理四个子系统。其中，物业公司管理子系统包括办公管理人事管理、设备管理、财务管理、项目管理和ISO9000、ISO14000管理等；托管物业服务子系统包括托管房产管理、维修保养管理、设备运行管理、安防卫生管理、环境绿化管理、业主委员会管理、租赁管理、会所管理和收费管理等；业主管理包括业主资料管理、业主入住管理、业主报修管理、业主服务管理和业主投诉管理等；系统管理包括系统参数管理、系统用户管理、操作权限管理、数据备份管理和系统日志管理等；系统基本功能中还应具备多功能查询统计和报表功能。系统扩充功能包括工作流管理、地理信息管理、决策分析管理、远程监控管理、业主访问管理等功能。

单机系统和物业局域网系统只面向服务公司，适用于中小型物业服务公司；小区企业内部网系统面向物业服务公司和小区业主服务，适用于大中型物业服务公司。

5. 设备监控装置

在小区物业服务中心或分控制中心内应具备下列功能：

（1）变配电设备状态显示、故障警报；

（2）电梯运行状态显示、查询、故障警报；

（3）场景的设定及照明的调整；

（4）饮用蓄水池过滤、杀菌设备监测；

（5）园林绿化浇灌控制；

（6）对所有监控设备的等待运行维护进行集中管理；

（7）对小区集中供冷和供热设备的运行与故障状态进行监测；

（8）公共设施监控信息与相关部门或专业维修部门联网。

（四）智能型产品与技术

智能型产品是以智能技术为支撑，提高绿色建筑性能的系统与技术。节能控制系统与产品如集中空调节能控制技术、热能耗分户计量技术、智能采光照明产品、公共照明节能控制、地下车库自动照明控制、隐蔽式外窗遮阳百叶空调新风量与热量交换控制技术等。

节水控制系统与产品如水循环再生系统、给排水集成控制系统、水资源消耗自动统计与管理、中水雨水利用综合控制等。

利用可再生能源的智能系统与产品如地热能协同控制、太阳能发电产品等。

室内环境综合控制系统与产品如室内环境监控技术、通风智能技术、高效的防噪声系统、垃圾收集与处理的智能技术。

第七章 基于绿色生态理念的建筑规划设计实践

第一节 绿色生态住宅建筑设计

一、住宅建筑及其分类

住宅建筑，指供家庭居住使用的建筑（含与其他功能空间处于同一建筑中的住宅部分）。我国住宅按层数划分为如下几类：

（1）低层住宅：1层至3层；

（2）多层住宅：4层至6层；

（3）中高层住宅：7层至9层；

（4）高层住宅：10层及以上。

此外，30层以上及高度超过100m的住宅建筑称为超高层住宅建筑。住宅建筑还可按楼体结构形式分类，分为砖木结构、砖混结构、钢混框架结构、钢混剪力墙结构、钢混框架-剪力墙结构、钢结构等；按房屋类型分类，可分为普通单元式住宅、公寓式住宅、复式住宅、跃层式住宅、花园洋房式住宅、小户型住宅（超小户型）等；

住宅建设是伴随人类发展的永恒主题。自从有了人类，就有了住宅，住宅建设随着时代的变化而发展。早期住宅对于人类来说，以栖身为主要目的，主要功能是遮风、避雨，保护人类不受伤害。现代住宅还需要满足人类享受舒适生活的需求，创造与整体环境和谐的氛围及对艺术的追求等功能。

进入21世纪，随着生活水平的不断提高，人们开始追求一个安全、舒适、便利的居住环境，同时希望享受先进科技带来的乐趣，对住宅小区的建设提出了更高的要求，出现了智能化住宅。智能化住宅是指将各种家用自动化设备、电气设备、计算机及网络系统与建筑技术和艺术有机结合，以获得一种居住安全、环境健康、经济合理、生活便利、服务周到的感觉，使人感到温馨舒适，并能激发人的创造性的住宅型建筑物。智能化住宅应具备安全防卫自动化、身体保健自动化、家务劳动自动化、文化娱乐自动化等功能。

建立在智能化住宅基础上的小区为智能化住宅小区。智能化小区以一套先进、可靠的网络系统为基础，将住户和公共设施建成网络并实现住户、社区的生活设施、服务设施计算机化管理。智能化住宅小区应用信息技术和智能技术为住户提供先进的管理手段、安全的居住环境和便捷的通信娱乐工具是建筑与信息技术完美结合的成果。

二、绿色住宅建筑的特点

在创建节约型社会的倡导下，绿色住宅建筑无疑是当前住宅建筑界、工程界、学术界和企业界最热门的话题之一。"绿色"的目标是节能、节水、节地、节材，创造健康、安全、舒适的生活空间。绿色住宅建筑具有如下特点：

（一）对环境影响最小的民用建筑，应最大限度地体现节能环保的原则

绿色生态小区建设应充分考虑绿色能源（如：太阳能、风能、地热能、废热资源等）的使用，在使用常规能源时，也应进行能源系统优化。小区建设应提倡采用先进的建筑体系，充分考虑节地原则，以提高土地使用效率、增加住宅的有效使用面积和耐久年限。

此外，应充分体现节约资源的原则，如注重节水技术与水资源循环利用技术及尽量使用可重复利用材料、可循环利用材料和再生材料等，充分节约各种不可再生资源。

（二）具有生态性

绿色住宅建筑是与大自然相互作用而联系起来的统一体，在它的内部以及其与外部的联系上，都具有自我调节的功能。绿色住宅在设计、施工、使用中，都立尊重生态规律、保护生态环境，在环保、绿化、安居等方面使住宅建筑的生态环境处于良好状态。例如优先选用绿色建材、物质利用和能量转化、废弃物管理与处置等，保护环境，防止污染。所有这些都体现了生态性原理。因此，绿色建筑技术也是保护生态、适应生态、不污染环境的建筑技术。

（三）应提供健康的人居环境

健康性是绿色建筑的一个重要特征，也是衡量其建设成果的重要标志。应选用绿色建材，以居住与健康的价值观为目标，促进住宅产业化发展。营造符合人类社会发展的人性需求的健康文明新家园，满足居住环境的健康性、环保性、安全性，保证居民生理、心理和社会多层次的健康需求。为了推动绿色建筑和健康住宅的发展，我国颁布了《健康住宅建设技术要点》，在其中指出了人居环境健康性的重要意义，提出了健康环境保障的措施和要求，明确了对空气污染、装修材料、水环境质量、饮用水

标准、污水排放、生活垃圾处理等多个条款的具体指标，为建造健康住宅指出了明确的方向。

（四）体现可持续发展

借助高度创新性、高度渗透性和高度倍增性的信息技术，来提高住宅的科技含量。如采用中水处理、雨水回收装置，使用节水型产品；利用太阳能以及风能，为居民提供生活热水、取暖及电力；应用节能型家用电器（包括空调）与高效的智能照明系统；在居住小区中采取各类措施节省能源、资源，包括污水收集与排放、小区内外绿色和绿化保护；应用防止污染气体、噪声隔离、再生能源与垃圾处理等技术。应用计算机网络技术、数字化技术、多媒体技术打造数字社区、网络社区、信息社区，使住户充分享受现代科学技术所带来的时代文明。

（五）不以牺牲人们生活品质为代价

绿色住宅建筑的环保节能，并不是以牺牲人们的舒适度和生活品质为代价的。绿色住宅建筑不一定是豪华的，但必须满足住宅建筑功能，为使用者创造舒适环境，提供优质服务。不仅需要维持"健康、舒适、安全"的室内空间，还需要创造和谐的室外空间，融入周围的生态环境、社会环境中。

（六）绿色建筑和智能化住宅密切相关

就节能、环保而言，智能建筑也可称为生态智能建筑或绿色智能建筑，生态智能建筑能处理好人、建筑和自然三者之间的关系，它既要为人创造一个舒适的空间环境，同时又要保护好周围的大环境，符合"安全、舒适、方便、节能、环保"。

三、居住建筑的用地规划设计

（一）用地规划应考虑的因素

居住区设计过程应综合考虑用地条件、套型、朝向、间距、绿地、层数与密度、布置方式、群体组合和空间环境等因素，来集约化使用土地，突出均好性、多样性和协调性。

1. 竖向控制

小区规划要结合地形地貌合理设计，尽可能保留基地形态和原有植被，减少土方工程量。地处山坡或高差较大基地的住宅，可采用垂直等高线等形式合理布局住宅，有效减少住宅日照间距，提高土地使用效率。小区内对外联系道路的高程应与城市道路标高相衔接。

2. 用地选择和密度控制

居住建筑用地应选择无地质灾害、无洪水淹没的安全地段；尽可能利用废地（荒地、坡地、不适宜耕种土地等），减少耕地占用；周边的空气、土壤、水体等，确保卫生安全。居住建筑用地应对人口毛密度、建筑面积毛密度（容积率）、绿地率等进行合理的控制，达到合理的设计标准。

3. 日照间距与朝向选择

（1）日照间距与方位选择原则

①居住建筑间距应综合考虑地形、采光、通风、消防、防震、管线埋设、避免视线干扰等因素，以满足日照要求。②日照一般应通过与其正面相邻建筑的间距控制予以保证，并不应影响周边相邻地块，特别是未开发地块的合法权益（主要包括建筑高度、容积率、建筑物退让等）。

（2）居住建筑日照标准要求

各地的居住建筑日照标准应按国家及当地的有关规范、标准等要求执行，一般应满足：①当居住建筑为非正南北朝向时，住宅正面间距应按地方城市规划行政主管部门确定的不同方位的间距折减系数换算；②应充分利用地形地貌的变化所产生的场地高差、条式与点式住宅建筑的形体组合，以及住宅建筑高度的高低搭配等，合理进行住宅布置，有效控制居住建筑间距，提高土地使用效率。

（3）住宅小区最大日照设计方式

①选择楼栋的最佳朝向，如南京地区为南偏西5°至南偏东30°。②保证每户的南向面宽。③用动态方法确定最优的日照条件。

4. 地下与半地下空间利用

地下或半地下空间的利用与地面建筑、人防工程、地下交通、管网及其他地下构筑物应统筹规划、合理安排；同一街区内，公共建筑的地下或半地下空间应按规划进行互通设计；充分利用地下或半地下空间，做地下或半地下机动停车库（或用作设备用房等），地下或半地下机动停车位需达到整个小区停车位的80%以上。应注意以下几点：①配建的自行车库，宜采用地下或半地下形式；②部分公共建筑（服务、健身娱乐、环卫等），宜利用地下或半地下空间；③地下空间结合具体的停车数量要求、设备用房特点、机械式停车库、工程地质条件以及成本控制等因素，考虑设置单层或多层地下室。

5. 公共服务配套设施控制

（1）城市新建居住区应按国家和地方城市规划行政主管部门的规定，同步安排教育、医疗卫生、文化体育、商业服务、金融邮电、社区服务、市政公用和行政管理等公共服务设施用地，为居民提供必要的公共活动空间。

（2）居住区公共服务设施的配建水平，必须与居住人口规模相对应，并与住宅同步规划、同步建设、同时投入使用。

（3）社区中心宜采用综合体的形式集中布置，形成中心用地。

6. 空间布局和环境景观设计

（1）居住区的规划与设计，应综合考虑路网结构、群体组合、公共建筑与住宅布局、绿地系统及空间环境等的内在联系，构成一个既完善又相对独立的有机整体。

（2）合理组织人流、车流，小区内的供电、给排水、燃气、供热、通信、路灯等管线，宜结合小区道路构架进行地下埋设。配建公共服务设施及与居住人口规模相对应的公共服务活动中心，方便经营、使用和社会化服务。

（3）绿化景观设计注重景观和空间的完整性，应做到集中与分散结合、观赏与实用结合，环境设计应为邻里交往创造不同层次的交往空间。

（二）居住建筑的节地设计

1.适应本地区的气候条件

（1）居住建筑应具有地方特色和个性、识别性，造型简洁，尺度适宜，色彩明快。

（2）住宅建筑应积极有效利用太阳能，配置太阳能热水器设施时，宜采用集中式热水器配置系统。太阳能集热板与屋面坡度应在建筑设计中一体化考虑，以有效降低占地面积。

2.住宅单体设计规整、经济

（1）住宅电梯井道、设备管井、楼梯间等要选择合理尺寸，紧凑布置，不宜凸出住宅主体外墙过大。

（2）住宅设计应选择合理的住宅单元面宽和进深，户均面宽值不宜大于户均面积值的1/10。

3.套型功能合理，功能空间紧凑

（1）套型功能的增量，除适宜的面积外，尚应包括功能空间的细化和设备的配置质量，与日益提高的生活质量和现代生活方式相适应。

（2）住宅套型平面应根据建筑的使用性质、功能、工艺要求合理布局；套内功能分区要符合公私分离、动静分离、洁污分离的要求；功能空间关系紧凑，并能得到充分利用。

四、绿色居住建筑节能与能源利用

（一）给排水节能系统

通过调查收集和掌握准确的市政供水水压、水量及供水可靠性的资料，根据用水设备、用水卫生器具和水嘴的最低工作压力要求，确定直接利用市政供水的层数。

1.小区生活给水加压技术

对市政自来水无法直接供给的用户，可采用集中变频加压、分户计量的方式供水。

小区生活给水加压系统的三种供水技术：水池＋水泵变频加压系统；管网叠压＋水泵变频加压；变频射流辅助加压。为避免用户直接从管网抽水造成管网压力过大波动，有些城市供水管理部门仅认可"水池+水泵变频加压"和"变频射流辅助加压"两种供水技术。通常情况下，可采用"变频射流辅助加压"供水技术。

（1）水池＋水泵变频加压系统

当城市管网的水压不能满足用户的供水压力时，就必须用泵加压。通常，通过市政给水管，经浮球阀向贮水池注水，用水泵从贮水池抽水经变频加压后向用户供水。在此供水系统中虽然"水泵变频"可节约部分电能，但是不论城市管网水压有多大，在城市给水管网向贮水池补水的过程中，都白白浪费了城市给水管网的压能。

（2）变频射流辅助加压供水系统

其工作原理：当小区用水处于低谷时，市政给水通过射流装置既向水泵供水，又向水箱供水，水箱注满时进水浮球阀自动关闭，此时市政给水压力得到充分利用，且市政给水管网压力也不会产生变化；当小区用水处于高峰时，水箱中的水通过射流装置与市政给水共同向水泵供水，此时市政给水压力仅利用50%～70%，且市政给水管网压力变化很小。

2.高层建筑给水系统分区技术

给水系统分区设计中，应合理控制各用水点处的水压，在满足卫生器具给水配件额定流量要求的条件下，尽量取低值，以达到节水节能的目的。住宅入户管水表前的供水静压力不宜大于0.20MPa；水压大于0.30MPa的入户管，应设可调式减压阀。

（1）减压阀的选型

①给水竖向分区，可采用比例式减压阀或可调式减压阀。②入户管或配水支管减压时，宜采用可调式减压阀。③比例式减压阀的减压比宜小于4；可调式减压阀的阀前后压差不应大于0.4MPa，要求安静的场所不应大于0.3MPa。

（2）减压阀的设置

①给水分区用减压阀应两组并联设置，不设旁通管；减压阀前应设控制阀、过滤器、压力表，阀后应设压力表、控制阀。②入户管上的分户支管减压阀，宜设在控制阀门之后、水表之前，阀后宜设压力表。③减压阀的设置部位应便于维修。

（二）建筑构造节能系统

1.管道技术

（1）水管的敷设

①排水管道：可敷设在架空地板内；②采暖管道、给水管道、生活热水管道：可敷设在架空地板内或吊顶内，也可局部墙内敷设。

（2）干式地暖的应用

干式地暖系统区别于传统的混凝土埋入式地板采暖系统，也称为预制轻薄型地板采暖系统，是由保温基板、塑料加热管、铝箔、龙骨和二次分集水器等组成的一体化薄板，板面厚度约为12mm，加热管外径为7mm。干式地暖系统具有温度提升快、施工工期短、楼板负载小、易于日后维修和改造等优点。干式地暖系统的构造做法主要有架空地板做法、直接铺地做法。

（3）新风管道的敷设

新风换气系统可提高室内空气品质，但会占用室内较多的吊顶空间，因此需要内装设计协调换气系统与吊顶位置、高度的关系，并充分考虑换气管线路径、所需换气量和墙体开口位置等，在保证换气效果的同时兼顾室内的美观精致。

2.遮阳系统

（1）利用太阳照射角综合考虑遮阳系数

居住建筑确定外遮阳系统的设置角度的因素有建筑物朝向及位置、太阳高度角和方位角，应选用木制平开、手动或电动、平移式、铝合金百叶遮阳技术。

（2）遮阳方式选择

低层住宅有条件时可以采用绿化遮阳；高层塔式建筑、主体朝向为东西向的住宅，其主要居住空间的西向外窗、东向外窗应设置活动外遮阳设施。

内遮阳应选用具有热反射功能的窗帘和百叶；设计时选择透明度较低的白色或者反光表面材质，以降低其自身对室内环境的二次热辐射。内遮阳对改善室内舒适度，美化室内环境及保证室内的私密性均有一定的作用。

3.墙体节能设计

（1）体形系数控制

建筑物、外围护结构、临空面的面积大会造成热能损失，故体形系数不应超过规范的规定值。减小建筑物体形系数的措施有：①使建筑平面布局紧凑，减少外墙凸凹变化，即减少外墙面的长度；②加大建筑物的进深；③增加建筑物的层数；④加大建筑物的体量。

（2）窗墙比控制

要充分利用自然采光，同时要控制窗墙比。居住建筑的窗墙比应以基本满足室内采光要求为确定原则。建筑窗墙比不宜超过规范的规定值。

（3）外墙保温

保温隔热材料轻质高强，具有保温隔热、隔声防水性能，外墙采用保温隔热材料，能够增强外围护结构抗气候变化的综合物理性能。

4.门窗节能设计

（1）外门窗及玻璃选择

外门窗应选择优质的铝木复合窗、塑钢门窗、断桥式铝合金门窗及其他材料的保温门窗；外门窗玻璃应选择中空玻璃、隔热玻璃或Low-E玻璃等高效节能玻璃，其传热系数和遮阳系数应达到规定标准。

（2）门窗开启扇及门窗配套密封材料

在条件允许时尽量选用上、下悬或平开，尽量避免选用推拉式开启；门窗配套密封材料应选择抗老化、高性能的门窗配套密封材料，以提高门窗的水密性和气密性。

5.屋面保温和隔热

屋面保温可采用板材、块材或整体现喷聚氨酯保温层；屋面隔热可采用架空、蓄水、种植等隔热层。

6.楼地面节能技术

楼地面的节能技术，可根据楼板的位置不同采用不同的节能技术。

（1）层间楼板（底面不接触室外空气），可采用保温层直接设置在楼板上表面或楼板底面的方式，也可采用铺设木龙骨（空铺）或无木龙骨的实铺木地板等方式。

（2）架空或外挑楼板（底面接触室外空气），宜采用外保温系统，接触土壤的房屋地面，也要做保温。

（3）底层地面，也应做保温。

（三）电气与设备节能系统

1.智能控制技术

（1）智能化能源管理技术

此技术通过居住区智能控制系统与家庭智能交互式控制系统的有机组合，以可再生能源为主、传统能源为辅，将产能负荷与耗能负荷合理调配，减少投入浪费，降低运行消耗，合理利用自然资源，保护生态环境，以实现智能化控制、网络化管理、高效节能、公平结算的目标。

（2）建筑设备智能监控技术

采用计算机技术、网络通信技术对居住区内的电力、照明、空调通风、给排水、电梯等机电设备或系统进行集中监视、控制及管理，以保证这些设备安全可靠地运行。按照建筑设备类别和使用功能的不同，建筑设备智能监控系统可划分为：供配电设备监控子系统，照明设备监控子系统，电梯、暖通空调、给排水设备子系统，公共交通管理设备监控子系统等。

（3）变频控制技术

变频控制技术是运用技术手段来改变用电设备的供电频率，进而达到控制设备输出功率的目的的。变频传动调速的特点是不改动原有设备，实现无级调速，以满足传动机械要求；变频器具有软启、软停功能，可避免启动电流冲击对电网的不良影响，既减少电源容量又可减少机械惯动量和机械损耗；不受电源频率的影响，可以开环、闭环；可手动或自动控制；在低速时，定转矩输出、低速过载能力较好；电机的功率因数随转速增高、功率增大而提高，使用效果较好。

2.供配电节能技术系统

（1）供配电系统节能途径

居民住宅区供配电系统节能，主要通过降低供电线路、供电设备的损耗来实现。降低供电线路电能损耗的方式有合理选择变电所位置，正确确定线缆的路径、截面和敷设方式，采用集中或就地补偿的方式提高系统的功率等。降低供电设备的电能损耗即采用低能耗材料或工艺制成的节能环保的电气设备，对冰蓄冷等季节性负荷，采用专用变压器供电方式，以达到经济适用、高效节能的目的。

（2）供配电节能技术的类型

地埋式变电站应优先选用非晶体合金变压器。配电变压器的损耗分为空载损耗和负载损耗。居民住宅区一年四季、每日早中晚的负载率各不相同，故选用低空载损耗的配电变压器，具有较现实的节能意义。大型居民住宅区，推荐使用变电站计算机监控系统，通过计算机、通信网络监测建筑物和建筑群的高压供电、变压器、低压配电系统、备用发电机组的运行状态和故障报警，检测系统的电压、电流、有功功率、功率因数和电度数据等，实现供配电系统的遥测、遥调、遥控和遥信，为节能和安全运行提供实时信息和运行数据，可减少变电站值班人员，实现无人值守，有效节约管理成本。

3.供配电节能技术

（1）照明器具节能技术

①选用高效照明器具

高效照明器具包括：第一，高效电光源，包括紧凑型荧光灯、细管型荧光灯、高压钠灯、金属卤化物灯等；第二，照明电器附件，包括电子镇流器、高效电感镇流器、高效反射灯罩等；第三，光源控制器件，包括调光装置、声控、光控、时控、感控等。延时开关通常分为触摸式、声控式和红外感应式等类型，在居住区内常用于走廊、楼道、地下室、洗手间等场所。

②照明节能的具体措施

第一，降低电压节能，即降低小区路灯的供电电压，达到节能的目的，降压后的线路末端电压不应低于198V，且路面应维持《道路照明标准》规定的照度和均匀度。第二，降低功率节能，即在灯回路中多串一段或多段阻抗，以减小电流和功率，达到节能的目的。一般用于平均照度超过《道路照明标准》规定维持值的120%的期间和地段。采用变功率镇流器节能的，宜对变功率镇流器采取集中控制的方式。第三，清洁灯具节能。清洁灯具可减少灯具污垢造成的光通量衰减，提高灯具效率的维持率，延长竣工初期节能的时间，起到节能的效果。第四，双光源灯节能，即一个灯具内安装两只灯泡，下半夜保证照度不低于下一级维持值的前提下，关熄一只灯，实现节能。

（2）地下汽车库，自行车库等照明节电技术

①光导管技术

光导管主要由采光罩、光导管和漫射器三部分组成，其通过采光罩高效采集自然光线，导入系统内重新分配，再经过特殊制作的光导管传输和强化后，由系统底部的漫射装置把自然光均匀高效地照射到任何需要光线的地方，从而得到由自然光带来的特殊照明效果。光导管是一种绿色、健康、环保、无能耗的照明产品。

②棱镜组多次反射照明节电技术

该技术的原理是用一组传光棱镜，安装在车库的不同部位，并可相互接力，将集

光器收集的太阳光传送到需要采光的部位。

③车库照明自动控制技术

该技术采用红外、超声波探测器等，配合计算机自动控制系统，优化车库照明控制回路，在满足车库内基本照度的前提下，自动感知人员和车辆的行动，以满足灯开、关的数量和事先设定的照度要求，以期合理用电。

（3）绿色节能照明技术

①LED照明技术（又称发光二极管照明技术）

它是利用固体半导体芯片作为发光材料的技术。LED光源具有全固体、冷光源、寿命长、体积小、高光效、无频闪、耗电小、响应快等优点，是新一代节能环保光源。但是，LED灯具也存在很多缺点，如光通量较小、与自然光的色温有差距、价格较高。限于技术原因，大功率LED灯具的光衰很严重，半年的光衰可达到50%。

②电磁感应灯照明技术（又称无极放电灯）

此技术无电极，依据电磁感应和气体放电的基本原理而发光。其优点有：无灯丝和电极；具有10万小时的高使用寿命，免维护；显色性指数大于80，宽色温从2 700K到6 500K，具有801m/W的高光效，具有可靠的瞬间启动性能，同时低热量输出；适用于道路、车库等照明。

（四）暖通空调节能系统

1.住宅通风技术

（1）住宅通风设计的设计原则

应组织好室内外气流，提高通风换气的有效利用率；应避免厨房、卫生间的污浊空气，进入本套住房的居室；应避免厨房、卫生间的排气从室外又进入其他房间。

（2）住宅通风设计的具体措施-厂

住宅通风采用自然通风与置换通风相结合的技术。住户平时换气采用自然通风；空调季节使用置换通风系统。

①自然通风

这是一种利用自然能量改善室内热环境的简单通风方式，常用于夏季和过渡（春、秋）季建筑物室内通风、换气以及降温。有效利用风压来产生自然通风，首先要求建筑物有较理想的外部风速。为此，建筑设计应着重考虑建筑的朝向和间距、建筑群布局、建筑平面和剖面形式、开口的面积与位置、门窗装置的方法、通风的构造措施等。

②置换通风

在建筑、工艺及装饰条件许可，且技术经济比较合理的情况下可设置置换通风。采用置换通风时，新鲜空气直接从房间底部送入人员活动区，从房间顶部排出室外。整个室内气流分层流动，在垂直方向上形成室内温度梯度和浓度梯度。置换通风应采用"可变新风比"的方案。

置换通风有以下两种方式。

a.中央式通风系统

该系统是由新风主机、自平衡式排风口、进风口、通风管道网组成的一套独立新风换气系统。它通过位于卫生间吊顶或储藏室内的新风主机彻底将室内的污浊空气持续从上部排出，新鲜空气经"过滤"由客厅、卧室、书房等处下部不间断送入，使密闭空间内的空气得到充分的更新。

b.智能微循环式通风系统

该系统由进风口、排风口和风机三个部分组成。它通过将功能性区域（厨房、浴室、卫生间等）的排风口与风机相连，不断将室内污浊空气排出，利用负压由生活区域（客厅、餐厅、书房、健身房等）的进风口补充新风进入，并根据室内空气污染度、人员的活动和数量、湿度等自动调节通风量，不用人工操作。这样该系统就可以在排除室内污染的同时减少由通风引起的热量或冷量损失。

2.采暖系统设计

寒冷地区的电力生产主要依靠火力发电，火力发电的平均热电转换效率约为33%，输配效率约为90%。采用电散热器、电暖风机、电热水炉等电热直接供暖，是能源的低效率应用。其效率远低于节能要求的燃煤、燃油或燃气锅炉供暖系统的能源综合效率，更低于热电联产供暖的能源综合效率。热媒输配系统设计如下：

（1）供水及回水干管的环路应均匀布置，各共用立管的负荷宜相近。

（2）供水及回水干管优先设置在地下层空间，当住宅没有地下层，供水及回水干管可设置于半通行管沟内。

（3）符合住宅平面布置和户外公共空间的特点。

（4）一对立管可以仅连接每层一个户内系统，也可连接每层一个以上的户内系统。同一对立管宜连接负荷相近的户内系统。

（5）除每层设置热媒集配装置连接各户的系统外，一对共用立管连接的户内系统，不宜多于40个。

（6）采取防止垂直失调的措施，宜采用下分式双管系统。

（7）共用立管接向户内系统分支管上，应设置具有锁闭和调节功能的阀门。

（8）共用立管宜设置在户外，并与锁闭调节阀门和户用热星表组合设置于

3.住宅采暖与全调节能技术

在城市热网供热范围内，采暖热源应优先采用城市热网，有条件时宜采用"电、热、冷联供系统"。应积极利用可再生能源，如太阳能、地热能等。小区住宅的采暖、空调设备优先采用符合国家现行标准规定的节能型采暖、空调产品。

小区装修房配套的采暖、空调设备为家用空气源热泵空调器，空调额定工况下能效比大于2.3，采暖额定工况下能效比大于1.9。

一般情况下，小区普通住宅装修房配套分体式空气调节器，高级住宅及别墅装修

房配套家用或商用中央空气调节器。

（1）居住建筑采暖、空调方式及其设备的选择，应根据当地资源情况，经技术经济分析以及用户设备运行费用的承担能力综合考虑确定。一般情况下，居住建筑采暖不宜采用直接电热式采暖设备；居住建筑采用分散式（户式）空气调节器（机）进行制冷/采暖时，其能效比、性能系数应符合国家现行有关标准中的规定值。

（2）空调器室外机的安放位置，在统一设计时，应有利于室外机夏季排放热量、冬季吸收热量，应防止对室内产生热污染及噪声污染。

（3）房间气流组织。空调安装的位置应尽可能使空调送出的冷风或暖风吹到室内每个角落，不直接吹向人体；对于复式住宅或别墅，回风口应布置在房间下部；空调回风通道应采用风管连接，不得用吊顶空间回风；空调房间均要有送、回风通道，杜绝只送不回或回风不畅；住宅卧室、起居室，应有良好的自然通风。当住宅设计条件受限制，不得已采用单朝向型住宅的情况下，应采取户门上方通风窗、下方通风百叶或机械通风装置等有效措施，以保证卧室于起居室内良好的通风条件。

（4）置换通风系统。送风口设置高度 $A < 0.8m$；出口风速宜控制在 $0.2 \sim 0.3m/s$；排风口应尽可能设置在室内最高处，回风口的位置不应高于排风口。

（五）新能源利用系统

应用光伏系统的地区，年日照辐射量不宜低于 4 200MJ，年日照时数不宜低于 1 400h。

1.太阳能热水技术

（1）太阳能建筑一体化热水的技术要求

①太阳能集热器本身整体性好、故障率低、使用寿命长。

②贮水箱与集热器尽量分开布置。

③设备及系统在零度以下运行不会冻损。

④系统智能化运行，确保运行中优先使用太阳能，尽量少用电能。

⑤集热器与建筑的结合除满足建筑外观的要求外还应确保集热器本身及其与建筑的结合部位不会渗漏。

（2）太阳能热水器的选型及安装部位

太阳能热水器按贮水箱与集热器是否集成一体，一般可分为一体式和分体式两大类，采用何种类型应根据建筑类别、建筑一体化要求及初期投资等因素经技术经济比较后确定。一般情况下，6 层及 6 层以下普通住宅采用一体式太阳能热水器；高级住宅或别墅采用分体式太阳能热水器。集热器安装位置根据太阳能热水器与建筑一体化要求可安装在屋面、阳台等部位。一般情况下集热器均采用 U 形管式真空管集热器。

2.太阳能光夜发电技术

居住区内的太阳能发电系统分为三种类型。

（1）并网式光伏发电系统

太阳能发电系统将太阳能转化为电能，并通过与之相连的逆变器将直流电转变成交流电，再与公共电网相连接，为负载提供电力。

（2）离网式光伏发电系统

太阳能发电系统与公共电网不连接，独立向负载供电。离网式光伏发电系统一般均配备蓄电池，采用低压直流供电，在居住区内常用于太阳能路灯、景观灯或供电距离很远的监控设备等；由于铅酸蓄电池易对环境造成严重污染，已逐渐被淘汰，可使用环保、安全、节能高效的胶体蓄电池或固体电池，但其购买和使用成本均较高，虽然可节省电费，但投入产出比很低。

（3）建筑光伏一体化发电系统

它将太阳能发电系统完美地集成于建筑物的墙面或屋面上，太阳能电池组件既被用作系统发电机又被用作建筑物的外墙装饰材料。太阳能电池可以制成透明或半透明状态，阳光依然能穿过重叠的电池进入室内，不影响室内的采光。

3.太阳能被动式利用

被动式太阳房，是指不依靠任何机械动力，通过建筑围护结构本身完成吸热、蓄热、放热过程，从而实现利用太阳能采暖目的的房屋。一般而言，可以让阳光透过窗户直接进入采暖房间，或者先照射在集热部件上，然后通过空气循环将太阳能的热量送入室内。

太阳能被动式利用应与建筑设计紧密结合，其技术手段依地区气候特点和建筑设计要求而不同，被动式太阳能建筑设计应在适应自然环境的同时尽可能地利用自然环境的潜能，并应分析室外气象条件、建筑结构形式和相应的控制方法对利用效果的影响，同时综合考虑冬季采暖供热和夏季通风降温的可能，并协调两者的矛盾。

太阳能的利用与地区气候特点息息相关，所以在进行建筑设计时，应掌握地区气候特点，明确应当控制的气候因素，研究控制每种气候因素的技术方法；结合建筑设计，提出太阳能被动式利用方案，并综合各种技术进行可行性分析；结合室外气候特点，确定全年运行条件下的整体控制和使用策略。

第二节　绿色生态办公建筑设计

办公建筑与居住建筑一样，属于大量性的民用建筑，它们既是城市背景的主要组成部分，也因为其高大和丰富的体型，成为城市的标志性建筑，并引发人们关注。

我国改革开放以来，各类办公建筑，特别是高层办公建筑遍布众多城市的新城区、中央商务区、行政中心区和科技园区。办公建筑应以城市整体环境功能和形态考虑为先，研究城市与相邻建筑间的关系进行建筑单体设计。现代办公建筑正朝着特色化、智能化、生态化和绿色节能方向发展。

一、办公建筑概述

（一）办公建筑的定义

办公建筑就是供机关、团体和企事业单位办理行政事务和从事业务活动的建筑物，以空间特点来定义，即以非单元式小空间划分，按层设置卫生设备的用于办公的建筑。

绿色办公建筑、综合办公建筑的定义为：绿色办公建筑，即在办公建筑的全寿命期内，最大限度地节约资源（节能、节地、节水、节材）、保护环境和减少污染，为办公人员提供健康、适用和高效的使用空间，与自然和谐共生的建筑：综合办公建筑，即办公建筑面积比例70%以上，且与商场、住宅、酒店等功能混合的综合建筑。

（二）现代办公建筑的类型

办公建筑的种类繁多，按主要功能定位分类，主要有：行政机关办公建筑，如政府、党政机关办公楼、法院办公楼等；企事业单位办公建筑，如各种企事业单位、公司总部/分部办公楼；广播、通信类办公建筑，如广播电视大楼等；学校办公建筑，如研究中心、实验中心、教育性办公楼等。

（三）办公建筑的空间组成

办公建筑一般由办公用房、公共用房、服务用房等空间组成，还包括地下停车场和地面停车场。

（四）办公建筑的主要特征

1.空间的规律性

办公模式分为小空间和大空间两种，其空间模式一般由基本的办公单元组成且重复排列、相互渗透、相互交融、有机联系以使工作交流通畅。

2.立面的统一性

空间的重复排列自然导致了办公建筑立面造型上的元素的重复性及韵律感。办公空间要求具有良好的自然采光和通风，这使得建筑立面有大量的规律排列的外窗。其围护结构设计应力求与自然的亲密接触而非隔绝。

3.建就耗能量大且时间集中

现代办公建筑使用人员相对密集、稳定，使用时间较规律。这两种特征导致了在"工作日"和"工作时间"中能耗较大。办公建筑一般全年使用时间为200～250天，每天工作8h，设备全年运行时间为1 600～2 000h。

二、现代办公建筑的发展过程

从历史发展来看，自人类社会形成固定居民点以来，就有了原始办公建筑的雏形。从原始部落居民点中央的议事建筑到奴隶社会、封建社会的衙署、会馆、商号等都涌动着办公建筑的影子。近代真正意义上的办公建筑的诞生是在西方工业革命之后。

传统的办公楼立足于自然通风和采光，多以小空间为单位排列组合而成，具有较小的开间和进深尺寸。现代办公楼常注重设计具有人情味的办公环境及优雅的周围环境，带有绿化的内庭院或中庭等。其中的景观办公室可以在大空间中灵活布局，有适当的休息空间，用灵活隔断和绿化来保证私密性。

随着信息时代的到来，出现了智能化的生态节能办公楼，这类办公楼极大地改善了办公的舒适度与灵活性，提高了办公效率，是"以人为本"思想的完美体现。

20世纪90年代后，我国的高层建筑由原来的单一使用功能变为集办公、商贸、金融、饮食、观光为一体的办公商业综合体，高层建筑的设计高度和结构也发生了质的飞跃。同时，办公建筑设计也配备了许多先进的元素，如楼宇控制系统、消防系统、闭路电视监控系统、中央空调系统和垂直、手扶、观光电梯系统等

三、现代办公建筑的发展趋势

（一）办公倾向智能生态化

智能化设计趋势，即利用高科技手段创造智能生态办公楼建筑。智能办公建筑广义上讲，是一个高效能源系统、安全保障系统、高效信息通信系统和办公自动化系统的结合体。其评价指标为3A、5A，是指建筑有三个或五个自动化的功能，即通信自动化系统、办公自动化系统、建筑管理自动化系统、火灾消防自动化系统和综合的建筑维护自动化系统。国际上智能生态建筑发展有两大趋势：①调动一切技术构造手段达到低能耗，减少污染，并可持续性发展的目标；②在深入研究室内热工环境和人体工程学的基础上，依据人体对环境生理、心理的反映，创造健康舒适而高效的室内办公环境。生态智能办公建筑因其高舒适度和低能耗的特点，具有很高的价值。

（二）整体设计风格倾向特色化

现代办公建筑设计日益倾向于突出理性主义和现代主义、强调地域景观特色，日益体现与城市人文环境融合、设计结合自然的理念与趋势。办公建筑的外部空间环境设计也应设计出高度满足人的视觉与情感需求的空间，体现整体设计的特色化。

（三）办公环境设计倾向绿色生态化

办公环境设计倾向绿色生态化，即办公环境设计倾向于景观化、生态化。生态办公不仅意味着小环境的绿色舒适，还意味着针对大环境的节能环保，既让员工快乐工作、提高工作效率，又能节省运营费用，提供经济效益。现代生态办公已成为一种趋势，价值最高的楼不再是最高的楼，而是环境最好、最舒适的楼。

"生态办公"的内涵就是在舒适、健康、高效和环保的环境下进行办公。在这种办公环境下，空气质量较高，对人体健康是有利的。生态办公在高效利用各种资源的

同时又有利于提高工作效率。在办公楼内可以布置餐饮、半开放式茶座、观景台等非正式交流场所，有的甚至在写字楼内部建有绿地或花园等，使人、建筑与自然生态环境之间形成一个良性的系统，真正实现建筑的生态化、办公环境的生态化。

（四）整体设计倾向节能化

办公建筑作为公共建筑的重要组成部分，普遍属于高能耗建筑。办公类建筑，尤其是大型政府办公建筑，其社会影响大。部分地方的白宫式政府办公楼追求大面积、高造价的前广场，豪华的玻璃幕墙，夸张的廊柱，对材料和土地资源浪费严重，对社会产生了较为严重的负面影响。绿色办公楼建筑提倡资源、能源节约，加强办公建筑节能减排力度，按照绿色办公建筑评价标准的要求，全面提高办公建筑的"绿色"品质。

四、绿色办公建筑的设计要点与要求

（一）绿色生态办公建筑的设计要点

（1）减少能源、资源、材料的需求，将被动式设计融入建筑设计，尽可能利用可再生能源如太阳能、风能、地热能以减少对传统能源的消耗，减少碳排放。

（2）改善围护结构的热工性能，以创造相对可控的、舒适的室内环境，减少能量损失。

（3）合理巧妙地利用自然因素（场地、朝向、阳光、风及雨水等），营造健康生态适宜的室内外环境。

（4）提高建筑的能源利用效率。

（5）减少不可再生或不可循环资源和材料的消耗。

（二）绿色办公建筑的设计要求

1.集成性

绿色办公建筑的建设用途和维护方法很重要，为保证建筑的完成与建筑物维护相分离，由建筑功能出发的建筑设计至关重要，这意味着高效能办公建筑的整体设计必须在建筑师、工程师、业主和委托人的合作下，贯穿于整个设计和建设过程。

2.可变性

高效能办公室必须能够简单、经济地装修，必须适应经常性的更新改造。这些更新改造可能是由于经营方重组、职员变动、商业模式的变化或技术创新。先进的办公室必须通过有效采用不断涌现的新技术，如电信、照明、计算机技术等，通过革新设备如电缆汇流、数模配电，来迎接技术的发展变化。

3.安全、健康与舒适性

居住者的舒适度是工作场所满意度的一个重要方面。在办公环境中，员工的健康、安全和舒适是最重要的问题。办公空间设计应提高新鲜空气流通率，采用无毒、低污染材料等要求。

随着时间的推移，现代高效能办公空间将能够提供个性化气候控制，允许用户设定他们各自的、局部的温度、空气流通率和风量大小。员工们可以接近自然，视野开阔，有相互交往的机会，同时还可以控制自己周边的小环境。

五、现代绿色办公建筑的生态设计理念

（1）绿化节能，符合生态要求的高科技元素在建筑中给予充分的考虑。在室内创造室外环境，即把室外的自然环境逐渐地引入室内，如将植物的生长、阳光等空间形态引入室内，提供一种室内类似于自然的环境。

（2）自然采光，有效组织的自然气流。

（3）高效节能的双层幕墙体系，使用呼吸式幕墙，改变人工环境，产生对流空间，有利于通风换气，从而创造一种自然环境，它改变了以往写字楼纯封闭式依靠机器、人工的通风环境。

（4）节能设备的广泛应用，极大提高了办公楼的使用品质及舒适度，节约了能源，同时也体现了可持续发展的思想。

应用自然的建筑材料，达到一种自然的状态，给人创造一种舒服的生态环境。

第三节　绿色生态商业建筑设计

现代商业建筑类型丰富，特别是大型商业建筑功能复杂、空间规模大、人员流动性大，全年营业时间长。由于消费者片面追求高舒适度，现代商业空间过多采用人工环境，设备经常常年运转，能源与资源消耗节节攀升。高能耗、高排放等问题都严重制约了商业的进一步发展。因此，对商业建筑的绿色节能设计已经刻不容缓。

一、现代商业空间形态的新变化

近年来，我国商业发展迅猛，商业建筑的类型日趋增多、出现一些新的变化。

（一）商业形态的多元化，综合化

随着人们消费观念的更新，传统单一的"物质消费"已经不能满足多元化、高品质生活的需要。文化、娱乐、交往、健身这些"精神消费"日益成为时尚。

购物行为已不仅是一个生活必需品的补充过程，还成为一种社会关系相互作用、人与人之间相互交往的过程。因而，传统以购物空间为主体的商业建筑日益向多功能化、社会化方向发展。

1.多元化购物与休闲模式

现代商业建筑常根据社会需求、时尚热点和消费水平来界定功能空间的分区，日益呈现"购物+N种娱乐"的模式。这体现在：满足不同层次的消费需求，如设置名

品专卖廊、形象设计室、文化读书廊、博物馆、健身娱乐厅等新的消费区；购物与休闲娱乐相结合，如购物中心中设置电影院、特色餐馆等空间。

2. 不同的商业建筑形式

不同的业态和销售模式产生了不同的商业建筑形式，如百货商场、超级市场、购物中心、便利店、专卖店、折扣店等，日益丰富多彩，可以满足不同购物人群的要求。

（二）建筑形态的集中化、综合化

现代城市商业建筑空间中引入文化、休闲、娱乐、餐饮等多种功能，形成各种规模的商业综合体建筑已日益普遍，它在商业客源共享的同时，也使多元化与综合化这两种商业空间出现交叉和重叠，如专卖店加盟百货商场以提高商品档次，超级市场、折扣店进驻购物中心以满足消费者一站式的购物需求等。

二、商业建筑的规划和环境设计

（一）商业建筑的选址与规划

1. 商业定住、选址条件与原则

商业建筑在选址时，应深入进行前期调研，其商业定位应以所在区段缺失的商业内容为参考目标。商业地块及基地环境的选择，应考虑物流运输的可达性、交通基础设施、市政管网、电信网络等是否齐全，减少初期建设成本，避免重复建设而造成浪费。场地规划应利用地形，尽量不破坏原有地形地貌，降低人力物力的消耗，减少废土、废水等污染物，避免对原有环境产生不利影响。

2. 城市中心商圈的商业聚集效应

很多的城市中心区经过多年的建设与发展，各方面基础设施条件都比较完备齐全，消费者的认知程度较高，逐渐形成了中心区商圈吸引外来游客消费的城市景点。在商圈中的商业设施应在商品种类、档次、商业业态上有所区别，避免对消费者的争夺。一定的商圈范围内集中若干大型商业设施，相互可利用客源。新建商业建筑在商圈落户，会分享整个商圈的客流，具有品牌效应的商业建筑更能提升商圈的吸引力和知名度。这些商业设施应保持适度距离，避免过分集中造成的人流拥挤，使消费者产生回避心理。

3. 商业空间与公共交通的一体化

城市轨道交通具有速度快、运量大等优势，而密集的人流正是商业建筑的立足之本。因此，轨道交通站点中的庞大人群中蕴藏着商业建筑的巨大利益，使这一利益实现的建筑方法正是商业空间与城市公共交通的一体化设计。

通过一体化设计，轨道交通与商业建筑以多种形式建立联系、组成空间连接，形成以轨道交通为中心，商业建筑为重心的城市新空间，达到轨道交通与商业建筑的双赢。商业建筑规划时应充分利用现有的交通资源，在邻近的城市公共交通节点的人流方向上设置独立出入口，必要时可与之连接，以增加消费者接触商业建筑的机会与时间，增加商业效益。

在轨道交通站点与商业建筑一体化设计中，其空间形态与模式主要有轨道交通站点空间、商业空间和过渡空间。轨道交通站点空间包含乘车、候车、换乘、站厅、通道等交通属性空间，也可以按消费行为划分为消费区域和非消费区域；商业建筑空间包含购物、娱乐、餐饮等多功能服务的空间；过渡空间则包含一体化过程中产生的各类公共空间的集合，过渡空间既可作为建筑内部的功能空间，也可作为交通组织的联系空间。

（二）商业建筑的绿色环境设计

理想的商业建筑环境设计，不仅可以给消费者提供舒适的室外休闲环境，而且，环境中的树木绿化可以起到阻风、遮阳、导风、调节温湿度等作用。绿色环境设计包括以下内容。

1.水环境

良好的水环境不宜过大过多，应该充分考虑当地的气候和人的行为心理特征，如一些商业建筑在广场、中庭布置一些水池或喷泉，空间效果、吸引人流，也可以很好地调节室内外热环境。水循环设计要求商业建筑场地要有涵养水分的能力。场地保水策略可分为"直接渗透"和"贮集渗透"两种，"直接渗透"利用土壤的渗水性来保持水分；"贮集渗透"模仿了自然水体的模式，先将雨水集中，然后低速渗透。对于商业建筑来说，前者更加适用。

2.绿化的选择

应多采用本土植物，尽量保持原生植被。在植物的配置上应注意不同种类相结合，达到四季有景的效果。

3.硬质铺地与绿化搭配

商业建筑室外广场一般采用不透水的硬质铺装且面积较大时，在心理上给人的感觉比较生硬，绿化和渗透地面有利于避免单调乏味并增加气候调节功能。硬质铺装阻碍雨雪等降水渗透到地下，无法通过蒸发来调节温度与湿度，造成夏季城市热岛效应加剧。

三、商业建筑的绿色节能设计

（一）商业中庭设计

1.中底绿化

高大的中庭空间为种植乔木等大型植物提供了有利条件。合理配置中庭内的植物，可以调节中庭内的湿度，有些植物还具有吸收有害气体和杀菌除尘的作用。另外，利用落叶植物不同季节的形态还能达到调节进入室内太阳辐射的作用。

2.中成热环境设计

中庭是商业建筑最常用的共享功能空间，其顶部一般设有天窗或采光罩以引入自然光，减少人工照明能耗。夏天，利用烟囱效应，将室内有害气体以及多余的热量进行集中，统一排出室外；冬天，利用温室效应将热量留在室内，提高室内的温度，但应注意夏季过多的太阳辐射对中庭内热环境的影响。

（二）地下空间利用设计

商业土地寸土寸金，立体式开发可以发挥土地利用的最大效益，保证商家获得最大利益。地下空间的利用方式有以下两种。

（1）在深层地下空间发展地下停车库

目前全国的机动车数量上升迅速，开车购物已成为一种常见的生活方式，购物过程中的停车问题也成为影响消费者购物心情与便捷程度的重要因素。

现代商业建筑可利用地下一、二层的浅层地下空间，发展餐饮、娱乐等商业功能，而将地下车库布置在更深层的空间里，在获得良好经济效益的同时，也实现了节约用地的目标。

（2）地下商业空间与城市公共交通衔接

大型商业建筑将地下空间与城市地铁等地下公共交通进行连接，可减少消费者购物时搭乘地面机动车或自己驾车给城市交通带来的压力，充分利用公共交通资源，达到低碳生活的目的。

（三）商业建筑的平面设计

1.建筑物朝向选择

朝向与建筑节能效果密切相关。南向有充足的日照，冬季接收的太阳辐射可以抵消建筑物外表面向室外散失的热量，但夏季也会导致建筑得热过多，加重空调负担。因而坐北朝南的商业建筑在设计中可采用遮阳、辅助空间遮挡等措施解决好两者之间的矛盾。

2.合理的功能分区

商业建筑平面设计，应统一协调考虑人体舒适度、低能耗、热环境、自然通风等因素与功能分区的关系。一般面积占地较大的功能空间应放置在建筑端部并设置独立的出入口，若干核心功能区应间隔分布，其间以小空间穿插连接以缓解大空间的人流压力。

3.各种商业流线组织

商业建筑应细化人流种类，防止人流过分集中或分散引起的能耗利用不均衡；物流、车流等各种流线尽可能不交叉；同种流线不出现遗漏和重复以提高运作效率。

（四）商业建筑的造型设计

建筑体形系数小及规整的造型，可以有效地减少与气候环境的接触面积，降低室外不良气候对室内热环境的影响，减少供冷与供暖能耗，有利于建筑节能。大型商业建筑一般体形系数较小，但体形过分规整不利于形成活跃的商业氛围，也会造成室内空间利用上的不合理。因而，可适当采取体块穿插、高低落差等处理手法，在视觉上丰富建筑轮廓。高起的体形还能遮挡局部西晒，有利于节能。

（五）室内空间的材质选择

（1）商业建筑室内装饰材料的选用，首先要突显商业性和时尚性，同时还应重点考虑材料的绿色环保特性。商业建筑室内是一个较封闭的空间，往来人员多，空气流通不畅；柜台、商铺装修更换频繁，应该选用对环境和人体都无害的无污染、无毒、无放射性材料，并且可以回收再利用。

（2）在设计过程中，同时应该避免铺张奢华之风，用经济、实用的材料创造出新颖、绿色、舒适的商业环境。

（3）在具体工程项目中应考虑尽量使用本土材料，从而可以降低运输及材料成本，减少运输途中的能耗及污染。

（4）应采用不同的材质满足不同的室内舒适度要求。需要通过人工照明营造室内商业氛围的空间，要求空间较封闭，开窗面积较小，因而采用实墙处理更有利于人工控制室内物理环境；而主要供消费者休息、空间过渡之用的公共与交通部分，可以采用通透的处理手法，既能使消费者享受到充足的阳光，又有利于稳定室内热环境。

四、商业建筑空间环境的设计方式

（一）购物方式步行化

为了消除城市汽车交通和商业中心活动的冲突，以及人们对于购物、休息、娱乐、游览、交往一体化的要求，通过人车分离，把商业活动从汽车交通中分离出来，于是形成了步行街或步行区。这里，各类商业、文化、生活服务设施集中，还有供居民漫步休憩的绿地、儿童娱乐场、喷泉、水池及现代雕塑等，邻近安排停车场与各类公共交通站点，有的引进地铁或高架单轨列车，形成便捷的交通联系。成功的步行街常常成为城市的象征及其市民引以为荣的资本，在欧洲人们常把步行街当作户外起居室。有的城市以特色命名的步行街作为其象征，如有"中华商业第一街"之称的上海南京路商业步行街，集购物、餐饮、旅游、休闲为一体，已经成为国内极具盛名的步行街之一。

步行街的设计要点包括以下三点。

1.步行街的尺度

在步行街的设计中，首先应考虑的是步行街的尺度与客流量的关系问题。适当的道路宽度、步行长度、可坐性以及空间形态的确定是体现"人性化"设计需要考虑的原则。持物的客人想要休息的步行距离为200～300m。

2.步行符的可坐性

由于人们的心理状态不同，行为意愿也不同。独自坐、成组坐、面向街道坐、背向街道坐、阳光下坐……应有多种可能供人选择。应尽量扩大商业建筑空间的"可坐性"，将建筑构件及元素设计得有"可坐性"。

3.步行空间的多样化形态

不同步行空间的形态对于引导人流、形成氛围有着不同的效果。

（1）"城市中心广场型"的"中心放射型"与"环行"相结合的空间布局把城市广场和商业购物的功能相结合，可以形成较大的城市景观。

（2）"线性广场"的设计，赋予街道以广场的特性，强调人流的自由穿插和无方向运动，使步行街具有休闲、观赏的功能。

（3）"多层玻璃拱廊式室内步行街"是建筑空间从"外向型"建筑布局转向按步行活动要求作"内向型"布局，既能满足人们全天候购物的需要，又能创造出阳光灿烂、绿树成荫的室外环境的特殊氛围。

（4）"四季中庭"的向心性与场所感构成综合商业建筑的中心，其相对静态的休闲、观赏的功能与流动的商业人流和街道人流形成互补的动态均衡，是商业建筑社会化的有效形式。

（二）公共空间社会化

历史上的公共开放空间街道和广场，是城市社会活动的集中地。但是，随着汽车时代的到来，广场和街道渐渐成为交通空间。现代购物方式已成为集合多种社会关系的行为。为适应这种购物方式，商业建筑应具有相应的公共开放空间，包括广场、庭院、柱廊、步行街（廊）等，它是商业建筑与城市空间的有效过渡。

商业建筑要引入城市生活，首先需要改变内向性特点，把内部公共空间向城市开放；其次应处理好商业建筑公共空间与城市街道的衔接与转换，在城市与建筑之间架设视线交流的轨道，如有的设计把公共空间置于沿街一侧，形成"沿街中庭"或"单边步行街"，这非常有利于提高公共空间的开放性。

（三）室内空间室外化处理

现代购物方式要求商业空间既能提供安全舒适的全天候购物的室内环境，又能营造一种开敞自由、轻松与休闲的气氛。"室内空间室外化"普遍的设计手法是在公共空间上加上玻璃顶或大面积采光窗。它一方面可以引入更多的室外自然光线和景观；另一方面有助于加强内外视觉交流，强化商业建筑与城市生活的沟通。

此外，将自然界的绿化引入室内空间，或者将建筑外立面的装饰手法应用到商业建筑的室内界面上也是室内空间室外化的处理手法。"室内空间室外化"还表现在对轻松休闲的气氛和街道情趣的追求，即在商业公共空间或室内商业街中运用一些如座椅、阳伞、灯柱、凉棚、铺地、招牌等的室外设施来限定空间，以形成一种身处室外的宜人气氛，它激发消费者的消费欲望，可增加长时间购物过程中的舒适性感受。

（四）商业建筑环境景观化与园林化

首先，商业建筑环境景观化、园林化表现在室内绿化、水体和小品的设计上。为了重现昔日城市广场的作用和生机，不仅室内绿化有花卉、绿篱、草坪和乔灌木的搭配，水体设计还大量运用露天广场中的喷泉、雕塑、水池、壁画相结合的方法来营造商业建筑的核心空间。其次，商业建筑环境景观化、园林化也可采用立体绿化，充分利用建筑的屋顶、台阶、地下的空间进行景观设计，把建筑变成一个三维立体的花园。有的建筑为求商品与环境的有机结合，而创造出特殊氛围的商业环境，如用人工创造出秋天野外的情景给人以时空、季节的联想；用自然的材料如竹、木、砖等来中和机械美和工业化带来的窒息，使环境产生自然亲和力，给人们以喘息的一方空间。

五、商业建筑结构设计中的绿色理念

商业建筑通常需要高、宽、大的特殊空间，内部空间的自由分割与组合是商业建筑的特点，因而设计者应以全寿命周期的思维去分析，合理选择商业建筑的结构形式与材料，在满足结构受力的条件下，使结构所占面积尽量最少，以提供更多的使用空间。

（一）钢结构商业建筑

钢结构的刚度好、支撑力强、有时代感，能突显建筑造型的新颖、挺拔，目前已成为商业建筑最具优势的结构形式。虽然钢结构在建设初期投入成本相对较高，但是在后期拆除时，这些钢材可以全部回收利用，从这一角度讲，钢结构要比混凝土结构更加节能环保。

（二）木结构商业建筑

小型商业建筑也有采用木结构形式的。木材属于天然材料，其给人亲和力的特点优于其他材料，对室内湿度也有一定的调节能力，有益于人体健康。木材在生产加工过程中不会产生大量污染，消耗的能量也低得多。木结构在废弃后，材料基本上可以完全回收。但是选用木结构时应该注意防火、防虫、防腐、耐久等问题。此外，可以将木结构与轻钢结构相结合，集合两种结构的优点，创造舒适环保的室内环境。

六、商业建筑的可持续管理模式

（一）购物中心人流量特点

1.周循环特点

消费者一周的作息时间，决定了商业建筑人流量一般以一周为周期循环变化。周一到周五工作时间人流量少且多集中到晚上，周四开始人流慢慢变多并持续上升，在周六下午和晚上达到最高值，周日依然保持高位运转，随后逐渐降低，到周日晚间营业结束降至最低点，然后开始新一周的循环。

2.目循环特点

商业建筑每一天的人流量，也同样存在着一定的规律性。购物中心一般在早晨10点开始营业。到中午之前人流不多，从中午开始，消费者逐渐增多，到傍晚至晚上达到高潮。不同功能的商业建筑也都存在周期性变化。

3.节假日的周期性特点

商业建筑另外一个周期性特点就是每年的节假日、黄金周，如元旦、春节、五一、十一、清明、中秋、端午等节日，再加上国外的圣诞节、情人节等，由此催生的假日经济带来了更多的消费机遇。

针对以上各种周期性特点，管理者应该合理安排，利用自动以及手动设施控制不同人流、不同外部条件下的各种设备的运行情况，避免造成能耗浪费或舒适度不高。

（二）购物中心节能管理的措施

（1）建立智能型的节能监督管理体系。对各种能耗进行量化管理，直观显示能耗情况。

（2）对于独立的承租户进行分户计量，根据能耗总量，研究设定平均能耗值，对节能的商户采取鼓励政策，有利于提高承租户自身的节能积极性。

（3）对各种能耗指标进行动态监视。精确掌握水、电、煤气、热等的能耗情况。

（4）各系统具有相对独立性。一旦某个系统出现能耗异常可以及时发现，不应影响到其他系统的使用。

（5）管理者应定期对整个购物中心进行全面能耗检查，及早发现并解决问题。

第四节　绿色生态医院建筑设计

一、绿色医院建筑的内涵

绿色医院建筑正是在能源与环境危机和新医疗需求的双重作用下诞生的。绿色医院建筑是一个发展的概念，其内涵涉及绿色建筑思想与医院建筑设计的具体实践，内容十分宽泛而复杂。医院建筑是功能复杂、技术要求较高的建筑类型。绿色医院建筑的内涵具有复杂与多义的特征，只有全面正确地理解其内涵，才能在医院建设中贯彻绿色理念，使其具有可持续发展的生命力。

绿色医院建筑的内涵包括以下几个方面。首先是资源和能源的科学保护与利用，关注资源、节约能源的绿色思想，要求医院建筑不再局限于建筑的区域和单体，要更有利于全球生态环境的改善。建筑物在全寿命周期中应该最低限度地占有和消耗地球资源，最高效率地使用能源，最低限度地产生废弃物并最少排放有害环境的物质。其次是对自然环境的尊重和融合，创造良好的室内外空间环境，提高室内外空间环境质量，营造更接近自然的空间环境，运用阳光、清新空气、绿色植物等元素使之形成与自然共生、融入人居生态系统的健康医疗环境，满足人类医疗功能需求、心理需求。最后是建筑本体的生命力，包括使用功能的适应性与建筑空间的可变性，以适应现代医疗技术的更新和生命需求的变化，在较长的演进历程中可持续发展。新时期的绿色医院建筑要求其不仅能够维持短期的发展，还应该能够满足其长远的发展，为医院建筑注入了动态健康的理念。

二、绿色医院建筑设计策略

（一）可持续发展总体策划

随着医疗体制的更新和医疗技术的不断进步，医院功能日趋完善，医院建设标准逐步提高，主要体现在床均面积扩大、新功能科室增多、就医环境和工作环境改善等方面。绿色医院的设计理念要体现在该类建筑建设的全过程，总体策划是贯彻设计原则和实现设计思想的关键。

1.规模定位与发展策划

医院建筑的高效节约设计首先要对医院进行合理的规模定位，它是医院良好运营的基础。如果定位不当，就会造成医院自身作用不能充分发挥和严重的资源浪费。只有正确处理现状与发展、需要与可能的关系，结合城市建筑规划和卫生事业发展规划，合理确定医院的发展规划目标，才能有效地对建设用地进行控制，体现规划的系统性、滚动性与可持续发展，实现社会效益、经济效益与环境效益的统一。

随着人口不断增长，医院的规模也越来越大，应根据就医环境合理地确定医院建筑的规模，规模过大则会造成医护人员、病患较多，很多问题凸显；规模过小则会造成资源利用不充分，医疗设施难以健全。随着人们对健康的重视和就医要求的提高，医院的建设也逐渐从量的需求，转化为质的提高。我国医院建设规模的确定不能臆想或片面追求大规模和形式气派，需要综合考虑多方面因素，注重宏观规划与实践的结合，在综合分析的基础上做出合理的决策。

要制订可行的实施方案，主要考虑的内容是医院在未来整体医疗网络中的准确定位、投资决策、项目的分阶段控制完成等，它是各方面关联因素的综合决策过程。在这个阶段，需要医院管理人员及工艺设备的专业相关人员密切参与配合，他们的早期介入有利于进行信息的沟通交流（如了解设备对空间的特殊技术要求、功能科室的特定运行模式等），尽可能避免土建完工后建筑空间与使用需求之间的矛盾冲突和重新返工造成极大浪费的现象产生。统筹规划方案的制定应该有一定的超前性，医院建筑的使用需求在始终不停地变化之中，但对于一幢新的医院建筑一般有四五十年的使用寿命，设备、家具可以更新，但结构框架与空间形态却不易改动，因此，建筑设计人员应该与医院院方共同策划，权衡利弊，根据经济效益性确定不同投资模式。另外，我国医院的建设首先确定规模统一规划，分期或一次实现进行。全程整体控制是比较有效与合理的发展模式，在医院建筑分期更新建设中，应该通过适当的规划保证医院功能可以照常运营,把医院改扩建带来的负面影响减至最小,实现经济效益与建设协调统一进行。医院建设的前期策划是一个实际调查与科学决策的过程,它有助于医院建筑设计工作者树立整体动态的科学思维,在调查及与医院相关人员的交流等过程中提高对医疗工作特性的认识,奠定坚实的工作基础,使持续发展的具体设计可以更顺利地进行。

2.功能布局与长期发展

随着医疗技术的不断进步、医疗设备的不断更新、医院功能的不断完善,比起当前医院建筑提供的仅是单纯满足疾病治疗的空间和场所,我们更应该注意的是,远期的发展和变化为功能的延续提供必要的支持和充分的预见,灵活的功能空间布局为不断变化的功能需求提供物质基础。随着医疗模式的不断变化,医院建筑的形式也发生着变化,一方面是源于医疗本身的变化;另一方面是源于医院建筑中存在着大量不断更新的设备、装置。绿色医院建筑的特征之一就是近远期相结合,具备较强的应变能力。医院的功能在不断地发生改变时医院建筑也要相应地做调整,在一定范围内,当医院的功能寿命发生改变时,建筑可以通过对内部空间调整产生应变能力以满足功能的变化,保证医院建筑的灵活性和可变性,真正做到以"不变"应"万变"的节约、长效型设计。

(1)弹性化的空间布局

医院建筑的结构空间的应变性是对建筑布局应变性的进一步深化,从空间变化的角度看基本分为调节型应变和扩展型应变两种。调节型应变是指保持医院自身规模和建筑面积不变,通过内部空间的调整来满足变化的需求;扩展型应变主要是指通过扩大原有医院规模和增加面积来满足变化的需求。两种方式的选择是通过对建筑原有条件的分析和对比而决定的。在设计中,绿色医院建筑应该兼有调节型应变和扩展型应变的特征,这样才能具有最大限度的灵活性应变,适应可持续发展的需要。

调节型应变在结构体系和整体空间面积不变的条件下可以实现,简便易行,大大地提高效率、节省资源。要实现医院的调节型应变关键是在建筑空间内设置一定的灵活空间以用于远期发展,而调节型应变要求空间具有匀质化的特征,以使空间更容易被置换转移和实现功能转换融合,即要求医院空间具有较好的调整适应度。

扩展型应变主要通过面积的增加来实现,扩展型空间应变的关键是保证新旧功能空间的统一协调,扩展型空间应变包括水平方向扩展和竖直方向扩展两个方面。医院的水平扩展需要两个基本条件:一方面要预留足够的发展用地,考虑适当留宽建筑物间距,避免因扩展而可能造成的日照遮挡等不利影响;另一方面使医院功能相对集中,便于与新建筑的功能空间衔接,考虑前期功能区的统一规划等。医院竖直方向扩展一般不打乱医院建筑总体组合方式,优点是利于节约土地,特别适用于用地紧张、原有建筑趋于饱和的医院建设,缺点在于竖直方向扩展需要结构、交通和设备等竖直方向发展的预留,而在平时的医院运营中它们尚未充分发挥作用,容易造成一定的资源浪费。

（2）可生长设计模式

医院建筑是社会属性的公共建筑，但又与常规的公共建筑有所不同。由于其功能的特殊性，使用频率较高，发展变化较快，功能的迅速发展变化，大大缩短了建筑的有效使用寿命，如果医院建筑缺乏与之适应的自我生长发展模式，很快就会被废弃。从发展的角度讲，建筑限制了医疗模式的更新和发展；从能源角度讲，不断地新建会造成巨大的浪费，因此医院建筑在设计中应该充分考虑建筑的生长发展。建筑的可生长性主要从两个层面考虑：一是为了适应医学模式的发展，满足医院建筑的可持续发展，而不断地在建筑结构、建筑形式和总体布局上做出探索变化，即"质"变；二是建筑基于各种原因的扩建，即"量"变。医疗建筑的生长发展是为了适应疾病结构的变化和医疗技术的进步发展的。延长建筑的使用寿命是绿色建筑的特点之一。医院应该预留足够的发展空间，建筑空间也应便于分隔，适度预留，体现生长型绿色医院建筑的优越性和可持续性。

3. 节约资源与降低能耗

城市的高速发展不可避免地带来许多现实问题，诸如建筑密度过高，用地紧张，公共设施不完善，道路低密度化等问题。城市中心的城市发展理念不符合一般的城市可持续发展规律，其中对建筑设计影响最大的应该是建设用地的紧张。高密度造成的环境破坏，因此随着我国功能部门的分化和医院规模的扩大，为了节约土地资源，节省人力、物力、能源的消耗，医院建筑在规划布局上相应地缩短了流线，出现了整合集中化的趋向，原有医院建筑典型的"工"字形、"王"字形的分立式布局已经不能满足新时期医院发展的需要。其建筑形态进一步趋于集中化，最明显的特征就是大型网络式布局医院的出现以及许多高层医院的不断产生。纵观医院建筑绿色化的发展历程，医院建筑经历了从分散到集中又到分散的演变，它反映了绿色医院建筑的发展趋势。应该注意到，医院建筑的集中化、分散化交替的发展模式是螺旋上升的发展方式，当前我们所倡导的医院建筑分散化不是简单地回归到以前的布局及分区方式，而是结合了现代医疗模式变化发展的，更为高效、便捷、人性化的布局形式。

（1）便捷、高效、合理的集中化处理

面对当前建设用地紧缺、不可再生资源的大量流失，采取集中化的处理是为了达到有限资源的最优化利用，实现高效节能的设计初衷。同时，集中化处理也是考虑到医疗病患的特殊情况，为了方便病患的就医就诊，尽可能地减少流线的反复冗长，做到高效便捷的功能使用，势必会将医院建筑的功能集中化处理。这也是以人为本设计理念应该考虑和解决的问题。另外集中式布局有利于提高医院的整体洁净等级，是现代化医院设计的理想模式，但必须以合理的分区、分流设计和必要的技术措施为保证，集中式的布局原则是国际标准的现代化医院最基本的标志之一。因此集中化处理更加适合现代医疗模式，它能够便捷、高效地实现对病患的救治。

（2）人性、绿色、高质量的适度分散化处理

医院建筑的集中化处理固然会带来诸多好处，但有些建筑由于过度集中也带来了许多负面效应。建筑的过于集中化使医院空间环境质量恶化，造成了医疗环境的紧张感、压迫感。如果过于成片集中布置，许多房间将没有自然采光与通风，这就不得不使用空调从而造成大量的能源浪费。因此，集中化处理不是全盘的集约压缩，是综合考虑满足医院建筑基本使用功能的前提下做出的合理、适度的处理手段之一。

现代医院建筑不仅要满足人们就医就诊的基本功能，同时要创造健康、舒适的休养环境，这也是绿色医院建筑需要实现的重要目标，树立"以人为本"的设计理念，考虑使用者的适度需求，努力创造优美和谐的环境，保障使用的安全，降低环境污染，改善室内环境质量，满足人们生理和心理的需求，为有效地帮助病患更好地恢复创造条件。因此，环境品质的保证就要求建筑布局应适度分散化处理，除了特殊的功能部门宜采取集中设置外，一般不宜采用大进深的平面和高层集中式的布局，提倡采用低多层高密度的布局，充分利用自然采光、通风来实现高效与节约的绿色设计。

在医院建设费用提高的同时能耗也在不断提高，医院建筑已经成为能耗最大的公共建筑之一。绿色医院的建设需要考虑建筑寿命周期的能耗，从建筑的建造开始到使用运营都做到尽量减少能耗。医院的耗能不仅使医院日常支出增大，医疗费用增加，而且使目前卫生保健资金投入与产出之间的差距越来越大，加剧了地区供能的矛盾与医院用能的安全。节能、可持续设计思想是绿色建筑的基础。绿色医院建筑应充分利用建筑场地周边的自然条件，尽量保留与合理利用现有适宜的地形、地貌、植被和自然水系，尽可能减少对自然环境的负面影响，减少对生态环境的破坏。为了减少建筑在使用过程中的能耗，真正达到与环境共生，绿色医院建筑应尽量采用耐久性能及适应性强的材料，从而延长建筑物的整体使用寿命，同时充分利用清洁、可再生的自然能源，如太阳能、风能、水能等，来代替以往的旧的不可再生能源提供建筑使用所需的能源，大大减轻建筑能耗对传统资源的压力，提高能源的利用效率。

（二）自然生态的环境设计

1.营造生态化绿色环境

与自然和谐共存是绿色建筑的一个重要特征，拥有良好的绿色空间是绿色医院建筑的鲜明特征，自然生态的空间环境既可以屏蔽危害、调节微气候、改善空气质量，还可以为患者提供修身养性、交往娱乐的休闲空间，有利于病人的治疗康复。热爱自然、追求自然是人类的本性，庭院化设计是绿色医院建筑的标志之一，它是指运用庭院设计的理念和手法来营造医院环境。空间设计庭院化不论是对医患的生理，还是心理都十分有益，对病人的康复也有极大好处。注重对医院绿化环境的修饰，是提高医院建筑景观环境质量的重要手段，如果用室内盆栽、适地种植、中庭绿化、墙面绿化、阳台绿化、屋顶绿化等都能为病人提供赏心悦目、充满生机的景观环境，达到有利治疗、促进康复的目的。环境是建筑实体的延伸，包括生态环境和人文环境。

医院建筑的环境绿化设计应根据建筑的使用功能和形态进行合理的配置，以达到视觉与使用均佳的效果。

综合医院入口广场是院区内主要的室外空间，具有人流量大、流线复杂的特点，景观与绿化设计应简洁清晰，起到组织人流和划分空间的作用。广场中央可布置装饰性草坪、花坛、花台、水池、喷泉、雕塑等，形成开敞、明快的格调，特别是水池、喷泉、雕塑的组合，水流喷出，水花四溅，并结合彩色灯光的配合，增加夜景效果。如果医院广场相对较小，可根据情况布置简单的草坪、花带、花坛等，起到分隔空间、点缀景观的作用。广场周围环境的布置，应注重乔木、灌木、色带、季节性花草等相结合，充分显示出植物的季节性特点，充分体现尺度亲切、景色优美、视觉清新的医疗环境。

住院部周围或相邻处应设有较大的庭院和绿化空间，为病患提供良好的康复休闲环境及优美的视觉景观。住院部周围的场地绿化组织方式有两种：规则式布局和自然式布局。规则式布局方式常在绿地中心部分设置整齐的小广场，以花坛、水池、喷泉等作为中心景观，广场内并放置座椅、亭、架等休息设施；自然式布局则充分利用原有地形、山坡、水体等，自然流畅的道路穿插其间，路旁、水边、坡地可有少量的园林建筑，如亭、廊、花架、主题雕塑等园林小品，重在展现祥和美好的生存空间，衬托出环境的轻松和闲逸。植物布置方面应充分体现植物的季相变化和植物的种类丰富，常绿树和落叶树、乔木和灌木应比例得当，使久住医院的病人能感受到四季的更替及景色的变化。

医院的室外环境应有较明确的分区与界定以满足不同人群的使用，创造安全、高品质的空间环境。为了避免普通病人与传染病人的交叉感染，应设置为不同病人服务的绿化空间，并在绿地间设一定宽度的隔离带。隔离绿化带应以常绿树及杀菌力强的树种为主，以充分发挥其杀菌、防护的作用，并在适当的区域设置为医护人员提供的休息空间和景观环境。

2.融入自然的室内空间

室内空间的绿色化是近年来医院设计的重要趋势之一。我国的医院建筑规模和人流量均较大，室内空间需要较大的尺度和宽敞的公共空间。绿色医院建筑的内部景观环境设计一方面要注重空间形态的公共化。随着医疗技术的进步，其建筑内部使用功能也日趋复合化，为适应这种变化，医院建筑的空间形态应更充分地表现出公共建筑所特有的美感，中庭和医院内街的形态是医院建筑空间形态公共化的典型方法。不同的手法表达了丰富的空间形式，为服务功能提供了场所，也为使用者提供了熟悉方便的空间环境，为消除心理压力、缓解焦躁情绪起到了积极的作用，同时表达了医院建筑不仅为病患服务、也为健康人服务的理念。

内部环境的绿色设计另一方面体现在室内景观自然化。人对健康的渴望在患者身上表现得尤为强烈，室内绿化的布置、阳光的引入是医院建筑空间环境设计的重要方面。建筑中的公共空间中应综合运用艺术表现手法和技术措施，创造良好的自然采光与通风并配之相应的植物，可以将适宜的植物引进室内，拥有室内外空间相连接的因素，从而达到内外空间的过渡，既可提供优美的空间环境又可以改善室内环境质量，有效防止交叉感染。在较私密的治疗空间内更要注重阳光的引入和视线的引导，借助绿色设计增加空间的开阔感和变化，使室内有限的空间得以延伸和扩大。让患者尽量感受阳光和外面的世界，体验生活的美好和生命的意义，帮助治疗与康复。也可以利用一些通透感强的建筑界面将室外局部景色透入室内，让室外的绿化环境延伸到室内空间。室内外空间相互渗透、交融，人在室内就犹如置身于山水花木之中，做到最大限度地与自然和谐共生。

3.构建人性化空间环境

人性化的医院空间环境设计是基于病人对医疗环境的需求而进行的建筑设计。建筑中渗透着人们的审美情感，绿色医院建筑的意义更多地是以情感的符号加以体现的。建筑的色彩、造型都是因人而异的情感符号，对空间形态、色彩的感知是人们主观认识的能动发挥，形成对生存环境的综合认知。因此，通过医院建筑人性化设计表达的情感更能张扬主体的生命力。

医院是治疗人们身心病痛的场所，但人们往往害怕去医院，因为医院让很多人联想到疾病和痛苦，心理学与人文学的紧密联系使设施先进的现代医院同样应该具有人文色彩，拯救生命、解除病痛的过程本身就充满了人性美。

绿色医院建筑应较其他类型的公共建筑设计更加细腻精致，绝大多数的患者在心理上是脆弱和敏感的，这是生物的本能反应，忧虑、急躁、无助都是病人常出现的情绪。室内空间是人与建筑直接对话亲密接触的场所，室内空间的感受将直接决定人对建筑的认识，他们需要的是带有美感的空间，而创造美感则需要精通美的原则——和谐、成比例、均衡等。

病患在就医的过程之中会有来自社会、家庭的压力，同时因为对医院环境的不熟悉，会产生一定的心理焦虑和恐惧感，尤其是住院患者，在心理上表现出强烈的焦虑和忧郁，严重影响医治效果。从人性化设计思想出发，引入家居化的设计是体现人文关怀的有效措施。家居化设计从日常活动场所中汲取设计元素，结合医院本身的功能特点进行设计，以期最大限度地满足患者的生理、心理和社会行为的需求，使医院环境成为让人精神振奋或给人情绪安慰的空间。通过建筑设计的手段给医院空间环境注入一些情感因素，从而淡化高技术医疗设备及医院氛围给人带来冷漠与恐惧的心理。在绿色医院设计时，必须"以人为本"，尽量满足人们各种需求，为医院内的人们提供一个高质量的医疗空间环境。

人性化的医疗环境包括安全舒适的物理环境和美观明快的心理环境。首先要在采光、通风、温湿度控制、洁净度保证、噪声控制、无障碍设计等方面综合运用先进的技术，满足不同使用功能空间的物理要求；其次是在空间形态、色彩、材质等方面引入现代的设计理念，创造丰富的空间环境。在绿色医院设计时，除须对标志性予以考虑外，还应注意视知觉给人带来的影响。例如：儿童观察室、儿童保健门诊装扮成儿童健康乐园，采用欢快的蓝色，配以色彩斑斓的卡通画等孩子喜欢的物品或色彩，对消除孩子的恐惧感具有积极的作用；妇科、产科门诊采用温暖的粉红色，配以温馨的小装饰，让前来就诊的孕产妇从思想上消除紧张和恐惧，使人感到平安、舒适、信任；妇女保健、更年期门诊采用优雅的紫罗兰，打消了更年期妇女焦虑不安的情绪。除了对颜色本身的设计外还需要对微环境予以充分重视，只有良好的光环境，建筑色彩才能够完美地展示给人们，才能为使用者提供一个愉悦欢快的医院环境。冬暖夏凉；四季如春、动静相宜、分合随意、探视者和病患者共用的公共空间是绿色医院建筑中富有特色的人性化空间。

（三）复合多元的功能设置

医院的建筑形态，主要取决于医生医疗水平、地区医疗需求、医院营运机制以及建筑标准等要素。在一个地区、一定时期内，构成的要素具有一定的稳定性。然而医院建筑形态必然随着时间的推移而发生变化，在时空坐标上呈现为动态构成的趋势。由于构成要素具有相对稳定性，在建成运营后的一段时期内能够满足基本的医疗功能要求，通常将这一期限称之为医院的功能寿命，又可称为医院建筑的形变周期。如果超过这个期限，医院建筑就将发生功能和形态的变化，医院建筑的发展过程就是由一个稳定走向新的稳定的过程。绿色医院建筑的特征是具有较长的寿命周期，其功能与形态的变化与需求发展同步而行。

1.医院自身的功能完善

医疗功能的复合化直接影响到医院建筑外部形态和内部空间。随着经营效益的增加，逐步走向创立品牌、突出特色的发展道路。服务的扩展、建筑规模的扩大而产生功能复合化的形态日益明显。的复合化即融门诊、住院、医技、科研、教学、办公为一体，形成有较大规模的医院综合体。综合医院的"大而全"特征日益显著，除了包括综合医院常规的功能外，还容纳了越来越多的其他辅助功能。

2.针对社会需求的功能复合

随着社会经济的快速发展和人民生活水平的逐渐提高，人们的健康观念不断更新，健康意识不断增强，医院面对的不再是病患，也包括很多健康人群。综合医院中增设了健康体检中心、健康教育指导、日常保健等功能，是现代医院服务全社会的显著特征之一。

将康复功能纳入医院建筑是近年来解决"老龄化"社会问题的有效措施。该方式最早出现在日本和韩国，在不同规模的医疗设施中解决与老人看护康复功能相结合的问题，很好地体现了社会福利和全面保健的效能。这类医疗设施不仅要注重医疗救治的及时性，还要更加关注治疗的舒适性和建筑环境的品质。

3.新医学模式下的功能扩展

新医学模式更关注人的心理需求，医院的运行理念从"医治疾病"转化为"医治患者"加强对于整体医疗环境的建设，为患者提供完善的辅助医疗空间和安定、舒适的医疗环境，即使不能完全治愈的患者，也可通过良好的整体医疗环境形成较好的心态和战胜疾病的意志，从而配合医院的治疗，得到一定程度的康复。

许多医院的产科病房设置宾馆式的家庭室、孕妇训练室等。日本的很多医院里设置了安慰护理病区（临终关怀病区），在延长患者生命的同时通过谈心关怀、音乐疗法等精神护理减轻患者的不适感，最大限度地体现人性化。这类功能扩展会导致医院建筑的部门空间有所增加以及空间形态的改变，新增空间应在空间形态上有别于同部门治疗室并与之有紧密的联系。

（四）先进集约的技术应用

1.应用先进建筑技术

生存环境的恶化与能源的匮乏使人们越来越重视环保与节能的重要性。建筑的环保与节能是绿色建筑设计的宗旨，随着技术的进步与经济的发展，在建筑设计中，除了通过原有一些基本技术手段实现环保和节能外，大量现代先进技术的应用，使能源得到了更高效的利用。在绿色医院设计中，主要通过空调系统、污水处理、智能技术、新建筑材料等方面进行环保和节能设计，防止污染使得医院正常运营需要综合多种建筑技术加以保障，应用于污染控制的环境工程技术设计，应立足现行相关标准体系和技术设备水平，充分了解使用需求，以人为本、全面分析、积极探索，采取切实有效的技术措施，从专业方面严格控制交叉感染、严防污染环境，建立严格、科学的卫生安全管理体系，为医院建筑提供安全可靠的使用环境。

（1）控制给排水系统污染

医院给排水系统是现代化医疗机构的重要设施。医院给水系统主要体现在医院正常的使用水和饮用水供应，排水系统主要体现在医院各部分的污水和废水的排放。院区内给排水及消防应根据医院最终建成规模，规划好室内外生活、消防给水管网和污水、雨水管网，污水雨水管网应采用分流制。

给水、排水各功能区域应自成体系、分路供水，避开毒物污染区。位于半污染区、污染区的管道应该暗装，严禁给水管道与大便器（槽）直接相连及以普通阀门控制冲洗。消防与给水系统应分设，因消防各区相连，如与给水合用，宜造成交叉污染，如供水采用高位水箱，水箱必须设在清洁区，水箱通气管不得进入其他房间，并严禁与排水系统的通气管和通风道相连。排至排水明沟或设有喇叭口的排水管时，管口应高于沟沿或喇叭口顶，且溢水管口应设防虫网罩。医护人员使用的洗手盆、洗脸盆、便器等均应采用非手动开关，最好使用感应开关。

地漏应设置在经常从地面排水的场所，存水弯水封应经常有水补充，否则造成管道内污浊空气窜入室内。除淋浴房、洗拖把池等必须设置地漏外，其他用水点尽可能不设地漏，诊室、各类实验室等处不在同一房间内的卫生器具不得共用存水弯，否则可能导致排水管的连接互相串通，产生病菌传染。各区、各房间应防止横向和竖向的窜气而交叉感染。

排水系统应根据具体情况分区自成体系，且应污水废水分流；空调凝结水应有组织排放，并用专门容器收集处理或排入污染区的卫生间地漏或洗手池中；污水必须经过消毒灭菌处理，也可根据需要和实际情况采用热辐射及放射线等方法处理，达标排放，其他处理视具体状况综合确定。污水处理站放射线等方法处理，达标排放，其他处理视具体状况综合确定。污水处理站根据具体条件设在隔离区边缘地段，便于管理与定期化验。污水处理系统宜采用全封闭结构，对排放的气体应进行消毒和除臭，以消除气溶胶大分子携带病原微生物对空气的污染，避免病原微生物的扩散。

（2）医疗垃圾污染处理

医院建筑污染垃圾应就地消毒后就地焚烧，垃圾焚烧炉为封闭式，应设在院区的下风向，在烟囱最大落地浓度范围内不应有居民区。若医院就地焚烧会产生环境问题，可由特制垃圾车送往城市垃圾场的专用有害垃圾焚烧炉焚烧。医疗垃圾多带有病原微生物，一旦流入露天场所，不仅传播疾病，而且污染地下水源。为彻底堵塞病毒存活可能，根据医院污水的特点及环保部门的有关制度与法规，在产生地进行杀菌处理，最好采用垃圾焚烧办法。

（3）应用生物洁净技术

绿色医院建筑的空调系统设计须应用生物洁净技术。采暖通风须考虑空气洁净度控制和医疗空间的正负压控制的问题。规范规定负压病房应考虑正负压转换平时与应急时期相结合。负压隔离病房、手术室、ICU采用全新风直流式空调系统应考虑在没有空气传播病菌时期有回风的可能性以节省医院的运转费用，因此在隔离病房的采暖通风的设计与施工中应考虑使用相关的新技术、新设备，生物洁净室设计的最关键问题是选择合理的净化方式，常用的净化气流组织方式分为层流式和乱流式两大类。层流洁净式较乱流洁净式造价高，平时运行费用较大，选用时应慎重考虑。层流洁净式又分为水平层流和垂直层流，在使用上水平层流多于垂直层流，其优点是造价较经济、易于改建。

（4）应用信息智能技术

信息智能技术在医院建筑的日常工作运行和应对突发卫生事件中发挥重要作用。其主要技术体现在网络工程。随着医疗建筑在我国的蓬勃发展，营造良好的设施、幽雅的环境、优质的医疗服务已成为医疗运营必不可少的手段。智能化建设的目的正是满足上述需求，将先进的计算机技术、通信技术、网络技术、信息技术、自动化控制技术、办公自动化技术等运用其中，提供温馨、舒适的就医和工作环境，并降低能量消耗、实现安全可靠运行、提高服务的相应速度。

网络工程对绿色医院建筑的建设具有重要的意义。现代化的诊疗手段、高科技的办公条件和便捷的网络渠道，都为医院的正常运营提供了至关重要的支持。网络工程使各科室职能部门形成网络办公程序，利用网络的便捷性开展工作，更加快捷和实用。网络工程在门诊和体检中心的应用更加广泛，电子流程使患者得到安全、快捷、无误的服务，最后的诊治结果也可以通过网络来查询。

2.集成现代医疗技术

医疗技术是随着科学进步而发展的。20世纪中期，医院以普通的X光和临床生化为主。随后相继出现了CT、自动生化检验、超声、激光、磁共振等诊断医疗设备，而且更新周期越来越短。医疗技术的进步带来了医疗功能的扩展，为疾病的诊疗开辟了新的途径，也为医院建筑设计提出了新的要求。

第八章 基于绿色生态理念的建筑规划设计智能化发展

第一节 绿色生态公共建筑的智能化

一、绿色公共建筑的智能化

（一）公共建筑的业态分类

公共建筑依据业态类型主要分为以下几类：

（1）办公建筑：政府行政办公楼、机构专用办公楼、商务办公楼等；

（2）商业服务建筑：商场、超市、宾馆、餐厅、银行、邮政所等；

（3）教育建筑：托儿所、幼儿园、学校等；

（4）文娱建筑：图书馆、博物馆、音乐厅、影院、游乐场、歌舞厅等；

（5）科研建筑：实验室、研究院、天文台等；

（6）体育建筑：体育场、体育馆、健身房等；

（7）医疗建筑：医院、社区医疗所、急救中心、疗养院等；

（8）交通建筑：交通客运站、航站楼、停车库等；

（9）政法建筑：公安局、检察院、法院、派出所、监狱等；

（10）园林建筑：公园、动物园、植物园等。

公共建筑和居住建筑同属民用建筑，民用建筑和工业建筑合称建筑。

（二）绿色公共建筑的特点

1.办公建筑

办公建筑是现代社会中集中体现先进设计思路和科学技术的代表性建筑，同时也是现代城市中最具生命力和创造力的场所。但正是由于这样的定位，许多现代化办公楼的设计者忽视了建筑以人为本的基本原则，回避了建筑与自然生态系统和谐贯通的传统，使办公楼成为现代科技不断累加的城市"航母"。在国内经济较发达的地区，到处可见由混凝土、钢和玻璃构筑的现代办公建筑，并产生着"热岛效应"和光污染。面对全球范围日益严峻的环境破坏和能源危机，绿色办公楼的概念渐渐浮出水面。

绿色办公楼应具备以下特征：

（1）舒适的办公环境

随着人们对环境要求的逐步提高，如何改善人们的生活工作环境、提高人们的生命质量成为绿色办公楼的主要发展方向。环境的舒适性主要体现在优良的空气质量、优良的温湿度环境，优良的视觉环境、优良的声环境等方面。

（2）与生态环境的融合

最大限度地获取和利用自然采光和通风，创造一个健康、舒适的环境。人们如果长期处于人工环境中易出现"病态建筑综合征"及"建筑关联症"，如疲劳、头痛、全身不适、皮肤及黏膜干燥等。因此，在现代办公建筑中，应注重自然采光和自然通风与技术手段的结合。

（3）自调节能力

这种自调节一方面是指建筑具有调节自身采光、通风、温度和湿度等的能力，另一方面建筑又应具有自我净化能力，尽量减少自身污染物的排放，包括污水、废气、噪声等。

2.学校

学校作为人才的"摇篮"，其建筑具有文化意识的象征意义，须关注总体规划和单体建筑与周围环境的融合、历史的沿革和文化的继承，这是一种注意人文环境的建筑思想。随着我国全民素质教育水平的提高，面对资源枯竭、环境污染加剧的现状，给学校建筑提出了新的课题，建筑节能和校园环境保护成为建设绿色校园的重要内容之一。

绿色校园应具备以下特征：

（1）良好的环境

良好的环境能够诱发更多的思想灵感和智慧火花，而绿色建筑强调更多地利用自然光、自然通风，改善室内空气质量，为师生提供健康、舒适、安全的居住、学习、工作和活动空间。学校建筑的视听环境、通风和室内空气质量等会对学生的学习质量和身心健康产生很大的影响。①在自然采光的学校内学习的学生更健康；②有良好光线的图书馆可以显著地使噪声降低；③拥有自然采光的学校可以使学生的心情处于更积极的状态。可见通过营建绿色建筑，为学生提供更健康、舒适的学习环境，应是学校追求的目标。

（2）单体的差异性

学校建筑主要用来满足教学、科研及生活需要，各单体建筑（如教室、图书馆、办公室、食堂等）的使用功能不同，设计要求也不同。例如图书馆、阶梯教室、学生餐厅等建筑进深较大，采光、通风、排气要求就比较高；而大型实验室则是"能源大户"，能耗管理相对就比较重要。因此，校园建筑设计需要根据具体的功能要求，选择有针对性的绿色建设方案。

（三）绿色公共建筑的设备及设施系统

绿色建筑是在建筑的全生命周期内，在适宜条件下最大限度地节约资源（能源、土地、水资源、材料等），保护环境和减少污染，为人们提供安全、健康和适用的使用空间，与自然和谐共生的建筑。结合公共建筑的特点，可见建设绿色公共建筑的目标主要集中体现在三个方面：第一，提供安全、舒适、快捷的优质服务；第二，低碳、节能和降低人工成本；第三，建立先进和科学的综合管理机制。

下文简要介绍绿色公共建筑的设备和设施系统。

1.总体设计思路

针对公共建筑在绿色节能方面的需求和措施，营建综合性的管理系统势在必行，智能楼宇能源管理体系EMB便孕育而生。

EMB的管理平台可以将环境控制、照明节能、电（自动）扶梯节能、暖通循环水泵节能、暖通空调风机节能、电力需量控制等多功能整合在一起，通过统一的监控平台和可靠的能量管理系统，实现对能源的综合管理；通过分析、共享各种数据，加强对用能设备的监管，指导各项节能工作有效地展开，最终创造绿色、安全、舒适的居住环境，实现节能效益的最大化。

EMB能源管理系统可广泛应用于绿色建筑能耗数据的实时采集、管理、监控及辅助决策中，主要特点包括：

（1）解决能源分散管理，实现能源消耗的集中监控及管理；

（2）解决能源计量体系不完整、能耗统计机制不健全的状态，提供从自动化采集、计量、统计核算的系列功能；

（3）解决节能方向不明确、节能措施不系统的问题，提供能耗分析功能和能耗异常预警提示；

（4）建立多部门协助下的能源平衡机制，将整体电机设备的日常运行管理纳入受控状态，实现工作成员有效沟通和高效协作，为能源管理与审计各方提供全局性的功能。

依据各企业不同的架构、组织，EMB的设计主要分成SC（总控中心）、SS（区域中心）、SU（采集单元）三部分，三部分可依据各企业的实际运营模式和管理办法，灵活选择组成模块。采用基于广域网的Browse /Server（B/s）模式进行组网，形成树状阶层分布式网络结构。实时数据和历史数据分开传输，解决了大容量数据传输的问题。

2.暖通空调节能

暖通空调能耗占公共建筑总能耗的40%～60%，因此暖通空调节能是公共建筑节能的重要手段，是打造绿色公共建筑的一个必不可少的环节。针对暖通空调节能改造的技术手段主要有：

（1）冷冻机组的智能控制

采用末端控制优先的原理，其主要策略是：根据供回水温差来判断末端能量的需求，通过自动切换冷机的运行台数，以使冷机工作在最佳能效比曲线段，减少冷机低效运行造或无谓的能耗，提高冷机能效比，可实现主机设备节能10%～15%。

（2）水泵变频

运用变频和PID控制技术，通过对冷冻水流量的模糊预期控制、冷却水的自适应模糊优化控制和冷冻主机系统的间接（或启停）控制，实现空调冷媒流量跟随负荷的变化而动态调节（按需供冷），确保整个空调系统始终保持高效运行，从而最大限度地降低空调系统能耗。

（3）变风量（VAV）系统

大型公共建筑为人群极为密集的场所，空调运行时除裙房外其他楼层门窗较为密闭，从而使室内自然换气次数极小。需要依靠空调系统输送新风到室内，同时排风系统需要将与新风量相同的室内空气排出到室外，以满足人群卫生的要求。由于夏季排风温度较低而新风温度较高，让新风与排风进行热交换，以降低新风的进风温度，可以节省制冷机大量的冷量，同时，加强了室内外的通风换气，是改善室内空气品质的最有效方法。

（4）照明节能设计

公共建筑中照明能耗通常仅次于中央空调，但是照明的节能改造必须在保证建筑内照度要求的基础上进行，否则会造成建筑内人员不舒适。针对绿色建筑对照明的要求，主要的解决方案有：更换高效节能灯具、使用LED灯、安装照明省电器及照明自动控制系统。

（5）更换高效节能灯具

目前公共建筑中使用的灯多数是T8型荧光灯、紧凑型荧光灯或者用于突出商品和建筑特点而使用的金卤灯、卤钨灯等。大型商场由于实际使用需求和安装特点，灯具更换难度较大，但是在大型超市、写字楼、医院以及商业建筑大型的地下停车场内普遍使用的是T8型荧光灯，照明时间也很长。节能灯，如稀土三基色节能灯比白炽灯节电80%，寿命是白炽灯的5倍，光效是白炽灯的3.5倍。尽管成本要高出几倍，但价格的差距可以在随后的使用中节省出来。

实践证明，在不影响照明效果的前提下更换节能光源和灯具是最行之有效的照明节能措施。但是目前节能灯具产品质量良莠不齐，选择更换时要选取优质的产品。

（6）使用LED节能灯

使用LED灯是今后绿色建筑的发展趋势，LED灯相比较其他类型的灯具，具有以下显著的特点：

同时，LED灯还具备以下优势：

①在相同亮度的情况下，LED灯的耗电是白炽灯的1/8，日光灯的1/3；

②LED灯的寿命至少是白炽灯的12倍，节能灯的4倍，日光灯的5倍，光衰到70%的标准寿命可达50000h；

③5LED灯的光谱几乎全部集中于可见光频率，效率可达80%～90%，白炽灯的可见光效率仅为10%～20%；

④LED灯的响应时间是纳秒级，可以频繁开关，无级调节照度。

3.安装照明省电器

省电装置是根据照明灯具及电器最佳工况的特点，利用电压自耦信息的反馈和叠加原理，采用高新技术制作的高磁导材料和专利的绕线技术研发而成的自耦式节电装置，使二次侧的功率（视在功率kVA，有功功率kW，功率因数PF）得到改善，以补足主绕组损失之电力，从而提供用电设备最稳定、最经济的工作电压，实现节电和节能的目的，节能效率可达10%（降低5V），同时亦有效延长灯管及电器寿命1.5～2.8倍。

安装照明省电器可以起到稳压、滤波、提高功率因数的作用，达到节能与延长灯具使用寿命的结果。

4.建设照明智能控制系统

照明自动控制系统可以实现对建筑照明的自动化控制和管理，可以和BA系统进行联网，实现远程监视、设备自动控制、自动抄表和计费及自动报表。

照明自动控制系统可以灵活地进行场景控制；根据照度或人员进入情况控制照明；可以以计算机统一控制管理，提高效率；可以遥控控制。但系统复杂，需要较高水平的运行维护人员；该系统以提高管理效率为主、节能为辅，节能量有限。

5.电扶梯节能

电扶梯作为公共建筑物的主要耗电设备，存在着较大的节能空间。可采用变频技术，在动力具有富余量的情况下，降低电动机的运行频率而达到节电的目的，并具备可双向转换、自动起停、缓停缓起、流量统计等功能。主要特点有：

（1）在不影响对负载做功的前提下，调整供应电压，使耗电量减少；

（2）对负载提供相对较稳定的工作电压，提升供电品质；

（3）减少机器设备发热，降低设备故障率、延长使用寿命；

（4）对大部分设备可提升功率因数（约4%～6%），节省电费。

6.新能源的利用

光伏发电已成为绿色建筑应用太阳能的重要手段之一。

光伏建筑（BMPV）是指"将太阳能发电产品集成到建筑中"，我国把光伏建筑分为安装型（BAPV）和构件型（BIPV）。相对于较狭义的BIPV来说，光伏系统附着在建筑上的BAPV则更多地被使用在目前绿色建筑中，其中在屋顶上建造光伏发电系统则是比较常见的一种形式。

7.光伏建筑一体化设计

光伏建筑一体化（BIPV）就是将光伏发电系统和建筑幕墙、屋顶等围护结构系统有机的结合成一个整体结构，不但具有围护结构的功能，同时又能产生电能，供建筑使用。

光伏建筑一体化具有以下特点：

（1）一体化设计，光伏电池成为建筑物的组成部分，节省了光伏电池的建设成本。

（2）有效地利用了阳光照射的空间，高效地利用太阳辐射，这对于人口密集、土地昂贵的城市建筑尤为重要。

（3）一体化设计的光伏发电量首先为本建筑物使用，即可原地发电、原地使用，省去了电网建设的投资，减少输电、分电的损耗（5%～10%）。

（4）在夏季用电高峰时，BIPV正好吸收夏季强烈的太阳辐射，并转换成制冷设备所需的电能，从而舒缓电力需求高峰时期的供需矛盾，具有良好的社会效益；

（5）使用新型建筑围护材料，降低了建筑物的整体造价，使建筑物的外观更具魅力；

（6）减少了由化石燃料发电所带来的污染量，对于环保要求更高的今天和未来极为重要；

（7）光伏建筑一体化产生的电力可用于建筑物内公共设施，降低建筑运行能耗费。

8.屋顶光伏发电设计

BAPV系统可按照最佳或接近最佳角度设计，可采用性能好、成本低的标准光伏组件，系统安装简单高效，可获得最好的投资效益，成为光伏投资商最佳选择。而且新建筑的增长速度远没有光伏发展快，因此现有建筑成为最主要的选择对象，从而使BAPV成为当前的主要市场。

屋顶太阳能发电系统通常采用并网型AC供电系统。太阳能发出的电能与市电电线路并联，给负载供电。当市电停电时，直/交流电力转换器会自动停止输出，以防止太阳能供电系统过载损坏。当负载需要的电能少于太阳能发电系统输出的电能时，太阳能系统在给负载供电的同时，将多余的电力送往市电（即卖电给电力公司）。当太阳能系统电能不足以给负载供电时，太阳能电能全部提供给负载，不足部分由市电补充（即从电力公司买电）。

对于屋顶太阳能发电系统，当建设空间受限或场地成本较高时，优先选用标准的、效率高的、单晶硅或多晶硅太阳能电池板。

二、绿色公共建筑中的智能化应用

绿色建筑不但可以减少对地球环境的伤害，也可以使居住及办公人员更长寿、更健康。

但如何有效地提供健康、舒适、环保、节能的工作环境，不但需要使用各种不同的设备和设施系统，还需要搭建智能化的控制平台，将智能化的控制应用于绿色建筑中，依据实际负荷情况，通过组合不同的自动控制策略调节系统，以达到最佳化运行，实现建筑物节能、延长系统使用寿命。通过对绿色建筑内各类设备进行实时监测、控制及自动化管理，达到环保、节能、安全、可靠和集中管理的目的。

（一）智能化控制应用范围

1.即时负荷调整

根据绿色建筑实时的负荷调整冷热源主机和其他空调设备，在保证室内温度和湿度的前提下，尽可能地节约能源。暖通空调自动控制系统包含冷热源（制冷主机、锅炉等）的控制、水泵（冷冻泵、冷却泵、热水泵、补水泵等）控制、冷却设备（冷却塔、冷却井）控制、末端设备（新风机组、组合式空调机组、风机盘管等）的控制以及各种风机、阀门等的控制。

2.即时照明调整

实现对照明系统的智能控制。可以对大型绿色建筑灯光系统进行智能及灵活地控制其启停及调光，在保证照度的同时尽可能地使灯光系统更节能以及具有更艺术化的表现能力。具体包含：自动定时开闭灯光；根据照度自动开闭；根据照度自动调光；变换预设的场景亮灯模式。

3.实现对电气设备的智能控制

电气设备的智能控制包括改善电力品质、自动扶梯节能控制等。

（二）控制策略

1.温度控制策略

采用的温度控制模式有：温度跟踪模式，根据室外温度智能调节室内温度的目标值，实现室内目标温度随室外温度变化的动态调整，选择最佳运行参数，达到最佳控温效果；温度固定模式，依据用户设定的温度作为控制目标来进行室内温度控制。

2.新风控制策略

新风控制类似于过渡季节温度控制。设立空调新风系统主要是为建筑物内的使用人群提供舒适的环境，但在追求舒适的同时也消耗了大量的能源。夏季，人们感到最舒适的气温是 $19 \sim 24℃$，冬季是 $17 \sim 22℃$。人体感觉舒适的相对湿度，一般在 $20\% \sim 60\%$。因此在室外温湿度良好的情况下，大量引进新风不仅可以改善空气质量，对空调主机的节能效果也相当显著。但在室外温度低于 $5℃$ 和高于 $32℃$ 时不建议引进新风调节（此时新风控制权完全交给 CO_2 控制）。

3. 预冷预热策略

夏季在凌晨2点开启空调机组半个小时，实现新鲜空气与建筑内污浊空气置换。

4. CO_2 控制策略

CO_2 是衡量空气质量的重要指标，为了在节能的同时提供健康的环境，需对 CO_2 进行监测与调节。人类生活的大气中的 CO_2 含量为 21%，CO_2 含量为 0.03%（300ppm）。当空气中 CO_2 含量大于1000ppm时，人们就会感觉疲倦、注意力低下；当室内 CO_2 含量在（1000～1500）ppm时，人们就会胸闷不适。要提供一个温度适宜、空气清新的环境，就要求中央空调对室内温度、CO_2 含量进行准确、合理控制。通过公共建筑不同区域布置的 CO_2 传感器采集的 CO_2 浓度值调整新风阀门开度引进不同新风量，将室内 CO_2 浓度控制在设定标准内（1000ppm）。

第二节　绿色生态住宅建筑的智能化

一、绿色住宅建筑的设备与设施

绿色住宅建筑中诸多的设备与设施通过科学的整体设计和相互配合，实现高效利用能源、最低限度地影响环境，达到建筑环境健康舒适、废物排放减量无害、建筑功能灵活经济等多方面目标。

（一）住宅绿色能源

住宅小区涉及的绿色能源包括太阳能、风能、水能、地热能等。绿色能源的使用可以减少不可再生能源的消耗，而且可以减少由于能源消耗而造成的环境污染。在规划设计中，应对能源系统进行分析，因地制宜地选择合适的能源结构。

（二）水环境

绿色住宅建筑的水环境系统包括中水系统、雨水收集与利用系统、给水系统、管道直饮水子系统、排水系统、污水处理系统、景观用水系统等，水环境系统的建设应节约水资源和防止水污染。

小区的管道直饮水子系统是指自来水经过深度处理后，通过独立封闭的循环管网，供给居民直接饮用的给水系统。管道直饮水子系统的设备、管材及配件必须无毒、无味、耐腐蚀、易清洁。排水系统由小区内污水收集、处理和排放等设施组成，生态小区的排水应采用雨水、污水分流系统；污水处理系统将小区内的生活污水经收集、净化后，达到规定排放标准，污水处理工艺应根据水质、水量的要求确定；中水系统是将住宅的生活污废水经收集、处理后，达到规定的水质标准，可在一定范围内重复使用的非饮用水系统；雨水系统将小区内建筑物屋面和地面的雨水，经过收集、处理后，达到规定的水质标准，可在一定范围内重复使用；景观用水系统由水景工程的池水、流水、跌水、喷水、涌水等用水组成，景观用水设置水净化设施，采用循环系统。

（三）空气环境

空气环境包括室外和室内大气环境和空气质量。住宅小区室外大气环境质量应达到国家二级标准，要对空气中的悬浮物、飘尘、一氧化碳、二氧化碳、氮氧化物、光化学氧化剂的浓度进行采样监测。室内房间应80%以上能实现自然通风，室内外空气可以自然交换，卫生间应设置通风换气装置，厨房应有煤气集中排放系统。室内装修应考虑装修材料的环保性，防止装修材料中挥发性病毒、有害气体对室内环境造成影响。

（四）声环境

声环境指的是室外、室内噪声环境。在绿色住宅小区中，室外白天声环境应不大于45dB、夜间应不大于40dB；室内白天应小于35dB、夜间应小于30dB。若不能满足要求，室外可建设隔声屏或种植树木进行人工降噪，室内可采取对外墙构造结合保温层作隔声处理、窗采用双层玻璃、门和楼板选用隔声性能好的材料等。此外，共用设备、室内管道要进行减振、消声，供暖、空调设备噪声不能大于30dB。

（五）光环境

光环境指的是室内、室外都能充分利用自然光，光照度宜人，没有光污染。为保证室内自然采光要求，窗地比宜大于1:7，室内照明应大于$120m^2$。住宅80%的房间均能自然采光，楼梯间的公共照明应使用声控或定时开关，提倡使用节能灯具。室外广场、道路及公共场所宜采用绿色照明，道路识别应采用反光指示牌、反光道钉、反光门牌等。室外照明应合理配置路灯、庭院灯、草坪灯、地灯等，形成丰富多彩、温馨宜人的室外立体照明系统。

（六）热环境

住宅的采暖、空调及热水供给应尽量利用太阳能、地热能等绿色能源，推广采用采暖、空调、生活热水三联供的热环境技术。冬季供暖的室内温度宜保持在18～22℃之间，夏季空调的室内温度宜保持在22～27℃之间，室内垂直温差宜小于4℃。供暖、空调设备考室内噪声级不得大于30dB。

集中采暖系统的热源应采用太阳能、风能、地热能或废热资源等绿色能源，系统应能实现分室温度调节、实施分户热计量，并宜设置智能计量收费系统。

分户独立式采暖系统的热源同样宜采用清洁能源，有条件地区宜利用太阳能作为热源。采用燃气作为热源时，应采取一定措施防止局部空气环境污染。利用热泵机组采暖时，应考虑辅助热源，以保证系统运行稳定。采用电采暖系统时，宜利用太阳能作为辅助能源。如有废热资源可供使用，宜采用低温热水地板辐射采暖。

集中空调的余热应考虑回收利用。新风进口应远离污染源。

（七）微电网控制

可再生能源的开发利用的容量较小且间歇性强，仅适宜就地开发利用，补充供给住宅负荷。从能源管理角度分析，能源的生产地应尽量靠近终端用户，以降低输送成本，提高能源供给的可靠性。在一个局部区域，可根据具体生态能源资源情况，建设局域微电网，将各类可再生能源转化所得的电能在一个独立的局域微电网中统一管理，以提供连续可靠的绿色能源。

局域微电网接在小区低压侧供电回路与负载之间，当局域微电网电量不足时，由市政电网正常供电。微电网不需要大量的蓄电池组储存生态能源电能，但要求具有很好的负载平衡的调控功能。

（八）垃圾处理设施

近年来，我国城市垃圾迅速增加。城市垃圾的减量化、资源化和无害化是我国发展循环经济的一个重要内容。住宅建筑的生活垃圾中可回收再生利用的物质占了相当大的比例，如有机物、废纸、废塑料制品等，根据垃圾的来源、可否回用的性质、处理难易的程度等进行分类，将其中可再利用或可再生的材料进行有效回收处理，重新用于生产。

绿色住宅建筑的垃圾处理包括垃圾收集、运输及处理等。在具有较大规模的住宅区中可配置有机垃圾生化处理设备，采用生化技术（利用微生物菌，通过高速发酵、干燥、脱臭处理等工序，消化分解有机垃圾）快速地处理有机垃圾，达到垃圾处理的减量化、资源化和无害化。

（九）住宅绿色物业管理

绿色住宅运营管理是在传统物业服务的基础上进行提升，要坚持"以人为本"和可持续发展的理念，从建筑全寿命周期出发，通过应用适宜技术与高新技术，实现节地、节能、节水、节材与保护环境的目标。绿色住宅运营管理策略与目标应在规划设计阶段时确定，在运营阶段实施并不断地进行维护与改进。

（十）智能化系统

绿色智能建筑是当今人类面临生存环境恶化、追求人类社会的可持续发展和营造良好人居环境的必然选择。住宅建筑中的智能化措施是为了促进绿色指标的落实，达到节约、环保、生态的要求，如开发和利用绿色能源、减少常规能源的消耗，对各类污染物进行智能化监测与报警，对火灾、安全进行技术防范等。

在绿色住宅建筑中，智能化系统通过高效的管理与优质的服务，为住户提供一个安全、舒适、便利的居住环境，同时最大限度地保护环境、节约资源和减少污染。绿色小区中的智能设施又分为许多功能系统，这些系统的建设要和小区总体建设统一规划、统筹安排，这样才能最大限度地发挥智能设施的功效。

二、绿色住宅建筑中的智能化应用

绿色建筑和智能化住宅密切相关。从节能、环境、生态上讲，智能建筑一定是绿色的生态建筑。为保证建筑物中采用的包括节电、节水、自然能源利用等措施的实施，必须采取智能化技术。建筑智能化技术是绿色建筑的技术保障，智能化系统为绿色建筑提供各种运行信息，提高其建筑性能，增加其建筑价值，智能化系统影响着绿色建筑运营的整体功效。

智能建筑的首要目标是为使用者创造舒适环境、提供优质服务的同时，最大限度的节约能源。如何采用高科技的手段来节约能源和降低污染应成为智能建筑永恒的话题，在某种意义上，智能建筑也可称为生态智能建筑或绿色智能建筑。以智能化推进绿色建筑的发展，节约能源、促进新能源新技术的应用、降低资源消耗和浪费、增强工效、减少污染，是建筑智能化发展的方向和目的，也是绿色建筑发展的途径。

绿色建筑的智能化是一项系统工程，它包含的技术门类很多，设备器件复杂，网络纵横交错，现代技术应用广泛。这里所说的智能化系统是指建设绿色智能化居住小区需要配置的系统，它包含着许多子系统，在子系统中又有许多分支系统，其组成结构如下。

（一）能源及用电监控系统

能源监控系统包括太阳能发电子系统、风力发电子系统、变配电子系统和智能用电设备调控子系统。能源监控系统要实时对绿色能源发电、配电系统的各类工作状态进行调控，保证绿色能源系统能够安全、稳定、可靠的运行，同时还要对各用电设备进行有效控制，合理用电、节约用电。

（二）室内空气调控系统

为了达到绿色建筑气环境和热环境的要求，设置了室内空气调控系统，利用直接数据控制器进行分布实时调控，以达到室内气环境的各项指标。该系统设有空调监控、采暖监控、太阳能热水监控、自然风和光线调控等分支系统。

（三）水环境监控系统

绿色建筑专门设有用水智能监控系统，根据用水监控需求，下设给水、饮用水、雨水收集、中水以及污水处理等分支调控系统。

（四）信息网络系统

国际互联网、国家电信网、卫星通信网与人们的工作、生活息息相关，绿色住宅设有信息网络系统，用以传输并获取语音、数据、图像信息，具备远程医疗、远程教育、网站查询、网上购物、电子邮件等多种功能；并能获取电视信息、电话信息，实现可视电话、双向传输等。信息网络系统一般有计算机网络、通信网络、有线电视网络三个分支系统。为了方便住宅楼宇机电设备的智能化管理，在信息网络系统中，还有楼宇管理专用网络，以适应系统集成的需要。

（五）家居智能化系统

家居智能化系统是为满足公寓和小区智能化需要而设置的系统，它必须具备网络高速接入功能，有足够的带宽；有火灾、煤气泄漏、防盗等报警，以及紧急求救、呼叫对讲等家居安全监控功能；能实现水、电、气、热的远程抄表与计费。绿色住宅未来的家用电器，包括冰箱、空调、洗衣机、微波炉、电饭煲等，均可连在互联网上，住户可通过手机无线上网，随时进行远程控制，通过连接在互联网上的家用IP摄像机可观察到家中的情况。

第三节　绿色生态工业建筑的智能化

一、工业建筑及其分类

工业建筑指专供生产使用的建筑物、构筑物，是为生产产品提供工作空间场所、满足生产活动需要的建筑类型。工业建筑涉及范围宽泛，从轻工业到重工业，从小型到大型，从生产车间到设备设施，凡是从事工业生产的建筑物与构筑物均属于这个范畴。

工业建筑可按建筑层数来分为三类：

第一，单层厂房，主要用于重型机械制造等重工业，其设备梯基大、重量重，厂房以水平运输为主。厂房内一般按水平方向布置生产线。

第二，多层厂房，主要用于轻工业类的生产企业，多用于电子、化纤等轻工业，其设备较轻，体积较小，运输以电梯为主。多层厂房层高一般为4～5m，多采用钢筋混凝土框架结构体系，或预制、或现浇，或二者相结合，也广泛采用无梁楼盖体系，如升板等类型。

第三，层数混合厂房，主要用于化工类的生产企业，多用于热电厂、化工厂、热电站等。

自工业建筑产生之初就一直与工业革命的新技术成果、新型材料、空间结构体系、工业化施工方法等密切相连，成为反映时代发展、体现科技进步的载体。随着时代的变迁和工业技术的发展，现代工业建筑不仅是进行生产活动的场所，也是提升企业形象、营造企业文化的广告标志。因此，现代工业建筑既要满足生产工艺的要求，又要满足建筑技术、建筑艺术、建筑环境、建筑空间和色彩等要求，并将各方面进行整合，构成独特的建筑形态，从而形成一个重要的建筑类型。

近代工业生产技术发展迅速，生产体制变革和产品更新换代频繁，厂房在向大型化和微型化两极发展，同时普遍要求在使用上具有更大的灵活性。工业建筑的基本属性有：

（1）适应建筑工业化的要求。扩大柱网尺寸，平面参数、剖面层高尽量统一；楼面、地面荷载的适应范围扩大；厂房的结构形式和墙体材料向高强、轻型和配套化发展。

（2）适应产品运输的机械化、自动化要求。为提高产品和零部件运输的机械化和自动化程度，提高运输设备的利用率，尽可能将运输荷载直接放到地面，以简化厂房结构。

（3）适应产品向高、精、尖方向发展的要求，对厂房的工作条件提出更高要求。如采用全空调的无窗厂房（也称密闭厂房），或利用地下温湿条件相对稳定、防震性能好的地下厂房。地下厂房现已成为工业建筑设计中的一个新领域。

（4）适应生产向专业化发展的要求。不少国家采用工业小区（或称工业园地）的做法，或集中一个行业的各类工厂，或集中若干行业的工厂，在小区总体规划的要求下进行设计，小区面积由几十公顷到几百公顷不等。

（5）适应生产规模不断扩大的要求。因用地紧张，多层工业厂房日渐增加，除独立的厂家外，多家工厂共用一幢厂房的"工业大厦"也已出现。

（6）提高环境质量的要求。除了为满足洁净生产工艺的要求、建设洁净厂房外，为了保护环境，工业建筑中环境保护装备和污染物处理车间所占比重增加，已成为工业建筑设计的重要组成部分。

二、绿色工业建筑的特点

绿色建筑设计的理念已深入到工业建筑设计领域，目前许多产业基地项目设计，很大程度上体现了工业建筑设计以人为本、可持续发展、保护生态的绿色建筑本质：强调由内到外的理性构成、组合，应用新技术、新材料，创造简洁明快的形体，体现现代工业时代气息。

绿色工业建筑在工业建筑的全寿命周期内，最大限度地节能、节地、节水、节材，保护环境和减少污染，为生产、科研人员提供适用、健康安全和高效的使用空间，是与自然和谐共生的工业建筑。绿色工业建筑具有如下特点：

（一）注重可持续发展，尊重自然

保护生态，节约自然资源和能源，最大限度地提高建筑资源和能源的利用率，尽可能减少人工环境对自然生态平衡的负面影响。为此，绿色工业建筑应利于工作人员的身心健康，避免或最大限度地减少环境污染，采用耐久、可重复使用的环保型绿色建材，充分利用清洁能源，并加强绿化，改善环境。

可持续发展的工业建筑设计有以下几个方面的内容：

1. 绿色设计

从原材料、工艺手段、工业产品、设备到能源的利用，从工业的营运到废物的二次利用等所有环节都不对环境构成威胁。绿色设计应摒弃盲目追求高科技的做法，强调高科技与适宜技术并举。

2.节能设计

节能是可持续发展工业建筑的一个最普遍、最明显的特征。它包括两个方面，一是建筑营运的低能耗；二是建造工业建筑过程本身的低能耗。这两点可在利用太阳能、自然采光及新产品的应用中体现。

3.洁净设计

洁净设计是强调在生产和使用的过程中做到尽量减少废弃污染物的排放并设置废弃物的处理和回收利用系统，以实现无污染。这是工业建筑可持续发展的重要措施，强调对建设用地、建筑材料、采暖空调等资源、能源的节约、循环使用，其中最重要的是循环、再生使用。因此，有效地利用资源和能源，满足技术的有效性和生态的可持续发展、建造"负责任的"、具有生态环境意识的工业建筑成为必然。

（二）保证良好的生产环境

满足生产工艺要求是工业建筑设计方案的基本出发点。同时，工业建筑还需具备：

（1）良好的采光和照明。一般厂房多为自然采光，但采光均匀度较差。如纺织厂的精纺和织布车间多为自然采光，但应解决日光直射问题。如果自然采光不能满足工艺要求，才辅以人工照明。

（2）良好的通风。如采用自然通风，要了解厂房内部状况（散热量、热源状况等）和当地气象条件，设计好排风通道。某些散发大量余热的热加工和有粉尘的车间（如铸造车间）应重点解决好自然通风问题。

（3）控制噪声。除采取一般降噪措施外，还可设置隔声间。

（4）对于某些在温度、湿度、洁净度、无菌、防微振、电磁屏蔽、防辐射等方面有特殊工艺要求的车间，则要在建筑布局、结构以及空气调节等方面采取相应措施。

（5）要注意厂房内外整体环境的设计，包括色彩和绿化等。

（三）空间和使用功能应适应企业发展的变化

这一点要求建筑空间具有包容性，功能具有综合性，使用具有灵活性、适应性和可扩展性。同时，绿色工业建筑具有独特的建筑技术和艺术形式表达现代生态文化的内涵和审美意识，创造自然、健康、舒适、具有传统地方文化意蕴和现代气息的建筑环境艺术。

（四）提高能源利用效率

在工业建筑的全寿命周期中实现高效率地利用资源（能源、土地、水资源、材料等）。所谓全寿命周期指的是产品从孕育到毁灭整个生命历程，对建筑物这个特殊产品而言，就是指从建材生产、建筑规划、设计、施工、运营维护及拆除、回用这样一个孕育、诞生、成长、衰弱和消亡的过程。初始投资最低的建筑并不是成本最低的建筑。建设初期为了提高建筑的性能必然要增加一部分初始投资，如果采用全寿命周期模式核算，将在有限增加初期成本的条件下，大大节约长期运行费用，进而使全寿命周期总成本下降，并取得明显的环境效益。按现有的经验，增加初期成本5%～10%用于新技术、新产品的开发利用，将节约长期运行成本的50%～60%。此外，绿色工业建筑应在方案设计过程前期就引入采暖、通风、采光、照明、材料、声学、智能化等多个技术工种的参与，提倡一种在项目前期就有多个工种、多个责任方参与的"整体设计"或者"参与设计"理念，以真正实现节能环保的建设目标。

（五）注重智能化技术的应用

当前，人们普遍谈论的建筑智能化，主要指民用建筑。实际上，工业建筑，特别是研究生产高新技术产品现代化工厂和实验室，其智能化系统应用也是相当广泛的。工业建筑的智能化与民用建筑相比，有相同、相似之处，也有其自身特点。工业建筑范围很广，要求各不相同，如何达到产品生产所需的环境要求，符合动力条件，以及工厂如何安全、高效、可靠、经济运行，以确保产品成品率和产品可靠性、长寿命及达到设计产量，是工业建设的目标。作为满足这些功能与技术要求的重要措施之一的智能化系统，必须是成熟、实用、可靠及先进的技术和产品，并具有开放、可扩展、可升级及兼容性。

三、绿色工业建筑的设备与设施

工业建筑在设计及建设时，应贯彻执行国家在工业领域对节能减排、环境保护、节约资源、循环经济、安全健康等方面的规定与要求。当前，大量的新设备、新工艺、新技术的研究和应用为实现工业建筑绿色化提供了丰富的手段。

（一）空调及冷热源

目前国内采用中央空调的工业建筑普遍存在着能耗高的问题。工业建筑空调系统的能耗主要有两个方面，一是向空气处理设备提供冷热量的冷热源能耗，如压缩式制冷机耗的电，吸收式制冷机耗的蒸汽或燃气消耗，锅炉的煤、燃油、燃气或电消耗等；另一是向房间送风和输送空调循环水的风机和水泵所消耗的电能。因此，绿色工业建筑的节能可以从这两方面入手。通过提高建筑的保温性能、选择合理的室内设计参数、控制合理使用室外新风等手段减少冷热负荷；通过降低冷凝温度、提高蒸发温度、制冷设备优选等措施提高冷源效率；减小阀门和过滤网阻力、提高水泵效率、确定合适的空调系统水流量、使用变频水泵等减少水泵电耗；定期清洗过滤器，定期检修（皮带、工作点是否偏移、送风状态是否合适等），降低风机能耗等。

此外，空调系统控制的自动化也是节能措施之一。目前很多工业建筑的空调系统未设自控，也有很多工业建筑的空调自控系统因年久失修而弃用，这使得空调系统的运行效率降低。特别是面积较大的工业建筑，可能有几十台空调、新风机组、风机、水泵等设备，运行管理人员每天忙于启停设备，无法适时地调整设备的运行参数。如果空调系统加装了自控系统，即使是最简单的自动启停控制，也可以节省许多空调能耗。

（二）建筑用水

工业用水主要包括冷却用水、热力和工艺用水、洗涤用水等。工业冷却水用量占工业用水总量的80%左右，取水量占工业取水总量的30%～40%，发展高效冷却节水技术是工业节水的重点。热力和工艺系统用水分为锅炉给水、蒸汽、热水、纯水、软化水、脱盐水、去离子水等，其用水量仅次于冷却用水。工业生产过程中洗涤用水分为产品洗涤、装备清洗和环境洗涤用水。大力发展和推广工业用水重复利用技术、提高水的重复利用率是工业节水的首要途径。

此外，工业用水应重视计量管理技术和系统的应用，如配置计量水表和控制仪表；推广建立用水和节水计算机管理系统和数据库；鼓励开发生产新型工业水量计量仪表、限量水表和限时控制、水压控制、水位控制、水位传感控制等控制仪表。

（三）动力与照明

工业建筑的电气设计与民用建筑不同。工业建筑一般单层层高较高，单间面积大，动力负荷多，设计时需从高压气体放电灯照明、明敷设线路、动力设备配电、电动机控制原理等方面综合考虑。工业设备用电属动力用电，需另外单独引入电源并预留。

工业建筑根据建筑功能和视觉工作的要求，选择合理的照明方式和装置，创造良好、节能的室内光环境。照明的节能效果与灯具及灯源的选择密切相关，在照明设计中采用荧光灯作为照明灯具时，可以通过选择荧光灯管类型而达到降低功率密度值的目的。工业厂房可采用荧光灯光带（槽式灯）或气体放电灯具，一般采用普通照明结合局部照明。

（四）除尘

工业建筑的除尘系统指捕获和净化生产工艺过程中产生的粉尘的局部机械排风系统。包括冶金工业中的转炉、回转炉、手炉，机械工业中的铸造、混砂、清砂，建材工业中的水泥、石棉、玻璃，轻工业中的橡胶加工、茶叶加工、羽绒制品等场合。系统一般由排尘罩、风管、风机、除尘设备、收集输送粉尘等设备组成。一个完整除尘系统的工作过程为：

（1）用排尘罩捕集工艺过程产生的含尘气体；

（2）捕集的含尘气体在风机作用下，沿风道输送至除尘设备；

（3）在除尘设备中将粉尘分离出来；

（4）净化后气体排至大气；

（5）收集与处理分离出来的粉尘。

为保障系统正常运行，防止再次污染，应对收集下来的粉尘做妥善处理。原则是减少些场合采用探测器（传感器）直接联动控制相应设备。

四、办公自动化系统（OAS）

办公自动化是将现代化办公和计算机网络结合起来的一种新型的办公方式。系统采用 Internet/Intranet 技术，基于工作流的概念，以计算机为中心，采用一系列现代化的办公设备和先进的通信技术，广泛、全面、迅速地收集、整理、加工、存储和使用信息，使企业内部人员方便快捷地共享信息，高效地协同工作，为科学管理和决策服务，从而达到提高行政效率的目的。一个企业实现办公自动化的程度也是衡量其实现现代化管理的标准。

具体来说，办公自动化系统主要实现下面七个方面的功能：

（1）建立内部的通信平台；

（2）建立信息发布的平台；

（3）实现工作流程的自动化；

（4）实现文档管理的自动化；

（5）辅助办公；

（6）信息集成；

（7）实现分布式办公。

应采用标准化程度高，开放程度好的办公自动化技术，关键应用需自主开发。在技术结构方面，目前逐渐从 Client/Server 结构体系转向 Browser/Server 结构体系，最终用户界面统一为浏览器，应用系统全部部署在服务器端。

五、无线射频自动识别技术（RFID）

RFID 是 Radio Frequency Identification 的缩写，即射频识别，俗称电子标签。RFID 射频识别是一种非接触式的自动识别技术，它通过射频信号自动识别目标对象并获取相关数据，识别工作无须人工干预，可工作于各种恶劣环境。RFID 技术可识别高速运动物体并可同时识别多个标签，操作快捷方便。RFID 系统常常用于控制、检测和跟踪物体。系统由一个询问器（或阅读器）和很多应答器（或标签）组成。

在工业建筑领域，RFID 技术的绿色和节能效用主要体现在停车管理、危险品管理、仓库管理等方面。借助 RFID 技术对进出企业场所的车辆通行实行不停车识别和管理，可以大量降低停车排队时间、减少机动车通行时的燃油消耗、减少尾气排放，实现低碳减排，节能环保；通过 RFID 技术对危险品信息进行统一采集管理，可以实现对危险品的高效分类，避免引起安全事故，同时可防止人工管理发生漏洞而引起的意外；将 RFID 技术应用在工业品仓库和仓储管理，可以大大降低管理人员的工作强度，减少时间损耗，提高管理效率，降低安全风险，减少物资浪费，实现绿色生产。

六、信息集成管理系统

绿色工业建筑智能化管理的核心是信息一体化的集中管理，通过集成管理系统把智能建筑中各子系统集成为一个"有机"的系统，其接口界面标准化、规范化，用以完成各子系统的信息交换和通信协议转换，可实现设备管理、节能效率统计、联动管理、节能监视等功能，最终达到集中监视控制与综合管理的目的。

经过管理平台集成后的系统，不是将原来各系统简单进行叠加，而是各子系统的有机结合，运行于同一操作平台之下，提高系统的服务与管理水平。

第四节　绿色生态建筑智能化技术的发展趋势

在推崇低碳城市生活方式与营造绿色建筑模式的时代，建筑智能化系统发展日益呈现出建筑设备监控以节能为中心、信息通信以三网融合与物联网应用为核心和安全防范以智能处理为重心的三大特征，而建筑智能化技术也正与最新的IT技术形成互动发展。

一、绿色建筑智能化系统的三大特征

（一）建筑设备监控以节能为中心

在绿色建筑工程中，虽然高效与节能型用能设备的选用已成为规范的技术措施，但是其实际效果如何，需要有运行数据来分析评价。因此无论是新建建筑还是既有建筑，通过能耗监测的实时与历史数据，我们可以对建筑物的设备运行状态进行诊断，对能耗水平进行评估，从而调整设备系统的运行参数，变更用能方式，杜绝能源浪费的漏洞。由能耗数据可以进而形成对既有建筑及其设备系统改造的方案，不断提升建筑物的能效。

绿色建筑中有区域热电冷三联供系统等的控制；有利用峰谷电价差的冰蓄冷系统的控制；有采用最优控制方式来充分利用自然能量来采光、通风，进行照明控制与室内通风空调控制，实现低能耗建筑；有可以随环境温度、湿度、照度而自动调节的智能呼吸墙；有应用变频调速装置对所有泵类设备的最佳能量控制；有自动收集处理雨污水，提供循环使用的水处理设备控制系统。最优控制、智能控制等策略，正在绿色建筑中得到广泛的应用。

将风力发电、太阳能光伏发电、太阳能光热发电、燃料电池等可再生能源与建筑物的供配电系统乃至城市电网融为一体，已是国内外业内人士努力的方向。尽管规模化的发电系统是城市主要的能源，但智能微网试图将分布在建筑物内小规模的可再生能源装置与规模化发电系统融合，以逐步提高城市电网的安全性与可再生能源的使用比例。

总之，在绿色建筑工程中，智能监控的主要目标就是节省用能，降低不可再生能源的消耗。因为每节省1度电，就是减少了约0.8kg二氧化碳的排放。

（二）以三网融合和物联网应用为核心的信息服务

信息通信不仅支撑着社会与经济的发展，更是节能减排的重要手段。发达的通信改变着人们的生活习惯，形成新型的人际交流模式。仅远程视频会议系统可以使数以千百计的人员在全世界各地汇聚在一个虚拟会场中研讨共同关心的问题，而无需乘坐飞机、火车、汽车等交通工具，耗费大量的时间与能源，对于提高工作效率和减排的贡献是巨大的。

近年来，随着网络通信技术的迅速发展，未来IPV6以及4G移动通信技术都将推广应用，与光通信同步发展的EPON与GPON的应用更推动了电话网、广播电视网与互联网的融合。因此，移动通信无所不至，信息服务无所不能，已经成为强劲的发展方向。在一些新建的建筑物中甚至以全光通信与无线通信的方式，弃了传统的综合布线系统。

同时，由计算机、无线通信、RFID等技术支撑的物联网，正在渗入我们的社会、经济与日常生活，以分布式智能处理的形式，改变着社会交流、经营管理与生活方式。由于物联网把大量的事务交由智能芯片微粒自动处理，各类生活用品、生产用品与办公用品所在的区域及建筑物，都需要密布物联网的节点。

尽管在过去的十年中，建设行业已经开始面对三网融合与物联网应用为核心的信息服务，形成了门禁、车库管理、资产管理、消费管理等应用，但是今后在绿色建筑中这些技术与应用的发展将更为迅猛。

（三）智能处理安全事务

在创建和谐社会、平安社区的要求下，安全防范要求日益提高，公共建筑、工业建筑与住宅建筑中消防工程和安防工程已成为常规建设内容。由于建筑物体量的不断增大，在多功能的大型建筑物中，大流量的人群集聚增大了安全风险。因而提升消防与安防装备的技术水平，应对可能出现的各类突发事件，已是绿色建筑面临的重大挑战。

传统安防系统主要是视频监控系统与防盗报警系统。为了提升这些系统的性能，就必须采用智能传感技术，如可在超低照度环境下工作的CCD，采集生物特征的探测器及微量元素探测器等。不仅如此，由于海量的探测信息，已无法依赖人工进行处理，于是各类智能分析系统应运而生，已投运的有移动人体分析、R容比对分析、街景分析、区域防范分析、车辆版照识别、人流密度分析、人物分离分析、人数统计等各类应用。

为提升火灾自动报警系统的性能与工作效率，火灾探测器也有了巨大的技术进步。一是改变火灾探测的机理，如用视频遥感、光纤传感等方式来采集火灾信息：二是在传统的火灾探测器上植入CPU，增加智能识别程序，使之成为具有智能的探测器，从而提升火灾自动报警系统的可靠性与效率。

建筑物和城市区域一般都设有消防控制中心，设置了火灾自动报警系统和安防系统，各自独立工作。随着信息技术的广泛应用和国家对突发事件的应急处置要求的提高，消防控制中心的职能发生了跃迁，即它在常态下协调消防、安防、物业设施等各项业务，进行正常运营；在突发事件时则自动构成应急指挥中心，对现场上传的消息进行研判，根据应急预案对各项业务资源进行应急调度、联动控制。于是综合信息交换平台、汇集多种通信工具的综合通信平台、信息集成管理平台、综合显示平台等应运产生，构成一个较为完整的应急指挥系统。

（四）基于IT新技术的建筑智能化技术的发展

近年来，IT领域出现了许多新概念、新技术及新的商业模式，其中"云计算""物联网""三网融合"与"智能电网"正日益影响人类社会生活的各个方面，这些多学科、多专业结合的技术正在推进智能化的技术进步。

（1）通过加强节能设备的监控与"智能电网"互动，实现对耗能设备监控，最大限度节省能源，并对可再生能源有效调控，以充分利用新能源，从而减少建筑物因能耗而产生的二氧化碳排放。

（2）通过广泛使用RFID与"物联网"互动，在生产、生活、社会的各领域行业使用RFID，在后台构建强大平台，以标准开放的模式实现全社会的资源共享。智能建筑在20世纪90年代末已经使用RFID技术，实现了出入口管理、车库管理、一卡通及资产管理，今后将利用"物联网"概念推进其在各行业的应用，进而提升RFID的技术应用水平。

（3）通过多媒体信息集成与"云计算"互动，将安全、信息服务、娱乐管理的多媒体信息集中/分散处理、存贮与管理，使每台PC或手机终端均可进入系统实现信息共享与工作组织。

（4）通过多媒体信息传输与"三网融合"互动，将建筑物与城市运行所需要的大量多媒体信息，由信息源传送到信息消费点。如何使电话网、数据网与电视网不再以业务分类独立，实现统一的传输，这不仅是技术的突破，更需要管理模式与制度的改革。如果"三网融合"获得实质性突破，将对传统的布线系统提出新的需求与挑战。

二、绿色建筑智能化发展前景

绿色建筑不同于传统建筑，其建设理念跨越了建筑物本体而追求人类生存目标的优化，是一个大系统多目标优化的规划。同时，绿色建筑必须采用大量的智能系统来保证建设目标的实现，这一过程需要信息、控制、管理与决策，智能化、信息化是不可缺少的技术手段。以智能化推进绿色建筑，节约能源，降低资源消耗和浪费，减少污染，是建筑智能化发展的方向和目的，也是绿色建筑发展的必由之路。

由于绿色建筑在我国刚刚起步，其中大量的课题有待人们去探索与实践。中国的建筑智能化行业在智能与绿色建筑的发展过程中，必将获得更大的发展机遇，其技术水平将随之上升到一个新的高度。

参考文献

[1] 李英军，杨兆鹏，夏道伟.绿色建造施工技术与管理［M］.长春：吉林科学技术出版社，2022.04.

[2] 庄宇.夏热冬冷地区住宅设计与绿色性能［M］.上海：同济大学出版社，2022.01.

[3] 宋德萱，朱丹.普通高等学校双一流建设建筑类专业新形态教材 绿色建筑设计概论［M］.武汉：华中科学技术大学出版社，2022.08.

[4] 杨方芳.绿色建筑设计研究［M］.北京：中国纺织出版社，2021.06.

[5] 朱文霜，梁燕敏，张欣.建筑设计教程［M］.长春：吉林人民出版社，2021.05.

[6] 刘松石，王安，杨一伟.基于新时代背景下的绿色建筑设计［M］.北京：中国纺织出版社，2021.12.

[7] 赵继龙，周忠凯.美丽乡村绿色人居单元设计营造 生产 生活 生态［M］.南京：江苏凤凰科学技术出版社，2021.02.

[8] 冯立雷.绿色建造新技术实录［M］.北京：机械工业出版社，2021.01.

[9] 袁家海，张军帅.绿色建筑与能效管理［M］.北京：中国电力出版社，2021.02.

[10] 赵民.绿色建筑设计技术要点［M］.北京：中国建筑工业出版社，2021.05.

[11] 牛烨，张振飞.基于绿色生态理念的建筑规划与设计研究［M］.成都：电子科技大学出版社，2021.03.

[12] 刘宏伟，宋云锋.绿色低碳建筑市场特征与发展机制研究［M］.北京：科学出版社，2021.02.

[13] 李夺，黎鹏展.绿色规划绿色发展 城市绿色空间重构研究［M］.武汉：华中科学技术大学出版社，2020.12.

[14] 刘悦来，魏闽，范浩阳.社区花园理论与实践［M］.上海：上海科学技术

出版社，2020.04.

[15] 李勤，贺英莉，陈雅斌.老旧城区绿色再生保护规划设计案例教程［M］.北京：冶金工业出版社，2020.01.

[16] 强万明.超低能耗绿色建筑技术［M］.北京：中国建材工业出版社，2020.04.

[17] 冯美宇.建筑设计原理 第3版［M］.武汉：武汉理工大学出版社，2020.07.

[18] 姜立婷.绿色建筑节能与节能环保发展推广研究［M］.哈尔滨：哈尔滨工业大学出版社，2020.06.

[19] 杜明芳.智慧建筑：智能+时代建筑业转型发展之道［M］.北京：机械工业出版社，2020.02.

[20] 刘素芳，蔡家伟.现代建筑设计中的绿色技术与人文内涵研究［M］.成都：电子科技大学出版社，2019.05.

[21] 许浩.生态中国 海绵城市设计［M］.沈阳：辽宁科学技术出版社，2019.08.

[22] 宫聪，胡长涓.可持续发展的中国生态宜居城镇 绿色基础设施导向的生态城市公共空间［M］.南京：东南大学出版社，2019.12.

[23] 邵益生.工程规划的挑战和机遇［M］.北京：中国城市出版社，2019.04.

[24] 王新武，孙犁.建筑工程概论［M］.武汉：武汉理工大学出版社，2019.02.

[25] 杨龙龙.建筑设计原理［M］.重庆：重庆大学出版社，2019.08.

[26] 李建国，吴晓明，吴海涛.装配式建筑技术与绿色建筑设计研究［M］.成都：四川大学出版社，2019.01.

[27] 于欣波，任丽英.建筑设计与改造［M］.北京：冶金工业出版社，2019.09.

[28] 胡文斌.教育绿色建筑及工业建筑节能［M］.昆明：云南大学出版社，2019.

[29] 陈宏，张杰，管毓刚.建筑节能［M］.北京：知识产权出版社，2019.08.

[30] 冉茂宇，刘煜.普通高等院校建筑专业"十三五"规划精品教材 生态建筑 第3版［M］.武汉：华中科技大学出版社，2019.07.

[31] 何荣，袁磊.建筑采光［M］.北京：知识产权出版社，2019.03.

[32] 胡德明，陈红英.生态文明理念下绿色建筑和立体城市的构想［M］.杭州：浙江大学出版社，2018.07.

[33] 张严凡，孙娜.绿色生态探究［M］.北京：群言出版社，2018.07.

[34] 李梅.新常态背景下建筑设计的多视角研究［M］.北京：九州出版社，2018.08.

[35] 董霁红.矿业生态学［M］.徐州：中国矿业大学出版社，2018.10.

[36] 谷康.城市道路绿地地域性景观规划设计［M］.南京：东南大学出版社，

2018.11.

　　[37] 徐小东，王建国.绿色城市设计 第2版 [M].南京：东南大学出版社，2018.12.

　　[38] 沈艳忱，梅宇靖.绿色建筑施工管理与应用 [M].长春：吉林科学技术出版社，2018.12.

　　[39] 刘波，史青.普通高等教育应用技术型院校艺术设计类专业规划教材 建筑设计初步 [M].合肥：合肥工业大学出版社，2018.01.